# 基礎架構即程式碼
## 管理雲端伺服器

# Infrastructure as Code
## *Managing Servers in the Cloud*

*Kief Morris* 著
蔣大偉 譯

O'REILLY®

# 目錄

## 第三篇　實施方法

# 前言

基礎架構和軟體開發團隊正越來越多地使用被描述為「基礎架構即程式碼」（infrastructure as code）的自動化工具來建構和管理基礎架構。這些工具預期使用者會在「按照軟體原始碼建模的檔案」中定義其伺服器、網路和基礎架構上的其他元素。然後，這些工具會編譯和解譯這些檔案，以決定採取什麼行動。

這類工具是伴隨著 DevOps 運動而自然發展起來的 [1]。DevOps 運動主要是關於軟體開發人員和軟體維運人員之間的文化和協作。基於軟體開發範式（software development paradigm）管理基礎架構的工具有助於將這些社群聚集在一起。

管理「基礎架構即程式碼」與傳統基礎架構的管理有很大的不同。我遇到過許多團隊，他們一直努力找出如何進行這一轉變的方法。但是有效使用這些工具的想法、模式和實施方法散佈在會議演講、部落格貼文和文章中。我一直在等待有人寫一本書，把這些想法整合到一個地方。但我沒看到任何跡象，所以最後決定自己動手來做這件事。你現在閱讀的內容正是這項工作的成果！

## 學會如何停止擔憂並擁抱雲端

1992 年，我設置了我的第一台伺服器，撥接式 BBS[2]。這導致了 Unix 系統管理，然後是為各種公司（從初創公司到企業）建構和運行託管軟體系統（以前我們稱之為 SaaS，也就是「軟體即服務」（Software as a Service））。我在還沒有聽過「基礎架構即程式碼」這個術語之前，就一直在探索它了。

1 Andrew Clay Shafer 和 Patrick Debois 於 2008 年敏捷大會上的一次演講引發了 DevOps 運動（*http://www.jedi.be/presentations/agile-infrastructure-agile-2008.pdf*）。而運動的興起，主要是由 Debois 組建的一系列 DevOpsDays（*http://www.devopsdays.org/*）會議所帶動的。譯註：iThome 有相關的介紹（*http://www.ithome.com.tw/news/96861*）。

2 BBS 就是電子佈告欄系統（*https://en.wikipedia.org/wiki/Bulletin_board_system*）。

最後到了虛擬化（virtualization）階段。我跌跌撞撞地採用虛擬化和雲端的故事可能大家都很熟悉，它說明了「基礎架構即程式碼」在現代 IT 維運中所扮演的角色。

## 我第一個虛擬伺服器農場

早在 2007 年，當我的團隊有預算購買一對強大的 HP 機架伺服器（rack servers）和 VMware ESX 伺服器的授權時，我很激動。

我們辦公室的伺服器的機架上大約有 20 台分別以水果（Linux 伺服器）和漿果（Windows 資料庫伺服器）名稱命名的 1U 和 2U 伺服器，為我們的開發團隊運行測試環境。擴展這些伺服器以測試各種發行版本、分支和高優先的概念驗證應用程式成為了一種生活方式。而 DNS、檔案伺服器和電子郵件等網路服務被塞進運行了許多應用實例、網頁伺服器和資料伺服器的伺服器上。

所以我們確定這些新的虛擬伺服器會改變我們的生活。我們可以將所有這些服務乾淨地拆分到自己的虛擬機（VM）中，而 ESX hypervisor 軟體將幫助我們最大限度利用分配給我們的多核伺服器機器和記憶體。我們可以輕鬆地複製伺服器以建立新的環境，並將不需要的伺服器歸檔到磁碟上，確信未來有需要時可以將其還原。

這些伺服器確實改變了我們的生活。儘管我們的許多舊問題消失了，但我們發現了新的問題，我們不得不學習以完全不同的方式來思考我們的基礎架構。

虛擬化讓建立和管理伺服器變得更加容易。相對而言，我們最後建立的伺服器，超出了我們的想像。產品和行銷人員最開心的是，我們可以在一天之內提供一個新的環境給他們來展示，而不需要他們在預算中找錢，然後等上幾個星期，由我們訂購並設置硬體伺服器。

## 魔法師的學徒

一年後，我們運行了 100 多個虛擬機，並且還在不斷增加。我們在營運伺服器（production server）的虛擬化方面進展順利，並嘗試使用 Amazon 的新雲端託管服務。虛擬化給業務人員帶來的好處，意味著我們有錢購賣更多的 ESX 伺服器和新穎的 SAN 儲存設備，以滿足我們的基礎架構對儲存容量驚人的需求。

但我們發現自己有點像《幻想曲》之「魔法師的學徒」中的米老鼠。我們產生了虛擬伺服器，然後更多，甚至更多。把我們壓得喘不過氣來。當有什麼東西壞了，我們就追蹤找到虛擬機，並且不管什麼原因都會修好它，但是我們無法追蹤我們曾在哪裡做了什麼改變。

Well，a perfect hit!
See how he is split!
Now there's hope for me，
and I can breathe free!

Woe is me! Both pieces
come to life anew，
now，to do my bidding
I have servants two!
Help me，O great powers!
Please，I'm begging you!

—摘錄自歌德的作品《魔法師的學徒》

隨著作業系統、Web 伺服器、應用伺服器、資料庫伺服器、JVM 以及其他各種軟體套件推出新的版本，我們會努力在我們的所有系統中安裝它們。我們可以將它們成功地應用到某些伺服器，但是在其他伺服器上升級會破壞一些東西，而且我們沒有時間來解決所有不相容的問題。隨著時間的流逝，我們最終得到了散佈在數百個伺服器上的各種版本的組合。

使用虛擬化之前，我們已經在使用組態自動化軟體（configuration automation software），它應該有助於解決這些問題。我曾在以前的公司中使用過 CFEngine，當我組建這個團隊時，我嘗試了一個名為 Puppet 的新工具。後來，當使用 AWS 基礎架構的想法被提出來時，我的同事 Andrew 導入了 Chef。雖然所有這些工具都很有用，但特別是在初期階段，它們並沒有讓我們走出千差萬別之伺服器的泥沼。

問題是，雖然 Puppet（和 Chef 以及其他工具）應該已經被設置好了，並且在所有的伺服器上以無看守的模式持續運作，但我們無法信任它。我們的伺服器太不一樣。我們會編寫 manifests 以便設定並管理一個特定的應用伺服器。但當我們對另一台理論上相似的應用伺服器執行它時，我們發現了不同版本的 Java、應用軟體和作業系統元件（OS components）將會導致 Puppet 執行失敗，甚至更糟的是，會破壞原有的應用伺服器。

所以，我們最終使用了隨寫即用的 Puppet。我們可以安心地在新的虛擬機上執行它，儘管我們需要在它執行後進行一些調整。我們會為一個特定的任務編寫 manifests，然後一次一個地對伺服器執行它們，仔細檢查結果並根據需要進行修正。

因此，組態自動化是一種有用的輔助工具，比 shell 命令稿要好一些，但我們使它的方式並沒有把我們從大量不一致伺服器中拯救出來。

## 從頭開始的雲端服務

當我們開始把事情轉移到雲端時，事情發生了變化。技術本身並不是改善事情的原因；我們本可以用自己的 Vmware 伺服器做同樣的事情。但因為我們是從頭開始的，所以我們採用了新的管理伺服器的方法，這些方法係基於我們從虛擬伺服器農場中學到的知識，以及我們從 flickr、Etsy 與 Netflix 等公司的 IT Ops 團隊所讀和聽到的內容。當我們把服務遷移到雲端時，我們將這些新的觀念融入到我們管理服務的方式中。

我們的新做法的關鍵理念是，每個伺服器都可以從頭開始自動重建，我們的組態工具將會持續運行，而不是臨時性的。每一個添加到我們的新基礎架構中的伺服器都將屬於這種做法。如果自動化在某些極端情況（edge case）下出現問題，我們要嘛變更自動化以處理它，要嘛就修正服務的設計，使其不再是一個極端情況。

採用新的做法並不輕鬆。我們必須養成新的習慣，而且我們必須找到方法來應對高度自動化基礎架構的挑戰。隨著團隊的成員轉移到其他組織並參與諸如 DevOpsDays 之類的社群，我們學到了不少經驗並獲得成長。隨著時機的流逝，我們習慣了使用具有數百個伺服器的自動化基礎架構，而這比「魔法師的學徒」時代所付出的心力要少得多。

加入 ThoughtWorks 讓我大開眼界。我所工作的開發團隊熱衷於使用 XP（極限開發）工程實踐，比如測試驅動開發（*http://martinfowler.com/bliki/TestDrivenDevelopment.html*）（TDD）、持續整合（*http://www.martinfowler.com/articles/continuousIntegration.html*）（CI）和持續交付（*http://martinfowler.com/books/continuousDelivery.html*）（CD）。因為我已經學會了在源碼控制系統中管理基礎架構的命令稿和組態檔，所以對它們應用這些嚴格的開發和測試方法是很自然的。

在 ThoughtWorks 工作也讓我接觸到了許多 IT 維運團隊，他們中的大多數人都在使用虛擬化、雲端服務和自動化工具來處理各種挑戰。與他們一起分享和學習新的想法和技術一直是一個很棒的經驗。

# 為什麼我要寫這本書？

我遇到過許多團隊，他們與我幾年前看到的情況一樣：儘管人們正在使用雲端服務、虛擬化和自動化工具，但還沒有讓這一切運行得像他們所認知的那樣順利。

大部分的挑戰是時間。對系統管理員來說，每天的生活都是在應付永無止境的關鍵工作。滅火、解決問題、設置新的關鍵業務專案，並沒有多少時間來進行根本的改善，來讓日常工作變得更容易。

我希望本書能夠為如何管理 IT 基礎架構提供一個切實可行的願景，並提供團隊可以嘗試和使用的技術和模式。我將避免談到組態設定和使用特定工具的細節，以便讓本書的內容對於使用不同工具（包括可能尚不存在的工具）的人有所助益。同時，我將以現有工具的例子來說明我提出的觀點。

基礎架構即程式碼（infrastructure-as-code）的方法對於管理任何規模或複雜性的雲端基礎架構是必不可少的，但並非僅限於使用公共雲提供商的組織。本書中所提到的技術和實施方法，已被證實在虛擬化環境上是有效的，即便是未被虛擬化的裸機也是如此。

基礎架構即程式碼是 DevOps 的基礎之一。它是「CAMS」中的「A」（*http://itrevolution.com/devops-culture-part-1/*）：文化（culture）、自動化（automation）、量測（measurement）和共享（sharing）。

# 本書適合誰？

本書適合從事 IT 基礎架構工作的人員閱讀，尤其是在管理伺服器和伺服器群集的人員。你可能是系統管理員、基礎架構工程師、團隊負責人、架構師或者是對技術有興趣的經理。你也可以是想要建構和使用基礎架構的軟體開發人員。

我會假設你已經接觸過虛擬化軟體或是 IaaS（基礎架構即服務）的雲端服務，所以知道如何建立伺服器，並且具備為作業系統設定組態的概念。你應該至少玩過 Ansible、Chef 或 Puppet 之類的組態自動化軟體。

雖然本書會向一些讀者介紹「基礎架構即程式碼」，但我希望本書也會讓那些已經以這種方式工作的人感到興趣，並成為一種工具，透過它來分享想法，並就如何做得更好開始進行對話。

# 涵蓋哪些工具？

本書並不提供特定命令稿語言或工具的使用說明。雖有一些特定工具的範例程式碼，但那是用來解說概念和方法的，而不是用來提供使用教學的。無論你是在 OpenStack 使用 Chef，還是在 AWS 上使用 Puppet，還是在裸機（bare metal）上使用 Ansible，或者是使用完全不同的堆疊，本書都應該對你有所幫助。

我提到的特定工具是我所知道的，並且在該領域似乎具有一定的吸引力。但這是一個不斷變化的格局，還包含其他大量的相關工具。

在範例中使用的工具往往是我熟悉的工具，因此足以編寫範例來說明我要提出的觀點。例如，我將 Terraform 用於基礎架構定義的例子，因為它具有簡潔的語法，並且我已經在許多專案中使用過。我的許多範例都會使用 Amazon 的 AWS 雲端平台，因為它對讀者來說可能是最熟悉的產品。

## 如何閱讀本書？

閱讀第 1 章，或者至少略讀一下，以瞭解本書使用的術語和本書倡導的原則。然後，你可以用它來決定要專注本書的哪些部分。

如果你是自動化、雲端和基礎架構調度（orchestration）工具的新手，那麼你將會想要把重點放在第一篇，然後再繼續第二篇。在進入第三篇之前，得先熟悉這些主題。

如果你已經在使用此處所提到的自動化工具類型，但是你在讀過第 1 章之後感覺不像是你使用工具的方式，那麼你可以跳過或略讀第一篇的其餘部分。專注於第二篇，該部分描述了使用與第 1 章概述的原則一致的動態和自動化基礎架構的方法。

如果你對第 1 章所描述的動態基礎架構和自動化方法已經十分了解，那麼你可能想要略讀第一篇和第二篇，並專注於第三篇，該部分會更深入探討基礎架構的管理制度：架構設計方法，以及團隊的工作流程。

## 本書編排慣例

本書使用的編排慣例如下所示：

斜體字（*Italic*）

用來表示檔名、副檔名、路徑、網址和電子郵件，以及初次提到或重要的詞彙。

定寬字（`Constant width`）

用來表示程式碼，也用在文章段落中表示程式元素，例如變數或函式的名稱、資料庫、資料類型、環境變數、命令陳述以及關鍵字。

定寬粗體字（**`Constant width bold`**）

用來表示命令，或其他應該由使用者輸入的文字。

定寬斜體字（*`Constant width italic`*）

表示應以使用者提供的值來取代，或者應該由上下文所決定的值來取代的文字。

這個圖示代表提示、建議。

這個圖示代表一般的注意事項。

這個圖示代表警告或提醒。

# 致謝

著手編寫本書的時候，我以為結果會是一個完全屬於我自己的產品。但最終，情況恰好相反：這本書是在許多人提供觀念、想法、意見和經驗之下產出的。儘管我可能會把這些投入，弄得雜亂無章，過於簡化，而且表述錯誤。但是，如果沒有這些貢獻，就不會有本書的存在。

感謝田納西州大學計算機科學實驗室的同事，教我 Unix 的技巧，並讓我融入這樣的文化。特別要感謝 Chad Mynhier 引導我進入 Unix 世界。在我試驗過 chmod 命令之後，他熱心告訴我，為何不再能 cd 到自己的 home 目錄。

在 Syzygy、Vizyon、Cellectivity 和 Map of Medicine 等公司的工作，讓我有機會發展自我認知，以及學習如何將基礎架構自動化應用於實際業務和用戶問題。我欠這些組織的許多好朋友們很多人情。我要特別感謝 Jonathan Waywell 和 Ketan Patel，感謝他們對我的無數支援和鼓勵，Andrew Fulcher 很快學會我教的東西，然後又教我更多東西，還有 Nat Billington 給我的靈感。

如果沒有 ThoughtWorks 這家公司，這本書真的永遠不會出現。我學到了很多關於本書中的觀點，以及如何思考和向其他人解釋這些觀點，這都要歸功於 5 年多來對各種規模、部門和技術之組織的接觸。而過去和現在的同事們無窮無盡的好奇心，以及他們為改善我們這個行業和人們的體驗而付出的心血，不斷地挑戰著我。

ThoughtWorks 的大力支持和鼓勵對這本書至關重要，尤其是當我的精力隨著終點線的到來而減弱的時候。感謝 Chris Murphy、Dave Elliman、Maneesh Subherwal 和 Suzi Edwards-Alexander 的協助，讓這個專案不僅僅是我個人的專案。

感謝過去和現在的 ThoughtWorks 的同事們不辭辛苦地提供寶貴的建議、回饋和各種支援，這是一份不完整名單：Abigail Bangser、Ashok Subramanian、Barry O'Reilly、Ben Butler-Cole、Chris Bird（DevOops!）、Chris Ford、David Farley、Gurpreet Luthra、Inny So、Jason Yip、Jim Gumbley、Kesha Stickland、Marco Abis、Nassos Antoniou、Paul Hammant、Peter Gillard-Moss、Peter Staples、Philip Potter、Rafael Gomes、Sam Newman、Simon Brunning、Tom Duckering、Venu Murthy 和 Vijay Raghavan Aravamudhan。

感謝 Martin Fowler 在我編寫本書的過程中給予我極大的鼓勵和實際支持。他提供給我的時間遠超過了我的要求，他曾多次徹底審閱手稿。Martin 根據他豐富的企業顧問經驗和廣泛的專業技術，給了我詳細且有用的回饋和建議。他才是本書真正的擁護者。

感謝我的同事 Rong Tang 為本書創作圖像。她非常有耐心傾聽我對所需圖像的含糊說明。任何清晰度或連貫性的失誤都應歸因於我，但任何出色的圖像都歸功於她。

感謝蟄伏已久之 Infrastructures.org（*http://www.infrastructures.org/index.shtml*）背後的人，在「基礎架構即程式碼」這個術語出現之前，就啟發了我這方面的思維[3]。

我對 DevOpsDays 社群的人們欠下了很大的人情債，他們合作將 DevOps 和基礎架構即程式碼的概念帶到了顯要的位置。不管「基礎架構即程式碼」這個名詞是誰提出來的，諸如 Adam Jacob、Andrew Clay-Shafer、John Allspaw、John Willis、Luke Kaines、Mark Burgess，當然還有 Patrick Debois（DevOps 的教父），給了我靈感和許多很棒的主意。

感謝對本書的早期草稿提供回饋和建議的一些人，包括 Axel Fontaine、Jon Cowie、Jose Maria San Jose Juarez、Marcos Hermida 和 Matt Jones。我還想感謝 Kent Spillner，雖然已記不起原因。

最後，也是最起碼的，我要將永恆的愛獻給 Ozlem 和 Erel，感謝你們忍受我對這本書的癡迷。

3　遺憾的是，截至 2016 年初，Infrastructures.org 自 2007 年以來便不再更新了。

第一篇

# 基礎

第一章

# 挑戰與原則

新一代的基礎架構管理技術，有望改善我們管理 IT 基礎架構的方式。但現今許多組織仍看不出有任何顯著的差異，此外有些組織發現，這些工具甚至會讓事情變得更複雜。正如我們將看到的，「基礎架構即程式碼」（infrastructure as code）所提供的原則（principle）、實施方法（practice）和模式（pattern），讓我們得以有效地使用這些技術。

## 為何需要「基礎架構即程式碼」？

虛擬化、雲端、容器、伺服器自動化和軟體定義網路，應該可以簡化企業的 IT 維運工作（operations work），讓服務的配置（provision）、組態設定（configure）、更新（update）和維護（maintain）得以花費較少的時間和精力。此外，問題應該可以迅速偵測並得到解決，而且系統的組態應該具一致性和最新的狀態。花在例行工作所花的時間少了，IT 人員就有時間迅速進行變更和改善，協助自己的組織適應現代世界不斷變化的需求。

不過，即使有最新、最好的新工具和平台，IT 維運團隊（operations teams）仍然發現他們無法跟上每天的工作量。他們沒有時間解決系統長期存在的問題，更不會有時間去改造系統以充分利用新工具。事實上，雲端（cloud）和自動化（automation）往往讓事情變得更糟。輕易就能配置（provisioning）新的基礎架構，將導致一個不斷擴展的系統組合，但是為了避免發展到不可收拾的地步，所需花的時間將不斷增加。

採用雲端服務和自動化工具，可立即降低對基礎架構進行變更的門檻。雖然這種管理變更的方式改善了一致性和可靠性，但仍無法脫離軟體的框架。人們需要思考如何使用這些工具，如何建立系統、流程和習慣，以便能夠有效地使用它們。

在雲端和自動化普及之前，有些 IT 組織仍舊透過（以往管理基礎架構和軟體的流程、結構、規定等）老方法來回應此一挑戰。然而這些老法僅適用於需要幾天或幾星期才能配置一台新伺服器的時代，但是現在只需要幾分鐘或幾秒的時間。

傳統的「變更管理流程」（change management processes）常會被需要把事情做好的人給忽略、跳過或否決[1]。那些實施這些流程較為成功的組織，會漸漸發現自己被技術上更為靈活的競爭者所超越。

面對雲端與自動化的變化速度，傳統的變更管理方式顯得左支右絀。但是仍然需要應付雲端與自動化工具所建立之不斷成長、持續變化的系統。這就是為何要導入「基礎架構即程式碼」[2] 的原因。

### 鐵器時代和雲端時代

在 IT 的「鐵器時代」（iron age），系統被侷限在實際的硬體中。配置和維護基礎架構全是人工作業（manual work），為了讓事情能夠進行下去，人們必須花時間操作滑鼠和鍵盤。變更牽涉到如此多的工作，故「變更管理流程」注重謹慎的事前考量、設計和審查工作，因為犯錯的代價非常昂貴。

在 IT 的「雲端時代」（cloud age），系統與實際的硬體是分離的。例行的配置和維護工作可以委派給軟體系統來進行，這讓人們得以從苦差事中解脫。任何的變更若不能在幾秒內，亦可在幾分鐘內完成。變更管理可以利用這樣的速度，提供更好的可靠度以及更快的上市時間。

## 什麼是「基礎架構即程式碼」？

「基礎架構即程式碼」係基於「軟體開發實務」（software development practice）的一種「基礎架構自動化」（infrastructure automation）解決方案。它著重在，為系統的配置（provisioning）、變更（changing）以及組態（configuration），提供一致、可重複的程序。變更的進行方式為：撰寫定義檔，然後透過無人參與的流程（包括充分的驗證）來變更系統。

1 「影子 IT」（Shadow IT）是指人們置正式的 IT 管控規定於不顧，帶自己擁有的設備到公司，購買並安裝未經許可的軟體，或採用雲端託管服務。這通常意味著，內部的 IT 部門無法跟上其所服務之組織的需求。

2 「基礎架構即程式碼」（infrastructure as code）這個專有名詞並沒有明確的出處或作者。撰寫本書當時，我試著找出明確的出處，但並沒有明確的結果。我能找到最早的參考資料是在 2009 年 Velocity 會議中 Andrew Clay-Shafer 和 Adam Jacob 的演講。John Willis 的一篇關於該會議的文章，可能是第一份記錄此一名詞的文件（*http://itknowledgeexchange.techtarget.com/cloud-computing/infrastructure-as-code/*）。Luke Kaines 已公開承認，這可能是從他開始的，相關人士都認同這個說法。

前提是，能夠把基礎架構視為軟體和資料的現代化工具。這讓人們得以把版本控制系統（VCS）、自動化測試程式庫（automated testing libraries）以及部署協作（deployment orchestration）之類的軟體開發工具應用到基礎架構的管理。這也開啟了利用開發實務—例如，測試驅動開發（TDD）、持續整合（CI）和持續交付（CD）—的大門。

「基礎架構即程式碼」已經在最苛刻的環境中被驗證過。對於像 Amazon、Netflix、Google、Facebook 和 Etsy 這樣的公司，IT 系統不僅是業務關鍵系統（business critical），也是業務本身（business）。絕對無法容忍停機。Amazon 的系統每天要處理數億美元的交易。所以此類組織為大規模、具高可靠性的 IT 基礎架構採取開創性的新做法，並沒有什麼好奇怪的。

本書的目的在介紹，雲端時代如何利用「基礎架構即程式碼」來進行 IT 基礎架構的管理。而本章將探討，當組織採用此新世代的基礎架構技術，常會遇到的問題，而且還會告訴你「基礎架構即程式碼」的核心原則，以及讓你得以避免這些問題的關鍵做法。

## 「基礎架構即程式碼」的目標

許多團隊和組織都希望透過「基礎架構即程式碼」實現以下目標：

- 讓 IT 基礎架構能夠支援和實現系統的變更，而不致成為障礙或限制。
- 讓系統的變更成為例行公事（routine），而不致成為使用者或 IT 人員的煩惱或壓力。
- 讓 IT 人員將自己的能力應用在有價值的事情上，而不用浪費時間在例行、重複的工作上。
- 讓使用者能夠定義、配置及管理他們所需要的資源，而不需要 IT 人員為他們施作。
- 團隊能夠輕鬆且快速地從故障中恢復，而不是去假設可以完全避免故障。
- 讓系統的改善得以持續進行，而不是經由昂貴且有風險的「大巨變」（Big Bang）專案來完成。
- 讓問題的解決方案得以透過實作（implementing）、測試（testing）和量測（measuring）來驗證，而不是經由會議和文件。

### 「基礎架構即程式碼」不僅僅用於雲端

「基礎架構即程式碼」早已融入雲端，因為沒有它的情況下，很難管理雲端中的伺服器。然而，無論基礎架構是否運行於雲端、虛擬化系統或甚至實際的硬體上，都同樣適用「基礎架構即程式碼」的原則和實施方法。

「動態基礎架構」(dynamic infrastructure)這個術語在本書中是指，以編程方式建立和銷毀伺服器的能力；第 2 章將對此做深入的探討。雲端天生就能做到這一點，而虛擬化平台經設定後亦可做到。然而，經由「配置自動化」(automatically provisioned)，即便是實際的硬體也能夠以完全動態的方式來使用，這有時被稱為「裸機雲」(bare-metal cloud)。

而「靜態基礎架構」(static infrastructure)亦可以使用「基礎架構即程式碼」中的許多概念。那些已用手動配置(manually provisioned)的伺服器還是可以透過伺服器組態工具來設定及更新。然而，毫不費力地銷毀和重建伺服器的能力是本書所描述的許多更高階之實施方法的基礎。

# 動態基礎架構的挑戰

本節將介紹，當團隊採用「動態基礎架構」和「自動化組態工具」時，常會遇到的一些問題。而這些正是「基礎架構即程式碼」所要面對的問題，所以瞭解它們將可為我們所要遵循的原則和概念打下基礎。

## 伺服器耗用過多資源

雲端和虛擬化讓我們輕易就能從現有的資源中配置出新的伺服器。這可能會導致伺服器數量的成長速度超過團隊的管理能力以及意願。

當這種情況發生時，團隊將疲於應付伺服器的修補(patched)和更新，導致系統容易遭受已知漏洞的侵襲。當問題被發現時，可能無法對所有受到影響的系統進行修補。不同的版本和組態散佈在各種伺服器上，這意味著在某些機器上可以運作的軟體和命令稿(script)，在其他機器上可能無法運作。

這會導致各個伺服器之間出現不一致的情況，此情況又稱為**組態飄移**(*configuration drift*)。

## 組態飄移

即使伺服器的組態在最初建立和設定的時候是一致的，但是一段時間之後會逐漸產生差異，例如：

- 有人為了解決特定用戶的問題，在某一個 Oracle 伺服器上做了修補，現在這一個 Oracle 伺服器跟其他伺服器是不同的。

- 新版的 JIRA 應用程式需要較新版的 Java，但是沒有足夠的時間測試其他以 Java 開發的應用程式，導致全部都要更新。
- 幾個月的時間內，有三個人在三個不同的 web 伺服器上安裝了 IIS，每個人所設定的組態都不一樣。
- 有一台 JBoss 伺服器比其他伺服器有更高的網路流量，而且開始拖慢執行速度，因此有人去調整它，現在它的組態與其他的 JBoss 伺服器是不同的。

其實不同也非壞事。負載很重之 JBoss 伺服器的組態，也許真的應該被調整成不同於那些流量較低的伺服器。但是應該以一種易於複製和重建伺服器和服務的方式來記錄和管理這些變動。

若伺服器之間的變動未受控管，會導致雪花伺服器（snowflake server）以及自動化恐懼（automation fear）。

## 雪花伺服器

雪花伺服器不同於你的網路上任何其他的伺服器。它的特殊性是無法複製的。

多年前，我協助一家需要為用戶建構 web 應用程式的公司架設了多個伺服器，其中大部分的伺服器皆安裝了龐大的 Perl CGI。（不要批評我們，在網路公司起飛的那個年代，大家都是這麼做的。）我們起初使用的是 Perl 5.6，但是從某個時候開始，最主要的程式庫被遷移到了 Perl 5.8，無法在 5.6 版上使用。最後，幾乎所有較新的應用程式皆由 5.8 版建構而成，但是有一個特別重要的用戶端應用程式卻無法在 5.8 版上執行。

實際的情況比這還糟。當我們把共用的「預備伺服器」（staging server）升級到 5.8 版，應用程式運作得很好，但當我們升級「預備環境」（staging environment）的時候卻出現了問題。不要問為什麼把「營運環境」（production environment）升級到 5.8 版沒有發現「預備環境」遇到的問題，但最後的結果就是這樣。我們有一個特殊的伺服器可以執行「用 Perl 5.8 寫成的」應用程式，但是其他的伺服器不行。

我們就這樣不光彩地運作了很長一段時間：讓預備伺服器繼續使用 Perl 5.6，而且每當需要部署到營運環境的時候，都會乞求老天爺保佑一切順利。我們很怕動到「營運伺服器」（production server）上任何東西，害怕那個可以執行「用戶端應用程式」的唯一伺服器，會因而失去它的魔法。

這種情況促使我們發現了 Infrastructures.Org（*http://www.infrastructures.org/index.shtml*），這個網站導致我們有成為「基礎架構即程式碼」先驅者的想法。我們確信，我們所有的伺服器皆能夠以重複的方式來建構，像是使用「全自動化安裝」（Fully Automated Installation，簡稱 FAI）工具（*http://bit.ly/1spUXvl*）來安裝作業系統，使用 CFEngine 來設定伺服器，以及把一切提交至我們的 CVS（*http://www.nongnu.org/cvs/*）。

尷尬的是，大多數 IT 維運團隊都有過這種不能亂碰特殊伺服器的類似故事，更不用說要去重製了。這不能老是歸咎於神秘的脆弱性；有時在基礎架構中，相較於其他軟體套件，一個重要的軟體套件需要執行在一個完全不同的作業系統上。我記得，在我們的基礎架構中，有一個會計套件需要在 AIX 上執行，還有一個 PBX 系統運行在 Windows NT 3.51 server 上，而這個作業系統是由一個長期被遺忘的承包商所安裝。

同樣的，不同並非壞事。問題在於，當擁有該伺服器的團隊不知道它有何不同以及為何不同時，是無法重建它的。一個維運團隊應該能夠自信地，在他們的基礎架構中，快速地重建任何伺服器。如果有任何伺服器不能滿足這樣的需要，那麼團隊的首要任務應該是使用一個具重複性的新流程來建立一個替代的伺服器。

## 脆弱的基礎架構

一個脆弱的基礎架構是很容易瓦解的，而且不容易修復。這是雪花伺服器的問題被擴展到整個系統的組合。

解決方案是一步一腳印地將基礎架構中的一切遷移到一個可靠、可重複的基礎架構。《Visible Ops Handbook》[3] 一書概述了為艱困的基礎架構帶來穩定性和可靠性的做法。

> **不要碰那台伺服器。不要對它指指點點。連看都不要。**
>
> 這可能是一個杜撰的故事：資料中心有一個伺服器，沒有人有它的登入資訊，沒有人能夠確定它做什麼用。有一個人鼓起勇氣拔掉那台伺服器的網路線。結果整個網路停擺，於是他又趕緊把網路線插回去，從此再也沒有人敢去碰那個伺服器了。

3 Gene Kim、George Spafford、Kevin Behr 合著的《Visible Ops Handbook》（*http://www.amazon.com/Visible-Ops-Handbook-Implementing-Practical-ebook/dp/B002BWQBEE*）（由 ITProcess Institute, Inc. 出版）於 2005 年首次出版，儘管該書的撰寫時間是在 DevOps、虛擬化和組態自動化成為主流之前，但是很容易就可以理解如何把「基礎架構即程式碼」使用在作者們所描述的框架中。

# 自動化恐懼

在 DevOpsDays 會議（*http://www.devopsdays.org/*）的一場關於「組態自動化」（configuration automation）的開放空間對談（*http://en.wikipedia.org/wiki/Open_Space_Technology*）中，我問大家有多少人使用過自動化工具，像是 Puppet 或 Chef。大多數的人都舉了手。我又問有多少人在自動化排程（automatic schedule）中執行那些無人監督的工具。大部分的人便放下了手。

許多人都有同樣的問題。早期我自己在使用自動化工具的時候，也是選擇性地使用自動化工具──例如，用於協助新伺服器的建構，或是進行特定組態的變更。每次執行它的時候，我都會調整它的組態，以便配合我正在進行的特定任務。

我不敢把我的自動化工具放著不管，因為我對它們所做的事沒有信心。

我之所以會對我的自動化沒有信心，是因為我的伺服器的組態並不一致。

我的伺服器的組態之所以會缺乏一致性，是因為我並未頻繁且一貫地運行自動化。

這就是自動化恐懼螺旋，如圖 1-1 所示，而基礎架構團隊需要打破此螺旋，好讓自動化的使用能夠順利。打破此螺旋的最有效方法就是面對恐懼。挑擇一組伺服器，調整其組態定義，這樣你就會清楚它們的作用，接著把它們安排到無人監督的排程中執行，至少一小時運行一次。然後再挑選另一組伺服器，重複此過程，直到你所有的伺服器都能持續不斷更新。

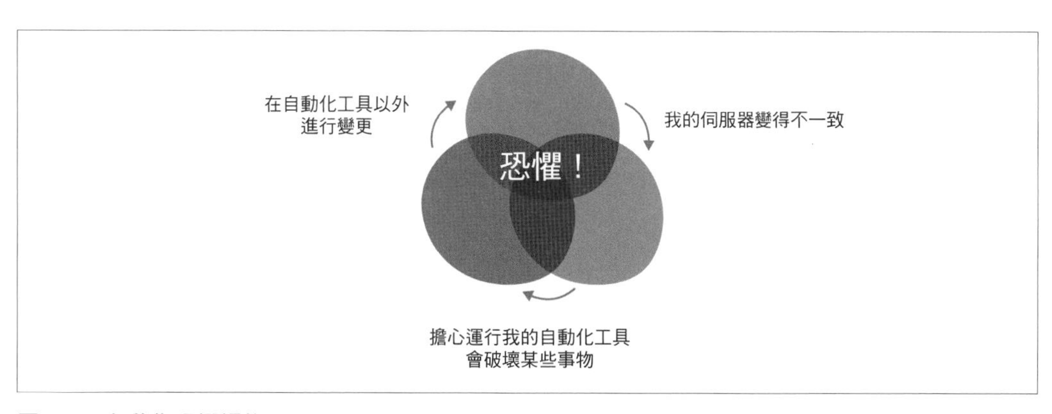


圖 1-1　自動化恐懼螺旋

良好的監控和有效的自動化測試機制（本書第三篇所要探討的內容）讓我們有信心建構可靠的組態，以及能夠快速解決問題。

## 侵蝕

在一個理想的世界中，你一旦建構好自動化基礎架構，就不需要再去碰它，除非你要支援新的東西或是修正出問題的東西。可悲的是，熵（entropy）的力量意味著，即使沒有新的需求，基礎架構仍會隨著時間而衰退。Heroku 的人稱此為侵蝕（*erosion*，參見 *https://devcenter.heroku.com/articles/erosion-resistance*），也就是說，問題將會隨著時間逐漸擴散到運行中的系統。

Heroku 的人還舉了一些會隨著時間侵蝕系統的例子：

- 作業系統升級、核心修補和基礎架構軟體（例如：Apache、MySQL 和 SSH、OpenSSL）更新，以便修正安全漏洞
- 伺服器硬碟被日誌檔（logfiles）塞滿
- 有一或多個應用程式的行程崩潰（crashing）或卡住（getting stuck）無法運作，需要有人登入處理並重新啟動它們
- 底層的硬體故障，導致有一或多組伺服器停擺，拖累到上層的所有應用程式

# 「基礎架構即程式碼」的原則

本節所介紹的原則可以協助團隊克服本章前面所描述的種種挑戰。

## 可輕易被重製的系統

要不費力且可靠地重建基礎架構中任何的元素，應該是有可能的。不費力（effortlessly）意味著，不需要對如何重建這件事做出任何重要的決定。關於在伺服器上要安裝那些軟體和版本、如何選擇主機名稱等決定，都應該包含在配置它的命令稿和工具程式中。

「不費力建構和重建基礎架構」是一項相當強大的能力。進行變更的時候，它可以消除大部分的風險和恐懼。對故障能夠被迅速處理深具信心後，就可以不費吹灰之力地配置新的服務和環境。

重複配置伺服器和其他基礎架構元素的方法，將會在本書第二篇進行討論。

## 一次性系統

動態基礎架構的一項優點是，我們輕易就能對資源進行建立、銷毀、替換、調整大小和搬移等操作。為了利用此一優點，設計系統的時候應該假設基礎架構總是在變化。即便是伺服器消失、出現，以及資源的大小受到調整，軟體也應該會繼續運行下去。

輕鬆優雅地處理變更的能力，讓我們更容易改善和修正運行中的基礎架構。這也讓服務在面對錯誤時能有更大的容錯性。就底層硬體之可靠度無法得到保證的大規模「共享式」雲端基礎架構而言，這一點尤為重要。

**要像家畜，而不是寵物**

較流行的說法是「對待你的伺服器，要像家畜，而不是寵物。」[4] 我懷念為所配置的每個伺服器精心挑選有意義名稱的日子。但是我不懷念必須手動調整和細心呵護所管轄之每一個伺服器的日子。

鐵器時代與雲端時代之間根本的差異在於，從依賴「非常可靠」硬體的「不可靠」軟體，轉變到運行在「不可靠」硬體的「可靠」軟體[5]。第 14 章會進一步說明如何使用一次性（disposable）的基礎架構來改善服務的持續性。

### 消失不見的檔案伺服器

「伺服器不會一直存在」這個觀念，可能需要一點時間才能領會。在團隊中，我們使用 VMware 和 Chef 設置（set up）了一個自動化的基礎架構，並養成了隨意刪除和替換虛擬機的習慣。有個開發人員為了方便團隊下載檔案，在開發環境中架設了一個 Web 伺服器。過了幾天，他驚訝地發現伺服器跟檔案都不見了。

經過一番混亂，這名開發人員將他的檔案庫（file repository）加到了 Chef 的組態中，讓我們不得不把資料放到 SAN 上。最終，這個團隊擁有了一個高度可靠、自動設定組態的檔案分享服務。

---

4 CloudConnect 首席技術長 Randy Bias 在其「開放和可擴展雲端服務的架構」（*http://www.slideshare.net/randybias/architectures-for-open-and-scalable-clouds*）的演講中提到此說法源自微軟的前員工 Bill Baker。而我是在 Gavin McCance 的「CERN 資料中心的演化」（*http://www.slideshare.net/gmccance/cern-data-centre-evolution*）演講中，首次聽到此說法的。這兩場演講都非常出色。

5 Sam Johnson 在他的文章「簡化雲端服務：可靠性」（*http://samj.net/2012/03/08/simplifying-cloud-reliability/*）中對硬體和軟體的可靠性有提到這樣的觀點。

套句大家常說的話，消失的伺服器是一個功能，而不是一個錯誤。舊世界中的人們安裝臨時要用的工具程式，並隨興進行調整，這直接造成了雪花伺服器和脆弱不堪的基礎架構。儘管一開始不習慣，最終開發人員還是學會了如果使用「基礎架構即程式碼」來建構可重生和可靠的服務（例如，此處提到的檔案庫）。

## 一致化的系統

假定有兩個基礎架構元素提供類似的服務，例如：一個叢集（cluster）中的兩組應用伺服器，這些伺服器應該是幾乎相同的。它們的系統軟體和組態應該是一樣的，除了一小部用來區分它們的組態，像是它們的 IP 位址。

讓不一致性溜進基礎架構，會使得你無法信任自己所做的自動化。如果一個檔案伺服器具有一個 80GB 的分割區，另一個的分割區是 100 GB，而第三個是 200GB，那麼你不能指望同樣的動作適用所有的伺服器。這等於助長完全不適用的伺服器做特殊的事情，導致自動化變得不可靠。

實踐可重複性原則的團隊，就能輕鬆建構多個一致的基礎架構元素。如果這些元素之中有一個需要被修改（例如，有一個檔案伺服器需要一個更大的硬碟分割區），有兩種方式可以維持其一致性。一種是變更定義檔（definition），讓所有檔案伺服器得以用夠大的分割區來建構，以便滿足需要。另一種是增加新的類別或角色，因此便會有一個 xl-file-server（特大檔案伺服器），比標準檔案伺服器具備更大的硬碟。無論採用哪一種方式，伺服器都能重新建構並具備一致性。

能夠建構或重建具一致性的基礎架構，有助於解決組態飄移（configuration drift）問題。但是，顯然變更若是發生在伺服器建立之後，就必須要重新處理。而確認現有基礎架構的一致性是第 8 章的議題。

## 可重複的過程

基於重現性（reproducibility）原則，你對自己的基礎架構所進行的任何動作應該是可重複的。這是使用命令稿和組態管理工具而不手動進行變更的一項明顯的好處，但可能難以讓每個人都這樣做，特別是對於有經驗的系統管理者而言。

舉例來說，假如我所面對的，似乎是一次性任務，好比硬碟分割，我發現比較容易的做法，就是登入伺服器並手動進行此任務，而不是撰寫並測試命令稿。因為我可以觀察系統硬碟，考量伺服器的需要，並利用自身經驗和知識來決定每一個分割區有多大、使用哪種檔案系統，諸如此類。

問題是，稍後我團隊中的其他人，可能會在另一台機器上，對硬碟的分割做略微不同的決定。好比說，我在一個檔案伺服器上，使用 ext3 格式建立 80 GB 的 */var* 分割區，但是 Priya 卻在叢集中的另一個檔案伺服器上，使用 xfs 格式建立 100 GB 的 */var* 分割區。我們沒能遵守一致性的原則，這最終將會削弱我們自動化的能力。

有效率的基礎架構團隊，有著強大的命令稿撰寫（scripting）文化。如果一項任務可以被命令稿化（scripted），那就為它撰寫命令稿。如果一項任務很難命令稿化，那就深入研究，看看是否有任何技術或工具可以幫上忙，或是能夠以不同的方式來解決這項任務所要處理的問題。

## 設計總是在變動

在 IT 的鐵器時代，現有系統的變更，既困難又昂貴。所以系統一旦建成後，限縮對系統進行變更的必要性，是有道理的。因此需要顧及各種可能的需求和情況，導致在做初步設計的時候就需要做全面性的考慮。

因為不可能準確預測一個系統實際上是如何被使用的，以及系統的需求是如何隨著時間而變化的，此做法自然會建構出過度複雜的系統。諷刺的是，這種複雜性會使得系統的變更和改進變得更加困難，從長遠來看，系統將會出現不敷使用的情況。

隨著雲端時代之動態基礎架構的出現，現有系統的變更可以是既簡單又便宜。然而，這是假設任何事物都要設計成方便修改。軟體和基礎架構的設計必須盡可能以簡單的方式來滿足當前的需要。變更管理必須能夠安全且迅速地進行變更。

確保系統可以被安全且迅速地變更的最重要措施，就是頻繁地進行變更。這迫使每個參與者不得不學習管理變更的好習慣，開發出高效、精簡的流程，以及實作出支持此做法的工具。

# 實施方法

上一節勾勒出了高層次的原則，本節將介紹一些「基礎架構即程式碼」的通用實施方法。

## 使用定義檔

基礎架構即程式碼的基本做法是使用定義檔（definition files）。定義檔中指定了基礎架構元素以及這些元素的組態設定方式。對這些元素的實例（instance）進行配置和／或組態設定的工具程式，將會以定義檔做為它的輸入。範例 1-1 就是一個針對資料庫伺服器節點的定義檔案例。

基礎架構元素（infrastructure element）可以是一個伺服器；一個伺服器的一部分，像是一個用戶帳號；網路的組態，像是負載平衡器規則；或是許許多多其他的事物。不同的工具有著各自的專業術語：例如，playbooks（Ansible）、recipes（Chef）或 manifests（Puppet），而「組態定義檔」（configuration definition file）這個術語則是本書對於此類名詞的統稱。

*範例 1-1　使用 DSL 的定義檔範例*

```
server: dbnode
  base_image: centos72
  chef_role: dbnode
  network_segment: prod_db
  allowed_inbound:
    from_segment: prod_app
    port: 1521
  allowed_inbound:
    from_segment: admin
    port: 22
```

定義檔會被當成文字檔來處理。它們可能使用標準的格式，例如 JSON、YAML 或 XML。或著它們可能定義各自的特定領域語言（domain-specific language，簡稱 DSL）[6]。

將規範（specification）和組態（configuration）保存在文字檔案裡，比儲存在工具的內部組態資料庫中還要容易存取。這樣的檔案也可以被視為軟體的原始碼，帶來了廣泛的開發工具生態系統。

## 自成文件系統及流程

IT 團隊通常很難維持其文件的相關性、有用性和準確性。有些人可能會為了一個新的流程編寫全面性的說明文件，但隨著工作方式的改變和改進，這樣的文件很難保持最新的狀態。因此文件經常存在著差異。不同的人會尋求各自的捷徑和改善方式。有些人會撰寫自己的個人化命令稿來讓部分程序的進行能夠更順利。

因此，儘管文件通常被視為一種強制進行一致化、標準化、甚至是硬性規定的手段，但實際上它是真實情況的小說化版本。

6　正如 Martin Fowler 和 Rebecca Parsons 在《Domain-Specific Languages》（*http://martinfowler.com/books/dsl.html*）（Addison-Wesley Professional 發行）一書所定義的那樣，『DSL 是個小型語言，專注在軟體系統的特定構面。你無法用 DSL 建立一個完整的程式，但你時常會在「以通用程式語言撰寫而成的系統」中，使用多種 DSL。』他們的書在特定領域語言方面是很棒的參考書，雖然那本書的重點放在如何實作而非如何使用。

在基礎架構即程式碼中，執行流程的步驟會被記錄在命令稿、定義檔和實際實現此流程的工具程式中。只有需要一小部分的額外文件就可以讓人們開始使用。此文件應該與所說明的程式碼維持一致性，確保當有人修改程式碼時，說明文件是一致的。

### 自動產生說明文件

在一個專案中，我的同事 Tom Duckering 發現負責將軟體部署到營運環境的團隊堅持手動完成工作。Tom 已經使用 Apache Ant 實現了自動化部署，但營運團隊想要為手動流程撰寫文件。

因此，Tom 撰寫了一個客製化的 Ant 任務，用於列印出自動化部署的每個步驟。這樣所產生的文件具有準確的步驟，以及所要鍵入的命令列。他的團隊的「持續整合」（continuous integration）伺服器在每次建構時，都會產生這樣的文件，因此他們就可以交付準確且最新的文件。對部署命令稿（deployment script）所做的任何變更，都會自動被包含在文件中，整個過程完全無須額外的心力。

## 版本化所有事物

版本控制系統（version control system，簡稱 VCS）是以程式碼來管理之基礎架構的核心部分。VCS 是基礎架構所需狀態的實際來源。把變更提交給 VCS 將驅動基礎架構的變更。

為何 VCS 是基礎架構之管理不可或缺的，理由包括：

**可追溯性（*Traceability*）**

VCS 提供了所有已變更項目的一個過往的記錄，是誰變更的，及其理念，連什麼原因都一清二楚，在問題除錯時，這是非常寶貴的。

**回溯性（*Rolback*）**

當變更把事情搞砸——特別是因為多項變更所導致——能夠將事物恢復到它們原來的樣子，是很有用的。

**相關性（*Correlation*）**

當命令稿、組態檔、產出物及任何事物皆全面在版本控管中，並透過標記或版本編號進行關聯時，便可有效追溯並修正更多複雜的問題。

**能見度**（*Visibility*）

當有變更被提交（commit）到版本控制系統時，每個人都可以看到，這有助於為團隊呈現目前專案的現狀。有人可能會注意到，該變更錯過了一些重要的事情。一旦有錯誤發生，人們就會意識到可能是最近的提交所導致的。

**可實施性**（*Actionability*）

當有變更被提交到 VCS 時，會自動觸發一連串動作。這是實現「持續整合」（continuous integration）和「持續交付管線」（continuous delivery pipeline）的一個關鍵。

第 4 章將會介紹 VCS 如何搭配組態管理工具一同運作，而第 10 章則會探討管理基礎架構程式碼和定義檔的方法。

## 持續測試系統及流程

有效的自動化測試（automated testing）是基礎架構團隊（infrastructure team）可以從軟體開發（software development）上借鏡的最重要做法之一。自動化測試是一個高性能開發團隊的核心做法。他們會為自己的程式碼實作測試，並持續運行它們，通常一天數十次，因為他們需要不斷變更自己的基準程式碼（codebase）。

為現有的傳統舊系統撰寫自動化測試並不容易。一個系統的設計需要以一種便於獨立測試元素的方式被去耦合（decoupled）及結構化（structured）。在實作系統的同時撰寫測試，很容易導致簡潔的設計以及鬆散耦合（loosely coupled）的元素。

在開發的過程中持續進行測試，可以對變更提供迅速的回饋。迅速的回饋讓人們有信心更頻繁地進行變更。這對於自動化基礎架構而言尤其強大，因為一個小小變化就可以非常迅速地造成很多損害（亦稱 DevOops，如第 224 頁的〈DevOops〉中所述）。良好的測試實施方法是消除自動化恐懼的關鍵。

第 11 章將探討讓測試（testing）成為系統的一部分所需之步驟和技術，特別是針對基礎架構如何有效率地完成此事。

## 採用小變更而非批次的方式

當我首次參與 IT 系統的開發時，我的直覺是，在系統投入使用之前，需要完成全部的工作。直到系統「完成」之前，花費時間和精力去測試它、清理它，讓它進入一般通稱的「準備營運」（production ready）狀態，也在情理之中。完成系統所涉及的工作，往往需要耗費大量的時間和精力，那麼為什麼要在真正需要它之前，完成此工作呢？

然而，隨著時間的推移，我體會到小變更的價值。即便是大型的工作，都會發現一個個可進行、可測試和可投入使用的漸進式變更（incremental changes）很有用。比起大量的批次變更，有很多很好的理由讓我們想要採用小量的漸進式變更：

- 測試小變更並確保它的穩固性，更容易且工作量更少。
- 如果一個小變更出現問題，比起大量的批次變更出現問題，更容易找出原因。
- 小變更的修復或回溯速度更快。
- 在大量的批次變更中，一個小問題可能會延誤所有事情，即使批次變更中的大部分其他變更都沒有問題。
- 系統取得修補和改進可激勵人心。大量未完成的批次工作堆積如山，懸而未決，讓人士氣低落。

正如許多良好的工作程序，一旦培養了好習慣，要出錯很難。而且你在變更的發布上會做得更好。現今，如果我花了一個小時以上的時間在某變更上卻沒有發布它，就會覺得渾身不對勁。

## 維持服務的持久可用

儘管在基礎架構中什麼事都可能發生，但是讓服務隨時能夠處理請求，非常重要。如果有一個伺服器消失，其他的伺服器應該已經在運行，而且新的伺服器可以快速啟動，所以服務不會中斷。這在 IT 領域不是什麼新鮮事，儘管虛擬化和自動化可以讓此事更容易。

廣義上的資料管理可能比較棘手。透過複製和其他已運作幾十年的方法，無論伺服器發生什麼情況，其所管理的服務資料都可以完好無缺。當我們在設計一個基於雲端服務的系統時，放寬需要持久保存的資料之範圍非常重要，這通常包括應用程式的組態檔、日誌檔…等等。

第 14 章將會深入探討維持服務和資料持久可用性的技術。

# 抗脆弱性：超越「穩固性」

在 IT 領域中，穩固的基礎架構是典型的追求目標，這意味著，系統在遭受到諸如故障、突發性大量負載和惡意攻擊時，仍維持良好的運作。然而，「基礎架構即程式碼」所提供的基礎架構是超越穩固性的，也就是，具抗脆弱性。

Nicholas Taleb 創造了「抗脆弱性」（antifragile）一詞及其同名的書籍（*http://www.amazon.com/Antifragile-Things-that-Gain-Disorder/dp/0141038225*），書中描述了受到壓力時會變得更加強固的系統。Taleb 的書並不是資訊領域的書籍，他主要關注的是金融系統，但其中的理念卻與 IT 架構相關。

物理的作用力對人體的影響是抗脆弱性的一個實例。運動帶給肌肉和骨骼壓力，基本上是在傷害它們，使它們變得更強。為了保護身體而逃避物理的作用力和運動，實際上會讓身體更衰弱，使其在面對極端壓力時，更容易機能失效。

同樣地，藉由盡量減少 IT 系統的變更數量來保護 IT 系統，並不會使其更穩固。不斷變更和改善系統的團隊，更樂意處理災難和事故。

完成一個具抗脆弱性之 IT 基礎架構的要訣在於，以改善系統應付事故的能力為第一要務。當出現問題時，首要任務並非僅僅是修復它，而是改善系統應付未來類似事故的能力。

## 具抗脆弱性之 IT 系統的祕訣

人是系統的一部分，能夠應付意外的情況以及修改系統內其他的元素，以便在下一次能夠以更好的方式來處理類似的情況。這意味著，運行系統的人需要對其有相當程度的了解，並且能夠不斷修改它。

這並不符合自動化的理念，它是一種無人化的運行方式。也許有一天，能夠買到現成的標準企業 IT 基礎架構，把它當成一個黑盒子來運行，不必在乎它的裡面是什麼，但現在這是不可能的。IT 技術和方法不斷在演進，甚至是在非技術的企業中也是如此，那些持續改變和改善 IT 的企業便是最成功的公司。

持續改善 IT 系統的關鍵在於建構和運行它的人。因此，設計一個能適應需求變化的系統，秘訣在於，設計系統的時候考慮到人的因素[7]。

7 2014 年，BrianL.Troutwin 在根特（Ghent）舉辦的 DevOpsDays 活動上，發表題目為 "Automation, with Humans in Mind"（*http://www.slideshare.net/BrianTroutwine1/automation-with-humans-in-mind-making-complex-systems-predictable-reliable-and-humane*）的演說。他舉了一個 NASA 的例子，說明人類如何能夠在阿波羅 13 號航空器上修改系統以應付災難。他還介紹了關於人們在車諾比核電廠如何迴避自動化系統干擾的許多相關細節，自動化系統會讓人們無法採取措施來阻止災難的發生。

## 結論

基礎架構團隊是否有效率，取決於它處理變更需求的能力。高效率的團隊可以輕鬆應付變化和新的需求，將需求拆解成較小的部分，並透過一個低風險、低衝擊的快速變更流程來進行處理。

一個表現良好的團隊通常具備以下能力：

- 可以毫不費力地迅速重建基礎架構的每一個元素。
- 所有的系統都可以保持在修補好、一致且最新的狀態。
- 就算沒有基礎架構團隊成員的參與，也可以在幾分鐘之內完成標準服務的請求，包括配置標準的伺服器和環境。服務層級協議（SLA）是不必要的。
- 盡量減少維護時間（maintenance windows），即便有此需要。因為變更發生在工作時間，包括軟體部署和其他的高風險活動期間。
- 團隊應追蹤平均修復時間（Mean Time To Recover，簡稱 MTTR），並著重在改善這項指標的方法。雖然平均故障間隔（Mean Time Between Failure ，簡稱 MTBF）亦可追蹤，但整個團隊不應該寄託在迴避錯誤上[8]。
- 團隊成員會覺得自身的工作能夠增加組織可衡量到的價值。

## 下一步是什麼？

接下來的四章將專注在「基礎架構即程式碼」會涉及到的工具。讀者若已經熟悉這些工具，可以選擇翻閱或跳過這些章節，直接進入第二篇，這部分描述了「基礎架構即程式碼」使用這些工具的模式（pattern）。

我將這些工具分類放到這四章中。與任何分類事物的模型一樣，這樣的工具劃分並不是絕對的。許多工具會跨越這些邊界或與這些定義有著模糊不清的關係。這樣分類只是方便我們探討運行一個動態基礎架構所涉及的諸多工具：

### 動態基礎架構平台

用於供應和管理基礎架構資源，尤其是運算（伺服器）、儲存和網路。這包括了公有和私有雲端基礎架構服務、虛擬化和實體設備的自動化組態設定，這是第 2 章要討論的議題。

8 請參閱 JohnAllspaw 的開創性部落格文章 “MTTR is more important than MTBF (for most types of F)”（*http://www.kitchensoap.com/2010/11/07/mttr-mtbf-for-most-types-of-f/*）。

### 基礎架構定義工具

用於管理伺服器、儲存和網路等資源的分配（allocation）和組態（configuration）。這些工具係在高階的層次上為基礎架構進行配置（provision）和組態設定（configure）。這是第 3 章要探討的主題。

### 伺服器組態工具

這些工具用於處理伺服器本身的細節部分，包括軟體套件、用戶帳號，以及各種組態。此一分類係以 CFEngine、Puppet、Chef 和 Ansible 等特定工具為代表，它們是許多人在討論「基礎架構自動化」和「基礎架構即程式碼」的時候最先會想到的工具。這些工具則會在第 4 章進行討論。

### 基礎架構服務

用於協助管理「基礎架構」（infrastructure）和「應用服務」（application services）的工具和服務，其議題如監控、分散式流程管理和軟體部署，是第 5 章要探討的主題。

第二章

# 動態基礎架構平台

本章將介紹不同類型的「動態基礎架構平台」（dynamic infrastructure platforms）；動態基礎架構平台為「核心基礎架構資源」（core infrastructure resources）的配置（provisioning）和管理奠定了基礎。目標是讓讀者瞭解可以使用的標準功能和服務模型，以及為了有效支援「基礎架構即程式碼」，一個平台必須具備的條件。

## 動態基礎架構平台是什麼？

動態基礎架構平台是一個提供運算資源（computing resources）的系統，尤其是你可以透過編程的方式（programmatically）來分配（allocated）和管理伺服器、儲存和網路等資源。

表 2-1 列出了幾種動態架構平台的例子。最知名的例子是 AWS 之類的公有 IaaS（基礎架構即服務）雲端服務，以及 OpenStack 之類的私有 IaaS 產品。但是，基礎架構也可以透過 VMware vSphere 之類的虛擬系統來做維護管理，不過這並不符合雲端的定義（本章稍後會對雲端一詞進行定義）。有些組織會使用 Cobbler 或 Foreman 之類的工具來對實體裸機進行自動化配置與管理。

表 2-1　動態基礎架構平台的例子

| 平台類型 | 供應商或產品 |
| --- | --- |
| 公有 IaaS 雲端服務 | AWS、Azure、Digital Ocrean、GCE 和 Rackspace 雲端服務 |
| 社群式 IaaS 雲端服務 | 共享於政府部門之間的雲端服務 |
| 私有 IaaS 雲端服務 | CloudStack、OpenStack 和 VMware 的 vCloud |
| 裸機雲端服務 | Cobbler、FAI 和 Foreman |

無論動態基礎架構平台是雲端服務、虛擬化或實體裸機都沒關係，重要的是命令稿和工具可以用來自動建立（create）和銷毀（destroy）基礎架構的元素、回報這類元素的狀態以及管理中介資料（metadata）。

在本章稍後會探討不同類型的平台以及如何選擇它們的考慮因素。

**實作你的動態基礎架構平台**

雖然 AWS 之類的公有基礎架構雲端服務，是最著名之動態基礎架構平台的案例，但許多組織還是會實作自己的私有基礎架構雲端服務。本書側重於，在現有的平台上建構基礎架構，所以迴避了如何建構自己的基礎架構平台的議題。即便如此，本章應該協助讀者理解，為了支援「基礎架構即程式碼」，一個平台需要具備的特徵。

# 動態基礎架構平台的特徵

「基礎架構即程式碼」就是把基礎架構視為一個軟體系統；這意味著，動態基礎架構平台具有某些特徵。也就是說，這樣的平台必須是：

- 可程式化（Programmable）
- 隨選即用（On-demand）
- 自助式服務（Self-service）

接下來的幾節中，我們將會討論這些特徵的細節。

### 依據 NIST 的定義，雲端服務所具有的特徵

美國國家標準暨技術研究院（NIST），在所發表的一篇文章中，對雲端運算做了極好的定義（*http://www.nist.gov/itl/cloud/*），文章中列出了雲端運算的五個基本特徵：

- 隨選即用、自助式服務（配置）
- 寬泛的網路存取（以「標準機制」透過網路來提供）
- 資源彙整（多重租賃）
- 迅速、彈性（可以快速新增和刪除元素，甚至是自動化的）
- 量測服務（可以量測資源的使用情況）

> 動態基礎架構平台的定義比雲端運算還要廣泛。資源彙整（resource pooling）並非「基礎架構即程式碼」的基本特徵，而這也意味著，量測可能是非必要的。

## 可程式化

動態基礎架構平台必須是可程式化的。能有一個使用者介面可用會很方便，而且大多數虛擬化產品和雲端服務供應商都有一個這樣的介面，但是命令稿、軟體和工具必須能夠與平台互動，而這需要用到一個 API 來進行程式設計。

即便使用現成的工具，無論如何，大多數團隊最終還是會撰寫一些小型的客製化命令稿和工具。因此，基礎架構平台的 API 必須對命令稿語言有良好的支援，讓團隊方便使用。

大多數的基礎架構平台，係透過一個網路 API 來公開其管理功能，而且使用的是基於 REST 的 API（*http://en.wikipedia.org/wiki/Representational_state_transfer*），由於其易用性和靈活性（圖 2-1），因此廣為人知。

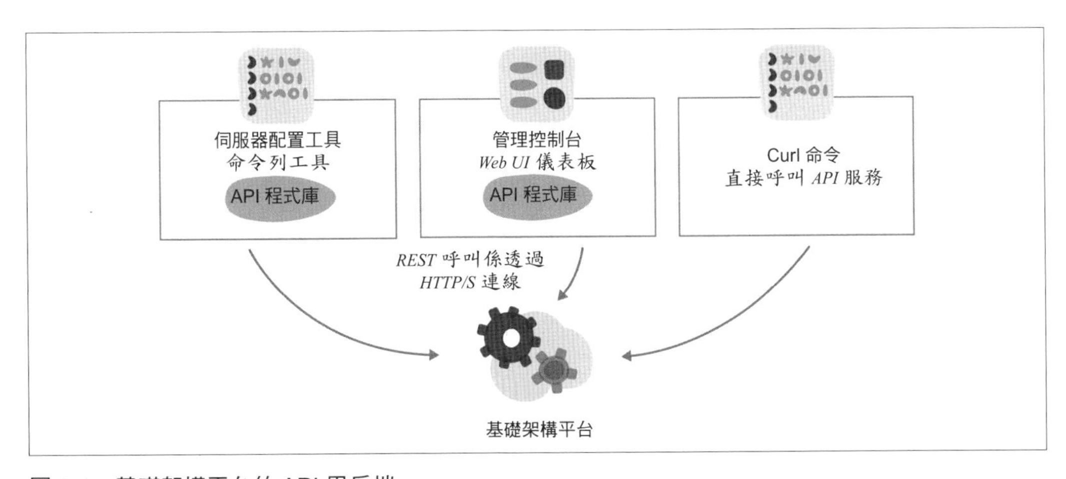


圖 2-1　基礎架構平台的 API 用戶端

根據 REST API 來進行編程和命令稿編寫並不難，但是使用特定語言的程式庫（其中封裝了 API 的細節，並提供代表基礎架構之元素的類別［classes］和結構［structures］，以及操作它們的方法）可能會有所幫助。動態基礎架構平台的開發人員通常會為幾個熱門的語言提供專屬的 SDK，還有許多開源專案為多種平台提供全面的 API，像是 Ruby Fog（*http://fog.io*）和 Python Boto（*http://boto3.readthedocs.org/*）等程式庫。

## 一個命令稿使用了動態基礎架構平台之 SDK 的例子

範例 2-1 使用 Amazon 的 Ruby SDK（*http://aws.amazon.com/sdk-for-ruby/*）（第二版）建立了一個 EC2 實例（instance）。

此命令稿首先使用 API 建立了一個用戶端物件。此物件會與 AWS 開啟一個認證過的連線階段（authenticated session），它會在不知不覺中處理認證，從（命令稿執行之前就已經設置好的）環境變數讀取 AWS API 金鑰。

首先，此命令稿會呼叫 `run_instances`，它指定了用於建立新實例的 AMI（Amazon Machine Images）、所建立之實例的大小以及需要啟動多少個實例。

接著，此命令稿會呼叫 `describe_instances`，它列出了此帳號在所處於的區域中，所有的 EC2 實例，而且印出了每個實例的 ID 與每個實例的狀態。

*範例 2-1 使用 AWS SDK 的簡易 Ruby 命令稿*

```
require 'aws-sdk'

@client = Aws::EC2::Client.new(:region => 'eu-west-1')

@client.run_instances({
  image_id: 'ami-903686e7',
  instance_type: "t1.micro",
  min_count: 1,
  max_count: 1
})

@client.describe_instances()[:reservations].each { |reservation|
  reservation[:instances].each { |instance|
    puts "Instance #{instance.instance_id} is #{instance.state.name}"
  }
}
```

## 隨選即用

動態基礎架構平台是否允許資源的立即新增和銷毀，對「基礎架構即程式碼」而言至關重要。

這應該是顯而易見的，但並非總是如此。有些營運「託管主機」（hosting）的供應商和內部的 IT 部門，提供他們稱之為雲端的服務，卻需要員工實際以人工操作來消化逐漸增加的請求。對於一個使用「基礎架構即程式碼」的組織而言，它的「主機託管平台」

（hosting platform）必須能夠在幾秒內就完成整個配置需求，如果無法在幾秒內完成，幾分鐘內也是可以的。

帳務與預算也要結構化，以支持隨選即用增加的費用。傳統的預算編制係基於數月或數年的長期承諾付款（或簡稱承付）。動態基礎架構不應該要求長期的承付，最多是以小時來計價。

一個組織可以長期承付購買或租用一批固定的硬體。但是，從這批硬體中配置出虛擬實例應該不會涉及到額外的成本，尤其是本來就不是要長期使用的虛擬實例。

## 自助式服務

基礎架構的「自助式服務」需求比「隨選即用」還多了一點東西。基礎架構的用戶不僅應該能夠快速獲得資源，而且必須能夠根據自己的需求對這些資源進行量身定制。

這跟傳統的做法，由一個集中式團隊（或是一群團隊）為需要基礎架構的團隊設計解決方案，形成了鮮明的對比。即使是一個常見的需求，例如一個新的 Web 伺服器就可能涉及一張複雜的申請表、設計和規格文件，還有相關的實施計劃。

這就像是買了一盒樂高積木，但是由店員決定該如何組裝它們。這使得提出需求的團隊無法獲得其所使用之基礎架構的所有權、學習如何根據自己的需求來調整它，以及隨著時間的推移來改善它。

隨著雲端服務的到來，一些集中式團隊提供了自助式服務，但是可使用的資源非常貧乏。例如，團隊或許能夠配置出這三種類型伺服器：網頁伺服器、應用伺服器或資料庫伺服器，但每一個都是既定的軟體版本，並且沒有提供客製化的功能。

就像是只能買到已經組裝好而且被膠黏住的樂高玩具一樣。對於需要客製化解決方案（例如，需要針對他們的應用程式來優化 Web 伺服器軟體）的團隊來說，這並沒有幫助。而需要新型解決方案（例如，在不同的應用伺服器上運行軟體）的團隊，可能只好自認倒楣。

「基礎架構即程式碼」會假設並且要求，團隊會使用命令稿和工具程式來自動進行資源的指定和配置，並對其做出修改。這讓使用基礎架構的團隊得以根據自己的需要量身定制。

「基礎架構即程式碼」所提供的替代方案，迫使集中式團隊扮演守門員的角色。這讓基礎架構的使用者能夠輕易且定期地修改他們的基礎架構，這意味著他們能夠迅速修正錯誤。如本書所述，自動化測試和階段式變更，可以降低中斷其他服務的風險。

## 平台提供之基礎架構資源

基礎架構的管理具有許多可移動的部分。動態基礎架構平台提供了三塊關鍵積木：運算、儲存和網路（圖 2-2）。

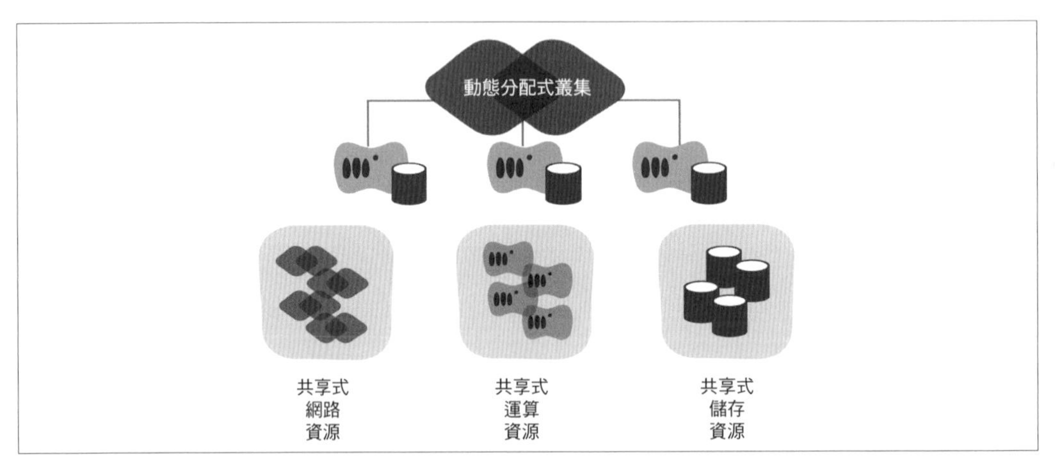


圖 2-2　動態基礎架構平台所提供的核心資源

儘管大多數平台所提供的服務不僅僅這三種，但幾乎所有其他的服務都只是這三種服務的變形（例如，不同類型的儲存裝置）或是把服務結合起來並運行在其上。實際的例子包括：伺服器映像檔管理（以儲存裝置來支援運算）、負載平衡（網路，可能會使用運算實例）、訊息傳送（網路和運算）以及身分驗證（一個在運算實例上執行的應用程式）。即使無伺服器運算服務，例如 Kinesis（*https://aws.amazon.com/kinesis/*），也是透過在一般的運算資源上執行工作來實現的。

## 運算資源

運算資源（compute resources）就是伺服器實例（server instances）。任何的動態基礎架構平台都會提供建立和銷毀虛擬伺服器（虛擬機）的方法，以及一系列的服務和功能，使得伺服器的管理更簡單、更強大。

建構、設定和管理伺服器的系統和流程，對大多數基礎架構團隊來說，是最耗費時間和精力，也是最頭大的部分，因此本書中有很多內容都著重於此。

## 儲存資源

虛擬化基礎架構消耗了大量的儲存空間——動態建立伺服器將以驚人的速度吞噬硬碟空間。基礎架構平台需要為伺服器、快照和模板分配硬碟空間，它還需要為在伺服器上運行的應用程式和服務提供儲存空間。

一個雲端平台應該在不知不覺中（transparently）為伺服器資源管理硬碟空間的分配（allocation）；這是平台上的實作細節，但是建立伺服器的人或流程不需要擔心它的存放位置。虛擬化平台可能無法在不知不覺中提供儲存空間，因此用於配置（provision）伺服器的命令稿可能需要找到空間足夠的儲存池（storage pool），並將其指派（assign）給新的實例。

即便儲存空間是在不知不覺中被分配給伺服器，但仍有其限制。這些可能是硬體上的限制，取決於你的組織有多少實體硬碟空間已經附加到你自己的私有雲。再者，亦可能有預算上的限制，尤其是公共雲，只要你的信用卡還能用，它就能夠提供天文數字的硬碟容量。

所以基礎架構團隊能夠管理其所使用的硬碟空間是很重要的。至少儀表板可以顯示用量和費用（充分利用資訊發送器 [ information radiator ]，本書在第 86 頁有討論到「資訊發送器是什麼？」），這樣人們就知道何時檢查並剔除不再需要的東西。對於舊的模板（templates）和快照（snapshots）來說，自動化清理命令稿將更加有用。

除了運算資源的儲存需求外，動態基礎架構平台應該為其上所運行的服務及應用程式提供儲存空間。大多數雲端平台會提供兩種「儲存即服務」（Storage as Service）：區塊儲存（block storage）和物件儲存（object storage）。

### 區塊儲存服務

區塊儲存容量（block storage volume）可以被掛載到一個「伺服器實例」（server instance）上，就好像它是本地端上的一顆硬碟。雲端平台提供區塊儲存服務的例子包括 AWS EBS、OpenStack Cinder 和 GCE Persistent Disk。

「伺服器實例」通常具有一個「根容量」（root volume），這是伺服器啟動和開始運作的地方。但伺服器還可以被掛載（mounted）和卸載（unmounted）額外的持久性容量（persistent volume）。這些持久性容量通常存活得比特定伺服器的運行壽命還久，使其特別適用於管理永久性資料和持續性策略，正如第 14 章的討論。

一個區塊容量（block volume）類似一個本地端磁碟機（disk drive），但瞭解這個抽象化底層的運作方式，非常重要。這些容量通常分配自網路儲存器，因此它們可能會有延遲的問題。最好的方法就是研究其實作方式、模擬你的使用案例以便進行測試，以及調整儲存器的組態和使用方式，以獲得適當的性能。

## 物件儲存服務

許多雲端平台都有提供物件儲存服務（object storage service），儲存在其上的檔案可由基礎架構的各個部分來存取，甚至可以設定為公開使用。實際的例子包括 Amazon 的 S3、Google Cloud Storage、Rackspace Cloud Files 和 OpenStack Swift。

物件儲存服務通常為長期存放而設計，雖然比可靠性高的區塊儲存服務成本低，但可能有較高的延遲時間（latency）。這對於儲存需要從多個伺服器存取的產出物（artifacts）非常有用，然而區塊儲存容量只能提供給一個伺服器來掛載。

## 網路檔案系統

基礎架構團隊經常發現需要在「伺服器實例」（server instances）之間更直接地共享儲存裝置。一種方法是使用 NFS 或 SMB/CIFS 之類的檔案共享（file sharing）網路協定。「伺服器實例」可掛載本地端或區塊儲存容量，以及讓其他伺服器來掛載和使用它。這些檔案伺服器的技術早在虛擬化環境出現之前就已長期在使用，但著手將它們實作在虛擬化或基於雲端的基礎架構上之前，應該小心謹慎。

當「本地端」（local）檔案系統本身經由網路掛載時，透過網路共享檔案系統可能會增加不必要的開銷和複雜性。在雲端伺服器上使用傳統的網路檔案系統還會造成額外的管理複雜性和開銷。這些檔案伺服器技術不一定能夠平順地應付檔案伺服器節點經常性的新增與刪除需求，這也給持續性（continuity）帶來了挑戰。

分散式和／或叢集式檔案服務工具（例如 GlusterFS、HDFS 或 Ceph）的設計方式，使其更適合在動態基礎架構中使用。它們能確保跨多個伺服器節點的資料可用性，並且通常可以更輕鬆自在地處理節點的新增及刪除需求。然而，不要假設這會運作得多麼好；不僅要測試性能和延遲，還要測試變更對叢集所造成的影響以及錯誤的情況。

在深入研究特定技術和工具的使用之前，請先仔細看一下使用案例。我曾看過至少有一個團隊實作了一個複雜且脆弱的 glusterfs 叢集，只是為了達到容錯（fault tolerance）的功能，以確保當第一個伺服器發生故障時，伺服器上的資料可以被故障轉移伺服器（failover server）接收。直接使用平台內建的服務，例如區塊儲存副本（block storage replication），通常更簡單、更可靠。

## 網路資源

動態基礎架構平台需要管理「其自身元素之間」以及「與外部網路之間」的連通性。在基礎架構中新增和刪除伺服器時，需要更新網路路由、負載平衡池（load balancing pools）以及防火牆規則。

大多數虛擬化和雲端基礎架構平台都會提供動態、虛擬化的網路來處理連通性。然而，這些平台一般都會安裝並運行在舊有網路的基礎架構上。為了讓動態基礎架構的元素能夠與其他一切無縫協作，它們需要跟周遭的網路相互整合。

許多情況下，只要以靜態的方式來設定周遭網路的組態，就可以在基礎架構平台中傳遞封包。這樣外部網路保持簡單就可以了。而諸如安全性、路由繞送（routing）和負載平衡等更複雜的邏輯則由動態平台來處理。目標是免除在網路基礎架構上手動進行變更的需要，以便支援動態基礎架構的變更。

然而，也可以讓周圍網路的組態設定自動化，這樣就能夠輕鬆地應付動態基礎架構的變更。這將「基礎架構即程式碼」的所有好處都帶到了網路領域，包括可重複性、持續測試和一致性。

網路供應商正在改進他們對「軟體定義網路」（software-defined networking，簡稱 SDN）（*http://en.wikipedia.org/wiki/Software-defined_networking*）的支援。設備或許不能直接與虛擬化或雲端平台整合。但是基礎架構定義工具（將於第 3 章討論）可用於跨平台進行協作（orchestrate），讓網路定義的變更得以符合運算資源方面的變更。

### 網路設備組態自動設定

儘管供應商已開始支援軟體定義網路，仍有許多使用中的網路設備不易進行組態的自動設定。許多網路團隊習慣使用命令列介面，手動進行組態的修改。這有一些顯而易見的缺點：

- 容易出錯，可能會導致網路中斷。
- 要在各設備之間維持組態的一致性並不容易。
- 重現組態需依賴備份，但這可能不容易跨設備移植沿用。
- 即使是例行性變更，特殊的設備仍舊需要具備專業知識的特定人員才能進行。

採用「基礎架構即程式碼」的團隊會尋求自動設定設備組態的方式，以便解決這些問題。第一步是瞭解可以設定設備組態的不同方式，接著再考慮以何種方式來進行自動組態設定。

大多數網路設備都會支援匯入組態檔的功能，通常使用 TFTP。在這種情況下，組態檔會被簽入（checked into）到一個版本控制系統（VCS），並透過一個 CI 或 CD 伺服器來自動應用到設備上。第 4 章會說明如何應用伺服器組態定義技術。

一種更複雜的做法，是在上傳組態檔之前，動態產生它。這讓網路得以自動和基礎架構的其餘部分一起被定義。例如，在新增設備的時候，為它們設定防火牆規則和負載平衡等組態。

無論採用任種做法，擁有能夠自動設定組態並測試其正確性的測試設備，至關重要。這讓變更管理流水線（將於第 12 章中討論）得以派上用場。有時特殊的設備對團隊來說太過昂貴而無法提供測試實例。任何團隊在這種情況下都應該評估它們的優先順序，以及考慮較不昂貴的選項。一個負責任的團隊必須確保其基礎架構中的任何重要組成元素都可以進行例行性檢測。

# 動態基礎架構平台的類型

隨著有越來越多的廠商和新創公司跳進這場競賽，建構動態基礎的平台選項也在不斷增加和變化。以下各節所提到的類型可做為一個起點，協助你思考適合你的組織的方法。這些類型大致基於本章稍早所提到的 NIST 雲端定義中之「雲端部署模型」（cloud deployment models）的定義。

## 公有的「基礎架構即服務」（IaaS）雲端服務

公有雲（public cloud）是由供應商所建立和運作的標準服務。運算資源要與供應商的其他客戶共享，而你只需要根據使用量付費。例如 Amazon AWS、Microsoft Azure、Digital Ocean、Google GCE 和 Rackspace Cloud。

## 社群的「基礎架構即服務」（IaaS）雲端服務

社群雲（community cloud）是為特定客戶群（例如，政府機構專用的雲端服務）所建構和運行的雲端服務。此雲端服務可針對群組量身訂製，以滿足其特殊需求，像是遵循特定的安全標準。也可能是確保隱私，例如，保證不會透過「與社群以外的客戶共享之」系統或硬體，儲存或傳輸客戶的資料。

根據商業模型的不同，運行社群雲的供應商可能會依照「可用總容量」（total capacity available）來收費，不論客戶實際使用了多少。或者，每個客戶只需要支付他實際使用的量，由供應商負責承擔其他未使用的容量。

## 私有的「基礎架構即服務」（IaaS）雲端服務

私有雲（private cloud）則是為單一組織內的多個客戶（例如，公司內的部門或團隊）所建構和運行的雲端服務。供應商可以為組織建構、運行甚至代管私有雲，但資源並不與其他組織共享。該組織通常需要為「可用總容量」支付費用，即便不是全部使用，不過該組織可能會根據其用途和會計預算成本，制定內部的收費或容量限制規則。

如同所有的雲端服務，私有的 IaaS 雲端服務允許客戶在自助式服務模型（self-service model）中按需要自動配置（provision）資源，而且可以自動建立和銷毀這些資源。有些組織設置（set up）了沒有這些特性的虛擬化基礎架構，並稱之為私有雲，但正如下一節所解釋的，這實際上是手動（hand-cranked）虛擬化。

IaaS 雲端產品的例子包括 CloudStack、OpenStack 和 Vmware vCloud。

### 雲端的類型：IaaS、PaaS 和 SaaS

IaaS、PaaS 和 SaaS 係用來理解雲端上不同服務模型的術語。它們每一個在意義上皆是雲端服務，允許多個用戶共享運算資源，但它們的用戶往往是非常不同的。

NIST 的雲端定義對這三種服務模型有非常清楚且有用的定義。下面是我對它們的描述：

軟體即服務（*Software as a Service*，亦即 *SaaS*）

一個讓終端用戶共享的應用程式。這可能是使用者面向的，例如 Web 模式（web-hosted）電子信箱，但事實上存在一些針對基礎架構團隊的 SaaS 產品，包括監控，甚至是組態管理伺服器。

平台即服務（*Platform as a Service*，亦即 *PaaS*）

一個讓應用程式開發者得以建構、測試及託管其軟體的共享平台。它會將底層的基礎架構抽象化，因此開發人員不需要擔心，像是需要為他們的應用程式或資料庫叢集分配（allocate）多少伺服器之類的事情：它就是會發生。許多的 IaaS 雲端供應商會提供本質上是 PaaS 元素的服務（例如，託管資料庫，像是 Amazon RDS）。

基礎架構即服務（*Infrastructure as a Service*，亦即 *IaaS*）

一個共享的硬體基礎架構，系統管理員可以用它來為服務建構虛擬基礎架構。

## 反模式：手工製作的雲端服務

手工製作的虛擬基礎架構（virtual infrastructure）係使用虛擬化工具來管理硬體資源，但不會動態地，或透過自助式服務模型，向用戶提供它們。我曾見過有些組織使用昂貴的虛擬化軟體，甚至是 VMware vCloud 之類具雲端功能的軟體，來做到這一點。他們保留了老舊的集中式服務模型，要求用戶以文件方式（file tickets）來申請伺服器。在 SLA（服務層級協定）管控之下，IT 人員可以有幾個工作天來建立伺服器，以及將登入細節回覆給用戶。

無論使用得是多麼令人印象深刻和多麼昂貴的軟體，如果服務模型既不是動態的也非自助式的，它將不會支援「基礎架構即程式碼」。

## 混合和多種雲端選項

混合雲（hybrid cloud）的概念很簡單：基礎架構中的一部分在私有雲中運行，而另一部分則在公有雲中運行。雖然這不是嚴謹的混合雲定義，但是讓「運行在雲端基礎架構上的一些服務」與「運行在較傳統之受託管的基礎架構中的其他服務」整合在一起，是很常見的。

會導致這種混合基礎架構的原因有幾個：

- 監管或其他安全需求，可能會要求將一些資料保存在一個更受限制的環境中。
- 某些服務可能有多樣性的可變容量需求，這使得公有雲託管較具吸引力，而其他服務的容量需求可能相當靜態，所以並不那麼需要在公有雲上運行。
- 從傳統的基礎架構中遷移出一些現有的服務，可能是沒有意義的投資。當一個組織仍處在採用公有雲的相當早期階段，尤其如此。但在許多情況下，可能會有少數的服務永遠不適合遷移到公有雲。

## 裸機雲

虛擬化基礎架構（virtualized infrastructure）可讓多個伺服器運行在單一實體伺服器上，並根據需求在伺服器之間進行轉移。這有助於最大限度地利用可用之硬體。但仍有許多理由，需要我們直接在伺服器硬體上（而不是在虛擬機中）運行作業系統。幸運的是，即便在這樣的情況下，「基礎架構即程式碼」仍然可以應用得上。

對於一個應用程式或服務來說，何以直接運行在硬體上可能是最好的選擇，有很多原因。虛擬化為效能增加了額外的開銷，因為它在應用程式和硬體資源之間插入了的額外的軟體層。

一個 VM（虛擬機）上的行程（process）可能會影響到同一台主機上其他 VM 的性能。舉例來說，一個 VM 上正在運行密集作業的資料庫，可能會獨佔整個 I/O，因而會對其他 VM 造成問題。這種爭搶資源的情況，對於需要維持性能穩定性的應用程式來說，特別不利。

即使是抽象化本身也可能引發問題。軟體撰寫時會假定所掛載的是本機上真實的硬碟，然而它實際上是經由網路從一台 SAN 所掛載的共享硬碟。

當然，即便行程能夠在 VM 中運行地很順利，主機系統本身亦需要受到良好的管理。「基礎架構即程式碼」的工作流程有助於確保，基礎架構平台中的虛擬機管理程式（hypervisors）及管理服務，如同基礎架構的其他元素，能夠維持一致性、易於重建、經過充分測試和更新。

在這種情況下，團隊需要一個能夠運作於硬體層次上之自動化的動態基礎架構平台。它需要具備本章前面所提到的功能，包括：能夠配置（provision）和分配（allocate）運算資源、儲存器和網路。它應該是可程式化的、動態的，而且支援自助式服務模型，使得這些活動都可以被撰寫成命令稿。

有些工具可用於實作結合裸機伺服器的動態基礎架構平台，包括 Cobbler（*http://cobbler.github.io/*）、FAI - Fully Automatic Installation（全自動安裝）（*http://fai-project.org/*）、Foreman（*http://theforeman.org/*）以及 Crowbar（*http://opencrowbar.github.io/*）。這些工具可以利用 PXE - Preboot eXecution Environment（預啟動執行環境）（*https://en.wikipedia.org/wiki/Preboot_Execution_Environment*）規範，從網路下載「啟動」（boot）所需之基本的「作業系統映像檔」（OS image），然後執行「安裝程序」（installer）來下載並啟動一個「作業系統安裝程序映像檔」（OS installer image）。安裝程序映像檔（installer image）將會執行一個命令稿（script），有可能會使用類似 Kickstart（*http://www.linux-mag.com/id/6747/*）的命令稿來設定作業系統的組態，然後有可能去執行類似 Chef 或 Puppet 的組態管理工具。

通常，想讓一台伺服器使用 PXE 來啟動一個網路映像檔，需要在伺服器開機的同時按下一個功能鍵。這對於無人看管的伺服器來說可能非常棘手。然而，許多硬體廠商都有提供 LOM - lights-out management（熄燈管理功能）（*http://en.wikipedia.org/wiki/Out-of-band_management*）[譯註]，讓我們得以從遠端甚至是自動進行此操作。

許多情況下會導致裸機（bare-metal）基礎架構——例如，高性能的資料庫伺服器，需要使用直接附加到伺服器的儲存設備，以避免複雜的動態儲存設備管理。在其他情況下，可以使用「儲存設備區域網路」（Storage Area Networks，簡稱 SANs）和相關的技術及

---

譯註　熄燈（lights-out）管理又稱帶外（Out-of-band）管理。

產品來配置（provision）和分配（allocate）儲存空間。此外，有越來越多複雜的儲存虛擬化產品可能會引起人們的興趣。

管理硬體網路設備的組態以支援動態基礎架構，是一項特別的挑戰。例如，如果伺服器是根據需求被自動建立及銷毀的，則可能需要從負載平衡器（load balancer）中添加和移除它們。而網路設備往往難以自動設定組態，儘管多半都能夠透過網路（例如，從TFTP 伺服器）來載入組態檔。

團隊可以用建構工具來自動化建構、測試和載入組態檔到硬體網路設備。幸運的是，正如前面提到的，軟體定義網路（SDN）不斷成長的趨勢，正引領供應商為其客戶提供更容易做到這一點的服務，甚至為此建立起跨供應商的產業標準。

# 選擇動態基礎架構平台

研究過為了支援「基礎架構即程式碼」以及各種不同類型的平台，一個動態的基礎架構平台所需要具備的特性之後，讓我們來探討一下，選擇平台時一些關鍵的考慮因素。

## 公有或私有？

想要將一個組織的 IT 基礎架構遷移至公有雲供應商時，應考慮以下要點。

### 安全性與資料保護

遷移到公有雲的首要問題通常是安全性。與一般「專有主機」（dedicated hosting）供應商不同，雲端服務供應商除了會代管你的組織的資料以及實際硬體上的運算資源、網路和儲存裝置，還會代管其他客戶的。這些其他的客戶中，有些可能是你的競爭對手，有些甚至可能是想利用弱點來獲取機密資料或危害你的組織的罪犯。

但是，許多機構正成功且安全地在使用公有雲，包括處理敏感之金融交易和客戶資料的大規模商業營運。著名例子包括 Amazon 自己的電子商務業務：Suncrop[1] 和 Tesco[2]。將資料保存在專用的硬體，甚至是專用的資料中心，並不保證安全。例如，有一些高知名度的企業已經從私有資料中心被竊取了數千名客戶的信用卡號碼，還有更多尚未公開的案例。

1 「AWS 案例研究：Suncorp」(*https://aws.amazon.com/solutions/case-studies/suncorp/*)；另見 "小聲點，亞馬遜雲端服務對銀行業已經不是新玩意"（*http://fortune.com/2016/02/25/yes-banks-do-use-aws/*）。

2 「Tesco 銀行如何在八個月內採用 AWS 雲端服務後變為『經常性業務』」（*http://www.computerworlduk.com/cloud-computing/how-tesco-bank-has-adopted-aws-cloud-as-business-as-usual-in-eight-months-3629767/*）。

與往常一樣，無論是使用公有雲、外部供應商或內部 IT 系統，沒有任何產品可以取代完善的安全策略和實施規則。你的團隊應該徹底考量你的服務之安全疑慮和威脅模型。然後他們可以將這體悟應用於託管服務的不同選項，並制定出最好的辦法。在許多情況下，混合（hybrid 或 mixed）基礎架構的使用方法，可能適合於隔離特定類型的資料及作業方式。

## 託管地點的限制

有些組織會限制他們的資料和系統的託管地點。與政府組織簽訂合約的系統可能需要被託管在同一個國家，或者可能禁止被託管在特定的其他國家。某些司法管轄區的隱私法，不允許使用者資料被轉移到對使用者資料的保護不夠嚴格的國家。

例如，（截至本文撰寫時）於歐洲運行的系統若將用戶資料保存在對個人隱私的保護不夠嚴格的國家（比如說，美國）中所運行的電腦上，是非法的（*https://ico.org.uk/for-organisations/guide-to-data-protection/principle-8-international/*）[譯註]。當我們與使用 AWS 的歐洲公司合作時，需要注意，我們只能將資料保存在歐盟地區。

你的組織應該瞭解有哪些法規必須遵守。如果你確實遇到這些法律限制，你需要知道你的雲端服務供應商在何處代管你的系統及資料，並確定他們能夠遵守這些規範。這不僅適用於 IaaS 雲端供應商，也適用於你所使用的各項服務，像是監控、電子郵件和日誌收集等等。

## 變動的性能需求

明確瞭解你的組織對性能的需求，以及相較於使用供應商的共享資源，使用專用基礎架構對此有何影響。使用公有雲的一個顯著優點是，你可以迅速調整所需之性能，而且只要在使用時支付所需之費用。

這對於使用級別（usage level）可變的服務來說很有用。常見於在高峰（peak）和低點（low）之間有顯著變化、以每日和每週為週期的服務。業務應用程式（business application）可能在上班時間被大量使用，但晚上和週末期間的用量卻很少。娛樂應用程式（entertainment application）則常常是相反的模式。零售服務（retail service），特別是在西方國家，在即將到達的年節期間，比一年中的其他日期，需要更大的系統性能。

---

譯註　這樣的法律規定起因於二戰德國政府大規模的人口普查資料，導致納粹藉此拿來屠殺猶太人。

一個迅速成長的服務，例如一個新產品，是使用共享資源的另一種情況。隨著特色和市場行銷所帶來之一批又一批的新用戶，性能的需求通常會爆發性成長。為你可能需要或可能不需要的性能，支付固定性能的費用，是新業務或新產品的一個風險。因此，只有在證明有必要時才迅速增加性能，是非常有幫助的。

儘管公有雲模型完全滿足性能之變動和快速成長的需求，但一些提供專用基礎架構的廠商或許也能夠滿足這些需求。一個擁有大量硬體庫存（inventory of hardware）或高效供應鏈（supply chain）的廠商，可以保證在非常短的調度時間內，為你的基礎架構添加專用的硬體性能。他們也可能願意提供短期的服務，例如，針對幾天或幾週的特定事件來添加硬體。

## 建構自主雲端服務的總成本

現有基礎架構、資料中心及相關知識的既定成本（sunk cost）對於自主託管（self-hosting）來說是一個常見但有問題的驅動因素。遷移到雲端，遺棄現有的投資，可能有浪費的感覺。但這正是既定成本謬誤的一個例子。堅持使用你已經擁有的硬體，將迫使你繼續投資在那上面，這可能比在中期遷移到替代方案還要昂貴。

比較託管成本的一個常見錯誤是僅計算硬體的價格。管理實體基礎架構需要相當的技能與時間，更別提管理上的種種問題。在決定自建或維持自己的硬體和相關基礎架構之前，請確認你所估算的是實際的總成本。

## 通用性或差異化

IT 外包從許多方面看起來似乎很便宜，但有很大的風險會影響到組織快速且有效回應的能力。託管服務（hosting），特別是硬體層級的，並不屬於其中。基礎架構配置（infrastructure provisioning）已成為一種通用商品，其特點在於它可以透過可程式化介面提供一個標準化、可抽換、自動化的服務。

今日很少有企業會以選擇安裝哪種型號的硬碟到他們的伺服器上來調整可用性以便提升競爭優勢。就資料中心的營運管理來說，沒有多少企業有能力做得比 Google、Amazon 或 Microsoft 更便宜、更有效率。

這並不是說沒有任何組織可以藉由使用創新或特殊的資料中心打造出有競爭力的產品，先不論你是哪一種想法，但這實在是太不切實際了。

### 管理雲端服務和虛擬化廠商

公有雲供應商提供了「hands-off」(不干預)選項，這是一種符合所有服務的單一尺寸。較小間和特殊的雲端供應商，可能會提供更多的客製化服務，包括更好的支援和諮詢服務，或專為小型目標市場的服務。一些供應商甚至會根據你對資料中心的需求來建構和管理私有雲。這對一些國家中仍未提供資料中心的主要公有雲廠商來說，例如中國(截至本書出版時還沒有)，特別具有吸引力。

不幸的是，許多 IT 服務供應商們看準了客戶正在尋找，如何能夠在動態基礎架構下管理他們自身的軟體架構，於是迅速把「雲端」標籤貼上自家服務，提供不適合的產品給客戶。正如本章前面所描述，動態基礎架構平台必須是可程式化的、動態的以及可自助式的服務。

留心那些將虛擬機的數量視為靜態不變的定價策略和契約。配置一台機器的流程，不應該需要提出變更請求、填寫申請單，或任何人為的參與。一個虛擬機在長時間使用下的成本不應該是固定的；在雲端服務市場，以小時計價是比較常見的。

## 雲端服務的可攜性

當你在規劃轉移到「雲端式」(cloud-based)基礎架構的搬遷計劃，經常被討論的一項要求是，避免被限制在單一雲端供應商，有些工具集和產品讓雲端平台之間移植變得更為容易。然而，必須謹慎為之，避免當你花費大量的時間和金錢在此一要求上時，才發現在轉移到不同的雲端供應商後，還是一樣複雜、昂貴，且仍有風險。

至於現實中哪些事物可以真正達成可移植的要求，相當重要。此要求的典型驅動因素是，控管未來需要更換雲端供應商的風險，以及透過降低搬遷的成本和風險來維持此類改變的可行性。在這些情況下，沒有必要保證搬遷將會是零負擔。

離開一個雲端供應商的時候，能夠保證幾乎無痛的唯一方法，就是從一開始就建置一個跨多個供應商的基礎架構。所有的服務都應該經常性地運行在多個雲端供應商上，所有的變更皆可在雲端中應用和使用，而且所有的資料都有副本。實際使用所擁有的服務，而非部署到「閒置備援系統」(cold standby)，以確保其可運作性。這樣的策略還有一個額外的優勢，就是在單一的雲端供應商中提供容錯性。

運行在多個雲端服務上，可消除遷移和被限制住的風險，然而這樣的方式會明顯地增加先期及經常性成本，以及實作和運用基礎架構的時間。

## 可攜性的技巧

如果系統已在單一雲端服務上運行，有一些即便在之後也能夠輕易搬遷的技巧。

此一技巧就是避免使用雲端供應商特有的功能，但缺點是會錯過有用的功能和服務，這些功能和服務或許可以節省建構和運行系統的時間及成本。掌握基礎架構使用了廠商所提供的哪些服務可能就夠了，並注意到搬遷時是需要找到提供類似服務的供應商，還是乾脆自己實作系統來取代它們。

一旦系統在第一個使用的雲端服務上運作成功，組織便可優先進行系統的重構，以便隨著時間來逐步降低對供應商的依賴。

這突顯出了另一個讓「未來的供應商搬遷」更容易的關鍵策略，就是能夠輕鬆自信地重構基礎架構和服務。當然這正是本書想要幫忙的地方。藉由能夠以快速且嚴謹的自動化測試程序來改變基礎架構，團隊可以有「重構它並於不同的雲端平台使用它」的信心。

而重點是，建構能夠根據不斷變化的需求（包括更改部分基礎架構供應商的需求）對基礎架構進行變更的能力，會比試圖建構一個「即使出現未知需求將來也不需要改變的」基礎架構，更強大、更實際。

有些工具和技術可能有助於可攜性。有些廠商為自動化基礎架構（automating infrastructure）所提供的工具或服務，可以為你處理特定雲端服務的整合細節。這意味著，你的基礎架構可以運行在這些廠商所支援的任何雲端服務上。當然，這樣做的隱患是，你可能在作繭自縛，讓自己受制於可可攜性工具的廠商。

容器化（containerization）可能有助於減少受制於雲端供應商的情況。打包應用程式（packaging application）從底層的伺服器中移除應用程式特有的組態和檔案，可讓它們更容易在新的託管環境（hosting environment）中運行。但高度容器化的基礎架構需要工具和服務來管理及協調這些容器，因此選擇這條路的團隊將需要考慮如何進行跨雲端服務的移植，容器的協同運作在第 90 頁的〈容器的調度工具〉中會有更詳細的討論。

最後一個避免被限制住（lock-in）的可能策略是，使用提供非專屬平台（nonproprietary platform）的雲端供應商。換句話說，如果雲端服務係使用標準虛擬化軟體來建構，表示也能適用於其他家的供應商，標準虛擬化平台的搬遷似乎會比專屬平台的搬遷來得容易。

# 雲端服務與虛擬化的機械同理心

Martin Thompson 從一級方程式賽車選手 Jackie Stewart 那裡借用了「機械同理心」（Mechanical Sympathy）一詞，並把它帶到了資訊產業（IT）[3]。像 Stewart 這樣一位成功的車手，天生具備理解其賽車是如何運作的能力，因此他可以發揮出賽車的最大效益，並避免故障的發生。就一位 IT 專業人員來說，對系統的運作原理（從堆疊到硬體）有越深入、越深刻的瞭解，就越能夠從中獲得最大的收益。

整個軟體的歷史離不開將一個抽象層置於另一個抽象層上。作業系統、程式語言以及今日的虛擬化，都會透過簡化人們與電腦系統的互動方式，來幫人們提高工作效率。

你不需要擔心哪一個 CPU 的暫存器已經被儲存了特定值，也不需要思考如何為不同的物件分配堆積（heap）以避免重疊，甚至不需要在乎特定的虛擬機運行在哪一個硬體主機上。

除非由你來做的時候。

硬體仍舊隱藏在抽象層之下，而了解 APIs 和虛擬 CPU 單元的背後發生了什麼事，非常有用（圖 2-3）。它可以幫助你建構出「能夠從容處理，硬體之故障、避開隱藏之效能瓶頸、利用潛在之同理心的系統」——比起單純的軟體撰寫，透過調校（tweak）讓軟體與底層系統結合，更可靠、更有效率。

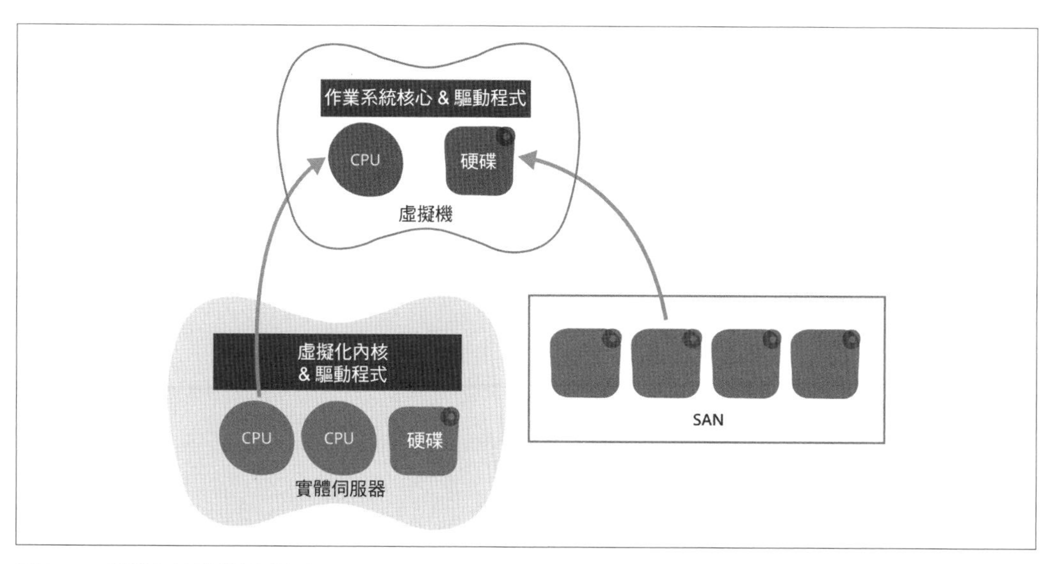


圖 2-3　虛擬化的抽象示意圖

3　見 Martin 的部落格貼文 "Why Mechanical Sympathy"（*http://mechanical-sympathy.blogspot.co.uk/2011/07/why-mechanical-sympathy.html*）。

例如，Netflix 團隊知道一定數量的 AWS 實例（instances）配置後，其效能與普通的實例差很多，不論起因於硬體的問題，或只是因為它們與別人的表現不良之系統共享硬體。因此，他們撰寫了配置命令稿，以便立即測試每個新的實例的性能。如果性能不符合標準，命令稿會銷毀該實例，並再次嘗試另一個新的實例。

瞭解你的平台所使用之硬體伺服器上典型的記憶體和 CPU 能力，可以協助你調整虛擬機的尺寸，以充分利用它們。有些團隊在挑選 AWS 實例的尺寸時，會儘可能用到整個硬體伺服器，即便他們用不到全部的能力也是如此。

瞭解儲存選項和網路運作，有助於確保硬碟的讀取和寫入，不會成為性能瓶頸。這不是一件簡單的事情，若選擇的是速度最快的儲存選項；選擇高性能的本地端 SSD 硬碟，可能會對可攜性、成本，還有資源可用性方面造成影響。

這將涵蓋整個堆疊。要建構、設計和實作軟體及基礎架構，你應該對硬體、網路運作、儲存裝置和動態基礎架構平台的實際架構有所瞭解。

基礎架構團隊應該尋找並閱讀他們可以找到的有關所使用之平台的所有白皮書、文章、會議演講和部落格貼文。你可以請供應商的專家來審視你的系統，從高層次的架構到底下的實作細節。務必詢問關於你的設計和實作將會如何運作在供應商的實體基礎架構上，之類的問題。

如果你使用的是自己的組織所管理的虛擬化基礎架構，那麼就沒有不跟供應商合作的藉口。這可確保你的軟體和基礎架構是整體的設計，並在持續量測與改善的情況下，獲得最佳的性能和可靠度。

# 結論

有了動態基礎架構平台之後，下一步就是挑選與實作其工具，以便定義及管理該平台所提供的資源。這也是下一章的主要議題。

第三章

# 基礎架構定義工具

上一章介紹了虛擬化（virtualization）和雲端平台（cloud platforms）所提供之動態基礎架構資源，包括運算、網路和儲存。而這一章所討論的工具可供團隊用來管理這些資源，並依循著基礎架構即程式碼的原則。

基礎架構定義工具（像是 Cloud Formation、Terraform 或 OpenStack 的 Heat）讓人們得以指定要分配哪些基礎架構資源，以及應該如何設定它們。然後該工具會利用動態基礎架構平台來實現規範。

當然，人們亦可使用平台的用戶介面來建立和管理資源。還有一些第三方產品提供了圖形化介面（GUI）讓用戶得以透過互動的方式來管理虛擬化及雲端基礎架構。但要獲得「基礎架構即程式碼」所帶來的好處，就需要以可重製、可測試、可重複使用及可自行記錄的方式來管理基礎架構。

本章的前半部分將提供挑選及使用工具的指導方針，以便支援這樣的工作方式。這些準則不侷限在基礎架構的定義工具；它們也適用於伺服器組態工具和其他基礎架構服務。

本章的後半部分主要是關於基礎架構的定義檔和工具，它提供了各類型之範例以及定義基礎架構資源的方式，也著眼於組態註冊表（configuration registries）的使用，以便支援基礎架構組態（infrastructure configuration）。

**定義基礎架構的模式**

閱讀第 9 章之前，你必須對本章所介紹之基礎架構定義工具有所瞭解。第 9 章將會深入探討基礎架構之各種不同結構的設計模式。

# 為基礎架構即程式碼選擇工具

基礎架構即程式碼在自動化的實現上需要考慮到第 1 章所提到的挑戰、原則和實施方法，但市場上許多工具和產品並沒有按照這些原則來設計。儘管這些工具仍可以搭配「基礎架構即程式碼」，但使用適合這種工作方式的工具，則會輕鬆許多。

以下各節將討論讓工具得以搭配「基礎架構即程式碼」的若干條件。這適用於所有的基礎架構管理工具，包括基礎架構自動化平台、本章提到的基礎架構定義工具，以及後面章節將會討論到的組態工具和服務。

## 條件：命令稿化介面

與將 GUI（圖形用戶介面）或基於 web 的 UI（用戶介面）視為最重要之互動介面相比，將 API 和命令列工具程式視為一級介面（first-class interface）的工具，較容易撰寫命令稿。

市面上許多基礎架構管理工具採用的是靈巧的圖形介面。其想法是，透過拖拉物件和從一覽表中挑選項目的方式，可以簡化基礎架構上的管理工作。這樣甚至連技能欠佳的人也都能使用這些工具來管理基礎架構。

讓基礎架構的用戶能夠配置和管理自身的基礎架構是很有用的，它可以讓基礎架構團隊的成員騰出精力來專注於技能需要更深層次的工作。然而，為了讓自助式服務工具能夠有效運作，技術人員必須能夠掌握這些工具。

整個汽車工業相當成熟，已經有 100 多年的歷史。但你仍然不會買一輛需要自行銲接引擎蓋的汽車。即使你不知道哪個火星塞出了問題，但是你總會知道哪個技工可以找出它並修好它。此外，你不會只是為了換機油，就把自己的車送回原廠。

命令列工具、可程式化 API 和開放程式碼，讓團隊得以掌握其基礎架構。這不僅對事物的調整和修復是必要的，對不同的工具和服務的整合也是必要的。

## 條件：無監督式命令列工具

命令列介面（CLI）工具應該很容易命令稿化。這意味著，應該可以被設計成無須監督的 shell 命令稿或批次的命令稿來執行：

- 它應該能夠接受來自其他工具和命令稿之輸入——例如，透過標準輸入、環境變數和命令列參數。

• 輸出結果應該要很容易讓其他工具和命令稿語言使用。如果輸出是供解析的結構化形式，而非嵌入到文字中，則將會很有幫助。

• 不應該要求到控制台上手動輸入，即使是密碼。應該有命令稿化的替代方案來接受許可證、提供憑證，或者以其他方式來授權該工具。

專為自動化而設計的工具，不會停下來等待使用者的輸入，像是接受許可證條款或是提示手動輸入密碼。此類工具應可透過引數或組態參數來取得輸入，這讓它們不必提示用戶輸入即可執行。

常見的 Unix 命令列工具就是很好的 CLI 設計典範。它們不是所有事情都能做的工具，而是一群小型工具的集合，每一個都只能做好一件事（像是 grep 可以包含或排除特定的文字列，sed 可以改變特定文字列的內容，sort 可以排序文字列，諸如此類）。這些簡單的工具經管線（pipelines）而被串接在一起時，將能夠執行複雜的任務。

這類工具能夠做為服務來運行，良好的程式化 API 是基本且必要的，針對動態基礎架構平台的 APIs 指導方針，在第 23 頁的「可程式化」討論，亦適用於此。

## 條件：支援無監督式執行

大多數系統管理員會著手撰寫命令稿，以協助他們處理例行性工作。他們會撰寫可以在新的伺服器上運行的命令稿來安裝及設定網頁伺服器，以滿足「基礎架構即程式碼」的許多要求。這是一個具可重複性、一致性、通透性的過程。

但人們撰寫的命令稿通常會涉及手動的步驟。例如，網頁伺服器的命令稿可能需要系統管理員將其複製到新的伺服器後再啟動它。他們可能需要為特定的伺服器編輯命令稿以便指定伺服器主機的名稱和 IP 位址。

這樣的命令稿仍需要費心思去關注手動的部分，使得團隊成員無暇專注於其他事物[1]。一個真正的自動化基礎架構，是由不需任何人工干預就能可靠執行的工作所構成。這樣就能不費吹灰之力地自動測試「可由其他命令稿和工具觸發和執行的」命令稿。它們也可用作自動縮放和例行性回復的一部分。

1　在《The Practice of Cloud System Administration》（*http://www.amazon.com/The-Practice-Cloud-System-Administration/dp/032194318X*）（Addison-Wesley 出版）一書中，Limoncelli、Chalup 和 Hogan 討論了工具的建構與自動化。工具的建構就是撰寫命令列或工具來讓手動工作更輕鬆。而自動化則消除了由人來進行工作的需要。他們做了這樣比較：汽車廠房的工人使用大馬力的烤漆噴槍來噴灑車門與具有無人監督之機器人烤漆系統。

## 隨寫即用命令稿導致自動化恐懼螺旋

我拜訪過一家金融服務公司的系統團隊，該團隊已經使用 Puppet 近一年的時間，他們撰寫 manifests（組態定義）檔案並把它們簽入版本控管系統。但他們只有在進行變更時才會使用 manifests 檔案。他們將會調整 manifests 檔案來實作他們想要進行的變更，並指定他們想要對哪些機器應用該變更。通常，Puppet 至少在某些機器上會出現運行錯誤或甚至失敗的情況。

此團隊認為，不應該只把 Puppet 視為命令稿工具，應該學習如何持續地運行它。他們派人去參加 Puppet 課程，並著手將他們的伺服器遷移到持續同步的機制中。一年後，他們對自己的自動化更具信心，並探索了各種增加自動化測試使用率的方法，以獲得更大的信心。

命令稿和任務的這些特徵有助於保持無監督式執行的可靠度：

冪等（*Idempotent*）
: 它應該可以重複執行相同的命令稿或任務多次而不會導致不良的影響。

事前檢查（*Pre-checks*）
: 任務應該驗證它的啟動條件（starting conditions）是否正確，如果不正確，則會失敗並顯示可見及有用的錯誤訊息，如果正確，則使其處於可用狀態。

事後檢查（*Post-checks*）
: 任務應該檢查它已成功做了哪些變更。這不僅是檢查命令的回傳碼，還可以證明最終的結果是否位於該處。例如，檢查虛擬主機是否已添加了網頁伺服器，能否發送一個 HTTP 請求到這網頁伺服器來確認。

看見故障（*Visible failure*）
: 當任務無法正確執行，應該要讓整個團隊看到。這可能涉及到資訊發送器和（或）整合監控服務（參見第 86 頁的〈資訊發送器是什麼？〉以及第 85 頁的〈警報：出問題時通知我〉）。

參數化（*Parameterized*）
: 任務應該適用於多種類似的操作。例如，單一命令稿可用於設定多台虛擬主機的組態，即使是具備不同屬性的虛擬主機。該命令稿需要一種方法來查找特定虛擬主機的參數，以及一些條件邏輯或模板，針對特定的情況來設定組態。

實踐這些條件的基礎架構團隊是需要紀律的。毫不留情地找出該被自動化的手動任務。利用良好的寫程式習慣來確保命令稿的穩固性。去除難以自動化的任務，即便這意味著要替換掉基礎架構的重要部分，以便對無監督式自動化提供更好的支援。

冪等（*Idempotency*）

為了讓一個工具在無人監督之下重複執行，它必須是冪等。這意味著，執行這個工具的結果應該都是相同的，無論它執行了多少次。冪等命令稿和工具可以被設置成持續不斷地執行（例如，在固定的時間間隔內），這有助於預防組態飄移（configuration drift）以及提高對自動化的信心。

讓我們來看一個非冪等 shell 命令稿例子：

```
echo "spock:*:1010:1010:Spock:/home/spock:/bin/sh" \
    >> /etc/passwd
```

此命令稿執行一次可能會得到你想要的結果：用戶 *spock* 被添加到 */etc/passwd* 檔案中，但執行多次後的結果將會讓該用戶出現多筆重複的資料。

對於伺服器的組態設定，一個良好的「特定領域語言」（DSL），是讓你定義某個事物所處的狀態，然後執行將其帶入該狀態所需要的任何操作。即便對相同的伺服器施行多次，應該也不會有任何副作用發生。下面的 Puppet 片段就是這樣的例子：

```
user { "spock":
  ensure => present,
  gid    => "science",
  home   => "/home/spock",
  shell  => "/bin/sh"
}
```

這定義可多次作用於單一伺服器。

## 條件：外部化組態

有些基礎架構管理工具被設計成以「黑箱」的方式在內部儲存組態資料。此時，唯有透過工具的介面才能存取和編輯組態。有些則是將組態儲存於外部檔案，此時可以使用常見的文字編輯工具來讀取和撰寫這些檔案。

黑箱式組態模式（black box configuration pattern）目的在簡化管理。此類工具可以為使用者提供有用的介面，僅顯示有效的選項。但「外部化組態模式」（externalized configuration pattern）往往更靈活，尤其是當其為類似基礎架構工具之生態系統的一部分時。

**從軟體原始碼中得到的教訓**

外部化組態模式反映了軟體原始碼的工作方式。有一些開發環境仍維持著隱藏原始碼的方式，例如 Visual Basic for Applications（簡稱 VBA）。但主流的模型（dominant model）是將原始碼保存於外部檔案。

整合式開發環境（IDE）不僅可以為保存於外部之原始碼檔案的管理和編輯提供出色的使用者體驗，還能維持原始碼在 IDE 以外的系統和其他工具的可用性。這使得開發團隊，甚至是團隊中各別的開發者，可以自由選擇他們喜愛的工具。

有些 IDE 工具支援伺服器組態定義檔，像是 Chef 的 recipes 檔案和 Puppet 的 manifests 檔案。對它們的支援或許不像一般通用程式語言，例如 Java 和 C#，那樣成熟，但隨著基礎架構自動化日益普及，可能會出現對它們有更佳支援的 IDE 產品。

伺服器、環境、網路規則或任何其他基礎架構元素的外部外組態，簡化了可重複性。讓我們更容易做到以下幾點：

- 一致地配置所需元素類型的多個實例
- 為元素建立精確的測試實例
- 迅速重建遺失或損壞的元素實例

透過點擊 GUI 所設定的系統，不可避免地會變成不一致。以定義檔來進行組態設定，將可確保每次皆以相同的方式來建構每個系統。

團隊使用「由工具內部管理之組態」的能力，受限於工具所支援的互動功能。相對而言，團隊可以透過任何現成的工具來存取和操作文字檔形式的外部組態。你可以使用你喜愛的文字編輯器來編輯它們，透過一般的命令列工具來操控它們，以及撰寫自己的命令稿來管理它們。

使用生態系如此龐大的文字檔工具來設定基礎架構的組態，比起專用工具，可讓團隊擁有更多控制權。

## 使用標準的 VCS 工具

可與外部外組態一起使用的最重要現成工具是 VCS。它支援了第 15 頁〈版本化所有事物〉所提到的好處：變更的可追溯性（traceability）、變更出錯時的回溯（roll back）能力、變更在基礎架構上不同部分之間的相關性（correlation），團隊中每個人皆可看見，以及觸發自動化測試和流水線的可實施性（actionability）。

一些黑箱式自動化（black box automation）工具內建了自己的 VCS 功能。但因為那不是這類工具的核心功能，它們通常不具備獨立之 VCS 所提供的完整功能。外部化組態允許團隊去選擇他們需要的 VCS 功能，之後如果他們找到更好的系統，可以直接抽換。

## 使用 VCS 的基礎知識

現代的軟體開發團隊不加思索就會使用 VCS。然而，對於許多系統管理團隊來說，這並不是他們的工作流程（workflow）中自然而然的一部分。

VCS 對「基礎架構即程式碼」扮演著樞紐（hub）的角色。凡可以對基礎架構進行的任何操作，皆可記錄下來並轉換成命令稿、組態檔和定義檔，並簽入（check into）VCS。當有人想要做出變更，他們可以簽出（check out）VCS 中的檔案，透過編輯檔案進行變更，然後將新的檔案版本提交回 VCS。

將變更提交到 VCS，使其能夠應用到基礎架構。如果團隊使用了變更管理流水線（如第 12 章所述），可讓變更自動應用於測試環境並被測試。這些變更是藉由一系列的測試階段來進行的，只有通過所有測試後才能在重要的環境上使用。

VCS 是真相的唯一來源。如果兩個團隊成員簽出（check out）檔案並對基礎架構進行變更，他們可能會做出彼此不相容的變更。例如，我可能要對應用伺服器增加組態，而當下 Jim 正好在修改防火牆規則，恰好阻擋我存取自己的伺服器。如果我們每個人都直接對基礎架構應用各自的變更，我們無法得知當時其他人正在做什麼。我們可能會不斷應用變更，試圖獲得我們想要的結果，但我們也將持續抵銷彼此所做的努力。

但是，如果我們每個人都需要透過提交各自的變更，才能應用它，那麼我們將馬上瞭解，我們的變更是如何發生衝突的。VCS 中檔案的當前狀態，可以準確地表示將應用於我們的基礎架構的內容。

如果我們每次提交（commit）時，皆使用持續整合（continuous integration）自動應用我們的變更來測試基礎架構，那麼一旦有人做出導致損害的變更時，我們就會收到通知。如果我們養成在提交自己的變更之前，先拉取（pull）最後一版變更的好習慣，那麼當第二個人要提交時（在其提交之前）將發現，已經有人做了可能會影響到自己工作的變更。

基礎架構團隊的工作流程在第 13 章將會有更詳細的討論。

## 組態定義檔案

「組態定義檔」(configuration definition file)是工具專用檔案的通用術語，用來驅動基礎架構自動化工具。大多數工具似乎都有各自的定義檔名稱：playbooks(劇本)、cookbooks(食譜)、manifests(清單)、templates(模板)等等。一個組態定義檔可能是這上述的任何一個，或甚至是一個組態檔或命令稿。

系統管理員已經使用命令稿來自動化基礎架構管理工作數十年了。一般用途的命令稿語言，像是 Bash、Perl、PowerShell、Ruby 和 Python 仍然是基礎架構團隊不可或缺的工具。

但是，新一代的基礎架構工具提供了自己的 DSLs(特定領域語言，如前面所述)，專門用於某些特定的用途。例如，CFEngine、Puppet 和 Chef 之類的伺服器組態工具，具有專門用於伺服器組態的語言。Cloud Formation、Heat 和 Terraform 之類的基礎架構定義工具，具有專門為指定高階基礎架構元素和關係而量身定制的語言。而 Packer 則具備如何建構伺服器映像檔的專屬定義語言。

範例 3-1 定義了一個用戶帳號。伺服器組態工具將會讀取此定義檔，並確保它存放在相關的伺服器上，且已指定好屬性。

*範例 3-1 用戶帳號的組態定義檔*

```
user "spock"
  state active
  gid   "science"
  home  "/home/spock"
  shell "/bin/sh"
```

相較於撰寫命令稿直接建立帳號，在定義檔中定義用戶帳號，具有以下優點。

第一個優點是清晰。定義檔很容易理解，因為它僅包含用戶帳號的關鍵資訊，不像命令稿還內嵌了一堆程式邏輯。這使其更容易理解且更容易發現錯誤。

另一個優點是，應用於各種類型之變更的程式邏輯，是分離的並且可重複使用。大多數的組態工具都具有廣泛的定義類型程式庫，用於管理像是用戶帳號、軟體套件、檔案和目錄，以及許多其他的事物。這些程式庫被撰寫得很全面，因此它們直接就可以在不同的作業系統、分支及版本上進行正確的操作。它們往往有選項可提供基礎架構團隊用於處理各式各樣的系統——例如，不同的用戶認證系統、網路檔案系統的掛載以及 DNS。

這類預先建構好的邏輯，使基礎架構團隊免去自己撰寫標準邏輯的麻煩，而且通常易於撰寫和測試。即便工具所定義的現成類型不夠，這類工具幾乎都允許團隊自行撰寫客製化定義和實作。

## 可重複使用之組態定義檔

在跨元素和跨環境中重複使用組態定義檔的能力，對於一致的基礎架構和可重複的流程來說是不可或缺的。對品保（QA）、預備（staging）和營運（production）等環境，不應該有三個不同的定義檔，而應該對這三個環境使用相同的定義檔。任何用於基礎架構組態的 DSL 都應該提供使用參數的方法。

範例 3-2 可以看到如何透過參數來指定，我們想要建立何種規模的虛擬機（VM）、使用哪個 AMI（Amazon Machine Image）映像檔來新建伺服器，以及網頁伺服器將運行之環境的名稱。

*範例 3-2　參數化之環境定義檔*

```
aws_instance: web_server
  name: web-${var.environment}
  ami: ${var.web_server_ami}
  instance_type: ${var.instance_type}
```

應用此定義檔時，可能有不同的方式將參數傳遞到基礎架構工具中。有可能是透過命令列引數、環境變數，或者是從檔案或組態登錄服務中讀取參數（本章稍後將會介紹）。

參數應該要以一致、可重複的方式來設定，而不是手動輸入在命令列上。當使用變更管理流水線時，流水線編排工具（例如，CI 或 CD 伺服器，像是 Jenkins 或 GoCD）可用於為流水線的每一階段設定參數。或者，參數亦可放置於組態登錄表（configuration registry）中。

# 使用基礎架構定義工具

既然我們已經介紹了「基礎架構即程式碼」工具的一般準則，那麼我們可以更深入地研究細節。它們有時被稱為基礎架構編排工具（infrastructure orchestration tools），這些工具被用來定義、實作和更新 IT 基礎架構的結構。基礎架構是在組態定義檔中指定的。而工具則會使用這些定義來配置、修改或移除該基礎架構的元素，使其與規格相符合。這是透過與動態基礎架構平台之 APIs（如前面的章節所述）的整合來達成的。

以這種方式運作的基礎架構定義工具案例，包括 AWS Cloud Formation（*https://aws.amazon.com/cloudformation/*）、HashiCorp Terraform（*https://terraform.io/*）、OpenStack Heat（*https://wiki.openstack.org/wiki/Heat*）和 Chef Provisioning（*https://github.com/chef/chef-provisioning*）[2]。

2　與本書所介紹的許多工具一樣，基礎架構定義工具也在迅速發展，因此你閱讀本文時，這份工具清單可能會有所改變。

許多團隊會使用程序式命令稿（procedural scripts）來配置基礎架構，特別是那些在更標準的工具出現之前，就開始以這種方式工作的團隊。這些可以是呼叫 CLI 工具來與基礎架構平台互動的 shell 或批次（batch）命令稿——例如，AWS 的 AWS CLI（*https://aws.amazon.com/cli/*）。或者是利用具有程式庫的通用語言來撰寫它們，以使用基礎架構平台的 API——例如，具 Fog 程式庫（*http://fog.io*）的 Ruby 命令稿、具 Boto 程式庫（*http://boto3.readthedocs.org*）的 Python 命令稿，或是具 AWS SDK for Go 程式庫（*http://aws.amazon.com/sdk-for-g*）或 Google Cloud 程式庫（*https://godoc.org/google.golang.org/cloud*）的 Golang 命令稿。

**「配置」的定義**

「配置」（Provisioning）是一個術語，可以用來表示有一點不同的東西。本書中，配置是指讓基礎架構元素（例如，伺服器或網路裝置）準備就緒。根據所配置的內容，這可能涉及到：

- 為元素分配資源
- 將元素實例化
- 將軟體安裝到元素上
- 為元素設定組態
- 向基礎架構服務註冊元素

配置後，元素已經完全可以使用。

有時「配置」用來指稱此過程中更狹義的部分。例如，Terraform 和 Vagrant 都用它來定義，當伺服器被建立之後，會叫出像是 Chef 或 Puppet 之類的伺服器組態工具來設定伺服器的組態。

## 用程序化命令稿來配置基礎架構

在一個團隊中，我們曾經以 Ruby 撰寫了專屬的命令列工具，來標準化我們在 Rackspace Cloud 上之伺服器的配置過程。我們將此工具稱為 spin（轉動），取其 spin up a server（將伺服器轉動起來）之意。此命令稿可以接受一些命令列引數，使它可以在不同的環境中建立不同類型的伺服器。範例 3-3 中可以看到此命令稿的早期版本，以如下方式執行可以在我們的 QA 環境中建立一個應用伺服器：

```
# spin qa app
```

我們的 spin 命令稿包含了用於定義「appserver」應是何種類型之伺服器的邏輯：什麼規模、所使用的起始映像檔，諸如此類。它還使用「qa」來選擇有關伺服器添加到環境的細節。每當我們需要變更特定伺服器類型或環境的規格時，我們將會編輯其命令稿以進行變更，然後依據新的規格一致性地建立全部的新伺服器。

### 範例 3-3 根據類型及環境來配置伺服器的命令稿

```
#!/usr/bin/env ruby

require 'aws-sdk'
require 'yaml'

usage = 'spin <qa|stage|prod> <web|app|db>'
abort（"Wrong number of arguments. Usage: #{usage}"） unless ARGV.size == 2
environment = ARGV[0]
server_type = ARGV[1]

#
# 根據命令列上所指定的環境來設定 subnet_id。
# 其選項被寫死在此命令稿中。
subnet_id = case environment
when 'qa'
  'subnet-12345678'
when 'stage'
  'subnet-abcdabcd'
when 'prod'
  'subnet-a1b2c3d4'
else
  abort（"Unknown environment '#{environment}'. Usage: #{usage}"）
end

#
# 根據命令列上所指定的伺服器類型來設定 AMI 映像檔識別碼。
# 同樣的，其選項被寫死在這裡。
image_id = case server_type
when 'web'
  'ami-87654321'
when 'app'
  'ami-dcbadcba'
when 'db'
  'ami-4d3c2b1a'
else
  abort（"Unknown server type '#{server_type}'. Usage: #{usage}"）
end

#
# 使用 AWS Ruby API 來建立新的伺服器
ec2 = Aws::EC2::Client.new（region: 'eu-west-1'）
resp = ec2.run_instances（
  image_id: image_id,
  min_count: 1,
  max_count: 1,
  key_name: 'my-key',
  instance_type: 't2.micro',
```

```
    subnet_id: subnet_id
  )

  #
  # 印出 API 所回傳的伺服器細節
  puts resp.data[:instances].first.to_yaml
```

這滿足我們了對流程可重複、通透的要求。有關如何建立伺服器的決定（要分配多少 RAM、要安裝什麼 OS 以及要為其分配哪個子網路）都是以通透的方式來進行，不需要我們在每次建立新伺服器的時候來決定。「spin」命令很簡單，可以在觸發動作的命令稿和工具（例如，我們的 CI 伺服器）中使用，因此它可以成為自動化流程中完美運作的一部分。

隨著時間的流逝，我們把有關伺服器類型和環境的資訊移到了組態檔裡，分別命名為 *servers.yml* 和 *environments.yml*。這意味著，我們不太需要去修改命令稿，我們只需要確保命令稿被安裝在需要執行它的工作站或伺服器上即可。然後我們的重點是把正確的內容放進組態檔，並將其視為要追蹤、測試及推廣的產出物（artifacts）。

值得注意的是，透過將我們的命令稿修改成使用組態檔，例如 *servers.yml* 和 *environments.yml*，我們正朝著宣告式定義（declarative definitions）邁進。

## 以宣告的方式來定義基礎架構

將不相關的定義拆分到它們各自的檔案中，可以免去我們按程序進行配置的需要，像是「先做 X，然後做 Y」。取而代之的是，宣告式定義，像是「應該是 Z」。

程序式語言對於需要了解「如何完成工作」的任務非常有用。當更重要的是去了解你想要的是什麼時，宣告式定義就很有用。「如何完成工作」的邏輯規則變成了讀取定義並應用它之工具的責任。

宣告式定義非常適合用在基礎架構的組態上。你可以指定希望的樣子：應該安裝的套件、應該定義的用戶帳號，以及應該存在的檔案。然後，該工具會讓系統符合你的規範。

在工具執行之前，你不必擔心系統的狀態。檔案可能不存在。或者它存在，但有著不同的擁有者或權限。該工具包含了所有的邏輯規則，可弄清楚什麼變更需要進行，什麼需要保留。

因此宣告式定義適合冪等式執行。你可以放心地一遍又一遍地應用你的定義，無須考慮太多。如果工具之外的系統做了某些改變，應用你的定義將使其恢復原狀，從而排除導致組態飄移的來源。當你需要做出變更，只需要修改定義，然後讓工具進行應該完成的工作。

範例 3-4 列示了一個宣告式的 Terraform 組態檔，該檔案可取代我們稍早用於建立 web 伺服器的程序式 spin 命令稿。該定義檔使用了一個名為 `environment` 的變數來設定伺服器的子網路。

*範例 3-4　Terraform 組態檔*

```
variable "environment" {
  type = "string"
}

variable "subnets" {
  type = "map"

  default = {
    qa = "subnet-12345678"
    stage = "subnet-abcdabcd"
    prod = "subnet-a1b2c3d4"
  }
}

resource "aws_instance" "web" {
  instance_type = "t2.micro"
  ami = "ami-87654321"
  subnet_id = "${lookup(var.subnets, var.environment)}"
}
```

此定義與 spin 命令稿之間的區別在於，當你以相同的引數多次執行它會發生什麼事。如果你執行 spin 命令稿五次，並指定相同的環境和 `web` 伺服器角色，它會建立五個相同的 web 伺服器。如果應用 Terraform 定義五次，它將只會建立一個 web 伺服器。

## 使用基礎架構定義工具

大多數基礎架構定義工具係使用命令列工具來應用組態定義。例如，倘若上面的 Terraform 定義被存入一個稱為 *web_server.tf* 的檔案，我們可以使用如下的命令來執行用於建立或更新它的命令列工具：

```
# terraform apply -var environment=qa web_server.tf
```

基礎架構團隊的成員可以從他們的本地端工作站或筆記型電腦來執行此工具，但最好是讓它在無人監督的情況下執行。透過將該工具應用到基礎架構的個人沙箱實例，以互動方式執行該工具，對於測試基礎架構的變更來說非常方便。但隨後應將定義檔提交給 VCS，而且 CI 或 CD 伺服器之代理程式（agent）應該自動將更新過的組態應用於相關環境並進行測試。相關細節參見第 12 章。

## 伺服器組態設定

基礎架構定義工具能夠建立伺服器，但不負責伺服器本身的內容。因此，儘管定義工具宣告了兩個 web 伺服器，但不會在其上安裝 web 伺服器軟體或組態檔。下一章將會介紹用於設定伺服器之組態的工具和方法[3]。

但是，基礎架構定義工具在建立伺服器的時候，通常需要將組態資訊傳遞給伺服器組態工具。舉例來說，它可以指定伺服器的角色，讓組態工具來安裝相關的軟體和組態。它可以傳遞網路組態的細節，例如 DNS 伺服器的位址。

範例 3-5 於新建立的 web 伺服器上執行 Chef。`run_list` 引數指定了所要應用的 Chef 角色，Chef 會以該角色來執行一組特定的 cookbooks。而 `attributes_json` 引數會以首選的 JSON 格式將組態參數傳遞給 Chef。在此情況下，它將會傳遞一個陣列，內含兩個 DNS 伺服器的 IP 位址。其中一個正在執行的 Chef cookbooks 可能會使用到這些參數來建構伺服器的 */etc/resolv.conf* 檔案。

*範例 3-5　從 Terraform 將組態檔傳遞給 Chef*

```
resource "aws_instance" "web" {
  instance_type = "t2.micro"
  ami = "ami-87654321"

  provisioner "chef" {
    run_list = [ "role::web_server" ]
    attributes_json = {
      "dns_servers": [
        "192.168.100.2",
        "192.168.101.2"
      ]
    }
  }
}
```

將組態資訊提供給伺服器的另一種方法是透過組態註冊表（configuration registry）。

3　實際上，某些工具（像是 Ansible）不僅能夠定義基礎架構，還可以定義伺服器的內容。但在本書中，我將會分別描述這些任務。

# 組態註冊表

組態註冊表（configuration registry）是一個有關基礎架構元素的資訊目錄。它為命令稿、工具、應用程式和服務提供了一種查找所需資訊以管理基礎架構並與之整合的方法。這對於動態基礎架構特別有用，因為隨著元素的添加和刪除，此類資訊會不斷變化。

例如，註冊表（registry）可以保存一份負載平衡池（load balanced pool）中的應用伺服器清單。基礎架構定義工具會在建立新伺服器的時候將其添加到註冊表中，並在銷毀伺服器的時候將其移除。有些工具可能會使用此資訊來確保負載平衡器（load balancer）中的 VIP 組態是最新的。而有些工具會讓監控伺服器的組態掌握伺服器清單的最新狀態。

組態註冊表有幾種不同的實現方式。對於較簡易的基礎架構，定義工具所使用的組態定義檔可能就夠了。當此工具執行時，組態定義檔中已經具備它需要的全部資訊。然而，這種方式並無法很好地擴展。隨著定義檔案所管理事物之數量的增加，必須一次全部應用它們，可能會成為進行變更的瓶頸。

市面上可以找到有許多組態註冊表的產品，例如：Zookeeper（*https://zookeeper.apache.org/*）、Consul（*https://www.consul.io/*）和 etcd（*https://github.com/coreos/etcd*）。有許多伺服器組態工具供應商會提供自家的組態註冊表，例如：Chef Server、PuppetDB 和 Ansible Tower。這些產品被設計成可輕易地與組態工具整合在一起，而且經常會結合其他元素，例如：儀表板。

為了讓動態基礎架構運作順利，組態註冊表服務必須支援以程式方式來添加、更新和移除註冊表的資料項。

## 輕量級組態註冊表

許多團隊並未使用組態註冊表伺服器，而是使用放在集中式共享儲存區的檔案（例如 AWS S3 bucket 之類的物件式儲存或是 VCS）來實作一個輕量級組態註冊表。然後可以利用現成的靜態網頁託管工具來提供此檔案。

此方式的一種變形是把組態設定封裝到系統套件（比如 *.deb* 檔案或 *.rpm* 檔案）中，並將它們發布到內部的 APT 或 YUM 套件儲存庫。然後可以使用一般的套件管理工具，將這樣的組態設定拉到本地端伺服器。

這類用於實現組態註冊表的輕量級方法，係利用成熟的現成工具，像是 web 伺服器和套件管理儲存庫。它們易於管理、容錯（fault tolerant）且易於擴展。註冊表檔案可以在 VCS 上進行版本控管，然後按「礎架構即程式碼」的慣例進行分派（distribute）、暫存（cache）和推廣（promote）。處理大型基礎架構的頻繁更新可能會有些複雜，但這些通常可透過分割（splitting）或共用（sharding）註冊表檔案來管理。

### 陷阱：與組態註冊表緊密耦合

大量使用註冊表可能會導致緊密耦合（tight coupling）和 / 或脆裂（brittleness）。分不清楚哪些命令稿和服務依賴於註冊表中既定的項目。變更項目的格式，或移除那些似乎不再需要的項目，可能會導致無法預料的損壞。反過來說，這會導致修改註冊表時的疑慮，直到它變得脆弱、過於複雜。

例如，我曾經有一支「配置命令稿」（provisioning script），它會以 `/environments/${environment}/web-servers/${servername}` 為鍵，替 web 伺服器增添項目到註冊表。此鍵被用於另一支設定負載平衡器組態的命令稿，該命令稿會從 VIP 新增和刪除 web 伺服器，以便符合此鍵所對應的項目。後來，我修改了這些命令稿，以便為每個伺服器的每個項目使用一個鍵，像是：`/servers/${servername}/environment=${environment}` 和 `/servers/${servername}/pool=web-servers`。我把設定負載平衡器組態的命令稿修改成使用此結構。我還把「配置命令稿」修改成，放入每個項目，不再建立原先的鍵。

但我不知道，有一位同事已寫了一個命令稿，它會使用原先的鍵結構，自動更新 web 伺服器的監控檢查。在我完成變更之後，因為原先的註冊表鍵（registry keys）已不存在，所以 web 伺服器的監控檢查就自動被刪除了。起初我們都沒有注意到這個問題，因為控檢查根本就不見了。一個多星期之後，才有人注意到檢查消失了，花了將近一天的時間調查，才弄清楚發生了什麼事。

良好的設計和溝通有助於避免此類問題的發生。此時，自動化測試也可以幫上忙。消費者驅動契約（CDC）測試的一些變化（正如第 251 頁的〈實施方法：執行消費者驅動契約（CDC）測試〉所述）對此也有幫助。撰寫有用到註冊表之命令稿的人，可以撰寫簡單的測試，以便在命令稿所倚賴之註冊表的結構和格式遭到更改時，發出警告。

## 組態註冊表是一個「組態管理資料庫」嗎？

組態管理資料庫（簡稱 CMDB）的概念早於自動化、動態基礎架構的興起。CMDB 是一個資料庫，此資料庫由 IT 資產［稱為組態項目（configuration items，簡稱 CI）］及資產間的關聯所構成。它與組態註冊表有許多相似之處：它們都是條列了基礎架構中之內容的資料庫。

但 CMDB 和組態註冊表被用於解決兩種不同的核心問題。儘管它們處理的問題高度重疊，但是它們的處理方式卻非常的不同。因此，值得將分開來討論。

組態註冊表的設計允許「自動化工具」共享基礎架構中相關事物的資料，好讓它們可以根據事物的當前狀態動態地修改其組態。它需要一個可編程的 API，而且使用它的基礎架構團隊，應該確保註冊表總是能精確地呈現基礎架構的狀態。

CMDB 被創造出來最初是為了追蹤 IT 資產（assets）。像是你擁有哪些硬體、設備和軟體授權許可證，它們要在何處使用以及它們的用途？回憶遙遠的青年時代，我曾用試算表建立了一個 CMDB，後來把它搬到微軟的 Access 資料庫。我們用人工來管理資料，這樣運作得很好，因當時在鐵器時代，一切都是以手動方式進行，而且事物並沒有頻繁變動。

所以組態註冊表和 CMDB 有兩種不同的發展方向：共享資料以便支援自動化，以及記錄關於資產的資訊。

但實際上，CMDB 產品，特別是那些由商業供應商所銷售的產品，不僅可用於追蹤資產。它們還可以發掘並追蹤基礎架構中軟體的詳細資訊和事物的組態，以確保一切都是一致且最新的。它們甚至可以使用自動化來做到這一點。

高階的 CMDB 可以持續掃描你的網路，發掘新設備和未知設備，並自動將它們添加到資料庫。它可以登入伺服器或是在伺服器上安裝代理程式，因此可以盤點每個伺服器上的任何資源。它可將問題標記起來，像是需要修補的軟體、不應該安裝的用戶帳號，以及已經過期的組態檔。

因此，CMDB 主要用於解決與「基礎架構即程式碼」相同的問題，它們甚至可以利用自動化做到這一點。然而，它們的做法是完全不同的。

## CMDB 稽核與修正反模式

CMDB 係以被動的方式來確保基礎架構的一致性和正確性。它會明確指出基礎架構的哪些元素的組態設定不正確或不一致，這樣它們就可以被修正了。這是假定基礎架構的組態經常會被設錯，這常見於手動流程。

問題是，為了解決這些不一致，會持續增加團隊的工作量。每當有伺服器被建立或變更時，就會添加新的工作項目以便解決這些問題，這顯然是浪費且繁瑣的做法。

## 採用基礎架構即程式碼的做法

採用「基礎架構即程式碼」的做法，可確保所有伺服器的配置一開始便是一致的。當團隊的成員配置新伺服器或變更現有伺服器時，他們不應該做出臨時的決定。一切都應該透過自動作業來驅動。如果需要以不同的方式來建立伺服器，則應該變更自動化作業以便記錄此差異。

這並不能百分之百解決 CMDB 所解決的問題，但比起 CMDB 需要做的事，確實單純許多。以下是採用「基礎架構即程式碼」時，避免 CMDB 問題的一些準則：

- 確保一切都是透過自動化作業來建構，並有被正確且精準地記載下來。
- 如果需要追蹤資產，可以考慮使用獨立的資料庫，並透過自動化作業來更新它。盡量讓事情簡單化。
- 你的自動化作業應該在組態註冊表中準確記錄並報告所使用之商業軟體的授權許可證。有流程可以報告軟體授權的使用情況，並在使用不合規定或是有太多許可證未使用時，予以警告。
- 使用掃描工具找出並報告那些未被自動化作業建構和設定組態的事物。然後移除它們（如果它們不屬於此處），或是將它們添加到自動化作業，再正確地重新建構它們。

舉例來說，若你的命令稿可以使用你的基礎架構提供商之 API 列出所有資源（所有的伺服器、儲存設備、網路組態，等等），並且跟你的組態註冊表進行比對。這將可捕捉到組態上的錯誤（例如，事物未被正確添加到註冊表），以及事情在正確管道之外完成。

# 結論

定義「基礎架構即程式碼」是管理基礎架構的基礎，這讓各種變更能夠以例行性、安全、可靠的方式來進行。

本章討論了依據「基礎架構即程式碼」的原則和慣例，來管理高階基礎架構的工具類型。之後，第 9 章將以本章介紹的概念為基礎，使用本章介紹的工具類型，在較高層次上，為基礎架構的設計和組織提出模式和技術的建議。但下一章將繼續探索工具面，然後逐步介紹用於設定伺服器組態的工具。

第四章

# 伺服器組態工具

使用命令稿和自動化來建立、配置和更新伺服器並非什麼新鮮事，但在過去這十年左右的時間裡，出現了新一代的工具。CFEngine、Puppet、Chef、Ansible…等等對這類工具做了最好的定義。虛擬化和雲端服務讓大量建立和更新伺服器實例的工作變得容易許多，從而推動了這些工具的普及。

最近才出現的容器化工具（containerization tools），例如 Docker，經常被用於包裝（packaging）、派送（distributing）和運行（running）應用程式及流程。容器將作業系統的元素與應用程式綑綁在一起，這對伺服器的配置和更新方式造成了影響。

正如前一章所提到的，並不是所有的工具都被設計來應用於「基礎架構即程式碼」。前一章挑選工具的準則，同樣也適用於伺服器組態工具；它們應該可以被寫成命令稿、在無人監督的情況下執行，以及使用外部的組態檔。

本章將介紹伺服器自動化工具如何應用於「基礎架構即程式碼」。這包括工具可以採取的不同方法，以及團隊為自己的基礎架構實作這些工具時，可以使用的不同方法。

**伺服器管理模式**

第二篇所包含的章節將以本章的內容為基礎：第 6 章將討論配置伺服器的通用模式和方法，第 7 章會更深入探討伺服器模板的管理辦法，第 8 章則會討論伺服器變更管理的模式。

## 自動化伺服器管理的目標

使用「基礎架構即程式碼」來管理伺服器組態將導致以下結果：

- 新的伺服器可以按需要配置[1]，不用等幾分鐘即可完成。
- 新的伺服器無須人工干預即可完成配置——例如，對事件的回應。
- 一旦伺服器組態變更已定義，無須人工干預即可將其應用到伺服器。
- 每次變更都將應用到與之相關的所有伺服器，並反映在變更完成後新配置的所有伺服器上。
- 配置和將變更應用到伺服器的過程是可重複、一致、自帶文件（self-documented）且通透（transparent）的。
- 將變更用於配置伺服器和更改其組態的過程，既簡單又安全。
- 每次變更伺服器組態定義的時候，便會進行自動測試，而且當涉及到配置和修改伺服器的任何程序時，也會進行自動測試。
- 對組態的變更，以及對在基礎架構上執行任務之流程的變更，被版本化（versioned）並應用於不同的環境，以便支援受控測試（controlled testing）和分階段發布（staged release）策略。

## 用於不同伺服器管理功能的工具

為了瞭解伺服器管理工具，將伺服器的生命週期（lifecycle）看作有幾個階段是有幫助的（如圖 4-1 所示）。

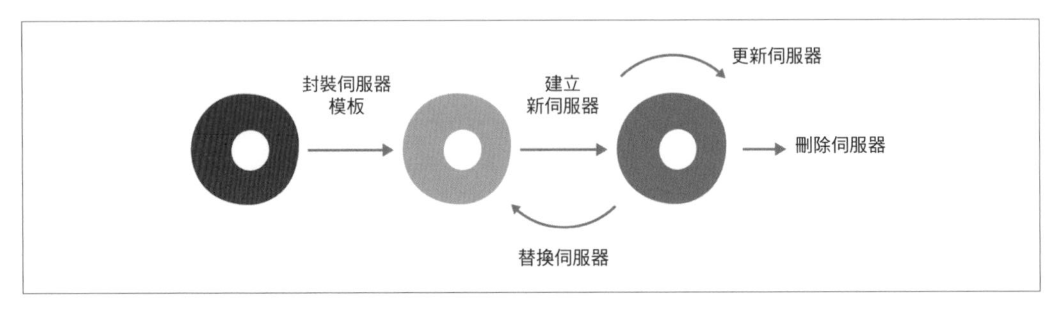


圖 4-1　伺服器的生命週期

1　請參閱第 3 章對「配置」(Provisioning) 的定義，以瞭解我如何在本書中使用該術語。

這個生命週期將成為討論不同之伺服器管理器模式的基礎，本書將於第 6 章開始講解。

本節將探討此生命週期中所涉及到的工具。有幾種功能可應用在多個生命週期階段。本節討論的功能包括，建立伺服器、設定伺服器組態、包裝模板以及在伺服器上執行命令。

## 用於建立伺服器的工具

如前一章所述，動態基礎架構平台會使用基礎架構定義工具來建立新伺服器。伺服器係由伺服器模板（server template）來建立，而伺服器模板則是某種基本映像檔（base image）。這可能是基礎架構平台特有的 VM（虛擬機）映像檔格式（例如，AWS 的 AMI 映像檔，或 VMware 的 VM 模板），或者是供應商所提供的作業系統安裝光碟映像檔（例如，Red Hat 安裝 DVD 的 ISO 格式映像檔）。大多數基礎架構平台允許我們透過其使用者介面（UI）以互動方式建立伺服器，如圖 4-2 所示。但是，任何重要的伺服器都應該以自動化方式來建立。

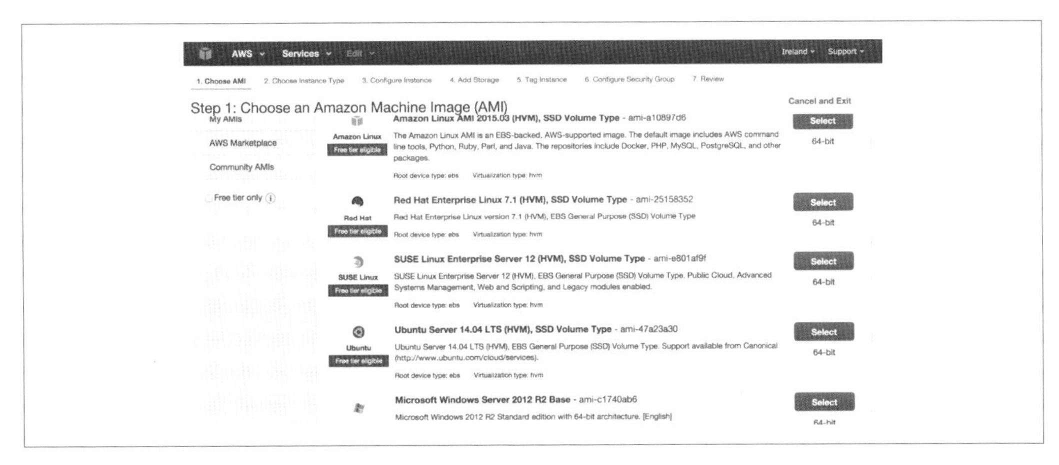


圖 4-2　以 AWS 網頁控制台來建立新伺服器

新伺服器的建立有下列幾種案例：

- 基礎架構團隊的成員需要建構標準類型的新伺服器——例如，將新的檔案伺服器添加到叢集。於是他們變更基礎架構定義檔，以指定新的伺服器。
- 用戶想要為標準應用系統設置（set up）一個新的實例——例如，一個錯誤追蹤應用系統。於是他們使用自助服務入口網站（self-service portal），建構一個安裝了錯誤追蹤軟體的應用伺服器。

- 由於硬體問題導致 web 伺服器虛擬機毀壞。監控服務偵測到此故障，並觸發了新虛擬機的建立來替換它。
- 用戶流量的成長超出了現有「應用伺服器資源池」（application server pool）的容量，所以基礎架構平台的自動擴展功能會建立新的應用伺服器並將它們添加到資源池以滿足需求。
- 開發人員提交變更到他們正在開發的軟體。CI 軟體（例如，Jenkins 或 GoCD）會使用新建構的軟體，自動在測試環境中配置一個應用伺服器，以便對它執行自動化測試集（automated test suite）。

## 設定伺服器組態的工具

Ansible、CFEngine、Chef、Puppet 和 Saltstack 是專為使用「基礎架構即程式碼」方法來設定伺服器組態而設計的工具。它們會使用外部的組態定義檔，以及專為伺服器組態而設計的 DSL。而工具會讀取這些檔案中的定義，並將相關的組態應用到伺服器上。

許多伺服器組態工具會使用安裝在每個伺服器上的代理程式（agent）。代理程式會定期執行，從中央儲存庫（central repository）拉取最新的定義，然後將其應用於伺服器。這樣的機制同時也是 Chef 和 Puppet 預設的運作方式[2]。

有些工具則使用推送（push）模型，此時係由一個中央伺服器觸發對「受託管伺服器」（managed servers）的更新。Ansible 預設會使用這種模型，透過 SSH 密鑰連接到伺服器並執行命令[3]。此方式具有無須在「受託管伺服器」上安裝「組態代理程式」（configuration agents）的優點，但可說是犧牲了安全性。第 8 章會更詳細地討論這些模型。

---

2 以拉取（pull）模型來使用 Chef 或 Puppet 是完全有可能的，例如，讓一個中央伺服器（central server）執行 SSH 命令來連接到各個伺服器，並執行用戶端命令列工具。

3 雖然 Ansible 主要的使用方式是推送模型，但它也可以用拉取模型來運行，如同 Jan-Piet Mens 在部落格中的描述（*http://jpmens.net/2012/07/14/ansible-pull-instead-of-push/*）。

**自動化伺服器組態模型在安全上的權衡**

集中式系統掌控了你所有的伺服器組態，這給惡意入侵者製造了一個絕佳機會。基於推送模型的組態，需開啟伺服器的連接埠，攻擊者可能會利用它連上伺服器。攻擊者可能會冒充「組態主機」（configuration master）並提供組態定義檔給「目標伺服器」，這會開啟伺服器的後門以供惡意使用。它甚至可能會允許攻擊者執行任意命令。加密金鑰通常用於預防這種情況，但這需要健全的金鑰管理機制。

拉取模型簡化了安全問題，但惡意者仍然有機會。此時，攻擊的媒介就是用戶端取得組態定義檔之處。如果攻擊者可以染指儲存定義檔之處，那麼他們就可以取得受託管伺服器的完整控制權。

無論如何，用於儲存命令稿和定義檔的 VCS（版本控制系統）是基礎架構中一個關鍵的部分，也成為主要的攻擊面，因此你的安全策略必須顧慮到這個部分。如果你使用 CI 或 CD 伺服器來實踐「變更管理流水線」（change management pipeline）也有同樣的疑慮，這會在第 12 章中討論。

「基礎架構即程式碼」的安全問題，第 292 頁的〈安全性〉會有更詳盡的描述。

伺服器組態（server configuration）產品具有比基本伺服器組態（basic server configuration）更廣泛的工具鏈。此類產品大多具有用於管理組態定義檔的儲存庫伺服器（repository server）——例如，Chef 伺服器、Puppetmaster 以及 Ansible Tower。它們可能具有額外的功能，提供組態註冊表（configuration registries）、組態管理資料庫（CMDBs）以及儀表板（dashboards）。第 5 章會更廣泛地討論此類的基礎架構協作服務。

照理來說，選擇提供「一體化」（all-in-one）工具生態系統（ecosystem of tools）的供應商，可以簡化基礎架構團隊的工作。然而，如果可以把生態系統中的元素替換為不同的工具，以便團隊可以選擇適合其需要的最佳工具，則很有用。

## 封裝伺服器模板的工具

許多情況下，新的伺服器可以直接使用現成的（off-the-shelf）伺服器模板映像檔（server template images）來建構。基礎架構平台（像是 IaaS 雲端服務）往往會提供常用作業系統的模板映像檔。許多還提供了由供應商和第三方夥伴所提供的模板庫（libraries of templates），它們所提供的映像檔，可能會針對特定用途（例如，應用伺服器）預先安裝應用程式並設定好組態。

但許多基礎架構團隊發現，建構自己的伺服器模板其實是很有用的。他們可以預先設定團隊首選的工具、軟體和組態。

將常用的元素封裝到模板上，可以加快配置新伺服器的速度。有些團隊會透過為特定角色（例如，web 伺服器和應用伺服器）建立伺服器模板來做到這一點。第 7 章對折衷方案和模式的討論（第 116 頁的〈使用模板來配置伺服器〉）圍繞在兩種方式的比較：「將伺服器的元素併入模板」與「建立伺服器時再加入它們」。

其中一個關鍵的權衡是，隨著有越來越多的元素被封裝到伺服器模板，模板需要更頻繁地更新。於是這需要更複雜的流程和工具來建構和管理模板。

*Unikernel* 伺服器模板

伺服器模板（server template）的建構通常透過以下方式：使用既有模板（existing template）或作業系統映像檔（OS image）來啟動伺服器，先客製其內容，然後將其存儲為伺服器映像檔（server image）。而 Unikernel（***https://en.wikipedia.org/wiki/Unikernel***）則是較特別的作業系統映像檔：它會根據將要執行之應用程式的需要對核心進行客製編譯（custom-compiled）。其映像檔中的作業系統核心只包含應用程式需要的部分，所以精簡又快速。此映像檔可直接視為虛擬機或是容器（本章後面會談到），但只具有單一定址空間（single address space）。

Netflix 公司率先採用預先封裝（prepackaged）所有內容來建構伺服器模板的方法。他們開源（open sourced）了自己的創作，一個在 AWS 上建構 AMI 模板的工具，Aminator（***https://github.com/Netflix/aminator***）[4]。

Aminator 相當符合 Netflix 的需求，僅限於在 AWS 雲端服務上建構 CentOS/RedHat 的伺服器。但 HashiCorp 公司[譯註]發表了開源的 Packer（*http://packer.io*）工具，它支援各種作業系統以及不同的雲端服務和虛擬化平台。Packer 係使用一種檔案格式來定義伺服器模板，該檔案格式是依據「基礎架構即程式碼」之原則來設計的。

第 7 章將會詳細介紹如何使用這類工具，以不同的模式和做法來建構伺服器模板。

4 Netflix 公司在自家的部落格文章上有描述他們使用 AMI 模板的方法（*http://techblog.netflix.com/2013/03/ami-creation-with-aminator.html*）。

譯註 HashiCorp 公司也開發了著名的 Vagrant 工具。

## 於伺服器上執行命令的工具

能夠在多台機器上遠端執行命令的工具，對於管理多個伺服器的團隊非常有用。遠端命令執行工具，例如 MCollective、Fabric 和 Capistrano，可用於臨時的任務，例如問題的調查和解決，也可以編寫命令稿來自動處理日常活動。範例 4-1 可以看到 Mcollective 命令的例子。

有些人把這種工具稱為 SSH-in-a-loop（在迴圈中運行的 SSH）。事實上有許多人會使用 SSH 來連線目標機器，所以這一說法並不完全準確。但這些工具通常還具備更先進的功能，以使其更容易被編寫成命令稿、定義伺服器群組以便在其上執行命令，或與其他工具整合。

雖然能跨多台伺服器以互動方式執行「隨寫即用」（ad hoc）命令很有用，但這應該僅用於特殊情況。手動執行「遠端命令工具」對伺服器進行變更是無法重製的，因此對「基礎架構即程式碼」來說這不是一種好的做法。

*範例 4-1　簡易的 Mcollective 命令*

```
$ mco service httpd restart -S "environment=staging and /apache/"
```

如果人們發現自己經常使用互動式工具，那麼他們應該考慮如何自動化他們正在進行的任務。如果合適的話，理想的情況是把它轉成一個組態定義檔。沒辦法在無人監督的情況下進行的任務，可以使用團隊首選之遠端命令工具所提供的語言來撰寫命令稿。

使用這些工具所提供之命令稿語言的危險在於，隨著時間的流逝，它們可能會變得非常複雜。它們的命令稿語言是為小型的命令稿而設計的，缺乏以清楚的方式來協助管理大型基準程式碼（codebases）所需之功能，像是可重用、可共享的模組。伺服器組態工具是設計來支援大型的基準程式碼，所以這種工具比較合適。

### 通用命令稿語言

伺服器組態專用工具的有用性（usefulness），並不表示通用命令稿語言沒有用處。我認識的每個基礎架構團隊，都需要撰寫客製命令稿。總是有一些特殊的任務需要一點邏輯，例如一個命令稿，它會從不同的伺服器收集資訊以找出哪些伺服器需要特定的修補程式。有這些小工具和公用程式，可讓生活更輕鬆些，這還包含外掛程式（plug-ins）及標準工具的擴充功能（extensions）。

對基礎架構團隊來說，建立命令稿並不斷提高其技能，至關重要。學習新的程式語言、學習更好的技術、學習新的程式庫（libraries）及框架（frameworks），不僅可以幫助你做出自己的工具，還能夠讓你深入研究開源工具（open source tools）的程式碼，使你瞭解它們的運作原理，修復錯誤並加以改進，你可以改良此工具，嘉惠到每一個人。

許多團隊往往只專注於特定的語言，甚至標準化一種用於建構工具的語言。這需要取得平衡。儘管在一種程式語言上建立深厚的專業知識，並確保團隊的每個成員能夠理解、維護和改善內部工具和命令稿，是一件好事。

但另一方面，擴大專業知識，意味著你有更多的選擇可應用於特定的問題：某個程式語言可能更適合處理文字與資料，而另一個可能具有更強大的程式庫來使用你的雲端供應商的 API。一個具備多語言能力[5]的團隊可以使用多種工具進行更深入的工作。

我傾向於取得樣的平衡：僅維持一或兩種「常用的」語言，但可以嘗試使用新的語言。

我喜歡 Etsy 的 John Allspaw 在訪談（*http://bit.ly/1spVZaN*）中提到的看法：『我們傾向使用少量知名的工具。』雖然 Allspaw 在訪談中提到的看法係針對資料庫，但他比較了 Esty 團隊對工具和技術之多樣性做法與標準化做法。

其缺陷在於，工具是用各種語言撰寫的，沒有人真正理解這些語言。當它們在基礎架構中成為核心服務時，它們就變成了人們不敢觸碰的雪花命令稿（snowflake scripts），在這種情況下就應該以團隊選定的一種核心語言來重新改寫。

這應該不用說，團隊開發的所有命令稿、工具、公用程式和程式庫都應在版本控制系統中進行管理。

## 使用來自中央註冊表的組態

第 3 章曾介紹使用組態註冊表（configuration registry）來管理基礎架構中不同元素的資訊。伺服器組態定義可以從組態註冊表中讀取值以設置參數（如第 49 頁的〈可重複使用之組態定義檔〉所述）。

5 Neal Ford 提出了「多語言編程」（polyglot programming）一詞。進一步的資訊，可參閱這篇對 Neal 的訪談（*http://oreil.ly/1A6lWsO*）。

例如，在多個資料中心運行虛擬機的團隊，可能希望在每個虛擬機上設定監控代理程式的組態，以便連線到同一個資料中心所運行的監控伺服器。這個團隊運行的是 Chef，所以他們將這些屬性（attributes）添加到 Chef 伺服器，如範例 4-2 所示。

範例 *4-2*　使用 *Chef* 伺服器屬性做為組態註冊項目

```
default['monitoring']['servers']['sydney'] = 'monitoring.au.myco'
default['monitoring']['servers']['dublin'] = 'monitoring.eu.myco'
```

新虛擬機建立後，它會被賦予名為 *data_center* 的註冊表欄位，而該欄位會被設定為 *dublin*（都柏林）或 *sydney*（雪梨）。

當 chef-client 運行在虛擬機上時，它會執行範例 4-3 中的 recipe 來設定監控代理程式的組態。

範例 *4-3*　在 *Chef recipe* 中使用組態註冊表項目

```
my_datacenter = node['data_center']
template '/etc/monitoring/agent.conf' do
  owner 'root'
  group 'root'
  mode 0644
  variables(
    :monitoring_server => node['monitoring']['servers'][my_datacenter]
  )
end
```

Chef recipe 使用 `node['attribute_name']` 語法來檢索 Chef 伺服器組態註冊表中的值。此例中，把資料中心的名字放入變數 `my_datacenter` 後，該變數將用於檢索資料中心之監控伺服器的 IP 位址。然後將該位址傳遞到用於建立監控代理程式組態檔的模板（這裡未顯示）。

# 伺服器變更管理模型

動態基礎架構和容器化正在引領人們嘗試不同的伺服器變更管理方法。有幾種不同的模型可用於管理伺服器的變更，其中有些是傳統的，有些是新穎具有爭議的。這些模型是本書第二篇（尤其是第 8 章）的基礎，第 8 章會深入探討特定的模式及做法。

## 臨時性變更管理

臨時性（ad hoc）變更管理僅在需要特定變更時才對伺服器進行變更。這是自動化伺服器組態工具成為主流之前的傳統做法，而且仍舊是最常用的做法。它很容易受到組態飄移（configuration drift）、雪花現象（snowflakes）和第 1 章中描述的所有弊端的影響。

## 組態同步

組態同步（configuration synchronization）就是，例如，透過每一小時執行一次 Puppet 或 Chef 代理程式，將組態定義重複應用到伺服器上。這樣可以確保對「系統中由這些定義管理的部分」所做的任何變更，能維持一致。組態同步是「基礎架構即程式碼」的主流運作方式，大多數伺服器組態工具在設計時皆有考慮到此一做法。

這種做法的主要限制是，伺服器的許多區域都處於不受管理的狀態，使得它們易受到組態飄移的影響。

## 不可變的基礎架構

不可變的基礎架構（immutable infrastructure）可透過伺服器的完全替換（completely replacing）來變更組態。變更是透過建立新的伺服器模板來進行，然後使用這些模板來重建相關的伺服器。這提高了可預測性（predictability），因為測試中的伺服器與營運中的伺服器之間幾乎沒有差異。然而此方法需要管理龐雜的伺服器模板。

## 容器化服務

容器化服務（containerized services）的運作原理是將應用程式和服務封裝到輕量級容器（由 Docker 推廣）中。這降低了「伺服器組態」和「伺服器上運行的事物」之間的耦合性。所以宿主伺服器（host servers）往往非常簡單，而且變動率較低。儘管其他的變更管理模型仍需要應用到這些主機，但它們的實作變得更簡單且更容易維護。大多數的心力和注意力都放在封裝（packaging）、測試（testing）、分發（distributing）和編排（orchestrating）服務及應用程式，但這遵循的是類似於不可變的基礎架構模型，這也比管理成熟的虛擬機和伺服器之組態要簡單。

# 容器

容器化系統，如 Docker（*https://www.docker.com/*）、Rocket（*https://coreos.com/blog/rocket/*）、Warden（*https://docs.cloudfoundry.org/concepts/architecture/warden.html*）和 Windows Containers（*https://msdn.microsoft.com/en-us/virtualization/windowscontainers/about/about_overview*）已成為伺服器上安裝和運行應用程式的另一種方式。容器系統用於定義行程的執行環境，並將其封裝到容器映像檔中。然後它可以分發、建立和執行該映像檔的實例。容器使用作業系統的特性來隔離行程（processes）、網路運作（networking）和容器的檔案系統（filesystem of the container），所以它似乎是一個獨立的伺服器環境。

容器化系統的價值在於，它提供了容器映像檔的標準格式，以及用於建立、分發和執行這些映像檔的工具。在使用 Docker 之前，團隊可以使用相同的作業系統特性來隔離執行中的行程，但 Docker 和類似的工具使這個過程變得更簡單。

容器化的好處包括：

- 將特定應用程式的執行期需求與容器運行所在的宿主伺服器分離
- 容器映像檔可重複建立一致的執行期環境，該容器映像檔可被分發和執行在支援該執行期環境的任何宿主伺服器上
- 定義「容器即程式碼」（例如，在 Dockerfile 中），可以在 VCS 中進行管理，用於觸發自動測試，而且通常具備「基礎架構即程式碼」的所有特徵

### 並非所有容器都是 Docker

Docker 大力推廣輕量級容器的概念，並獲取大量使用者的關注。然而，截至 2016 年初還有一些其他的容器實作可用。其中包括：

- CoreOS rkt（*https://coreos.com/rkt/*）
- 來自 Pivotal 的 CloudFoundry Warden（*https://docs.cloudfoundry.org/concepts/architecture/warden.html*）
- 來自 Odin 的 Virtuozzo OpenVZ（*https://openvz.org/Main_Page*）

- 來自 Google 的 lmctfy（*https://github.com/google/lmctfy*），該專案已經終止並併入 Docker 使用的 libcontainer[6]
- 來自 VMware 的 Bonneville（*http://blogs.vmware.com/cloudnative/introducing-project-bonneville/*）

將執行期需求（runtime requirements）與主機系統分離的好處，對於基礎架構管理來說尤其強大。它在基礎架構和應用程式之間的關係做了清楚的切割。主機系統只需要安裝容器的執行期軟體，然後它就可以執行幾乎任何的容器映像[7]。應用程式、服務、任務及它們所有的依賴關係一同被封裝到容器中，如圖 4-3 所示。這些依賴關係可能包括作業系統套件、程式語言的執行期、程式庫和系統檔案。不同的容器可能具有不同的、甚至是衝突的依賴關係，但在相同的主機上運行仍舊沒有問題。我們可以對依賴關係進行變更，而無須對主機系統進行任何變更。

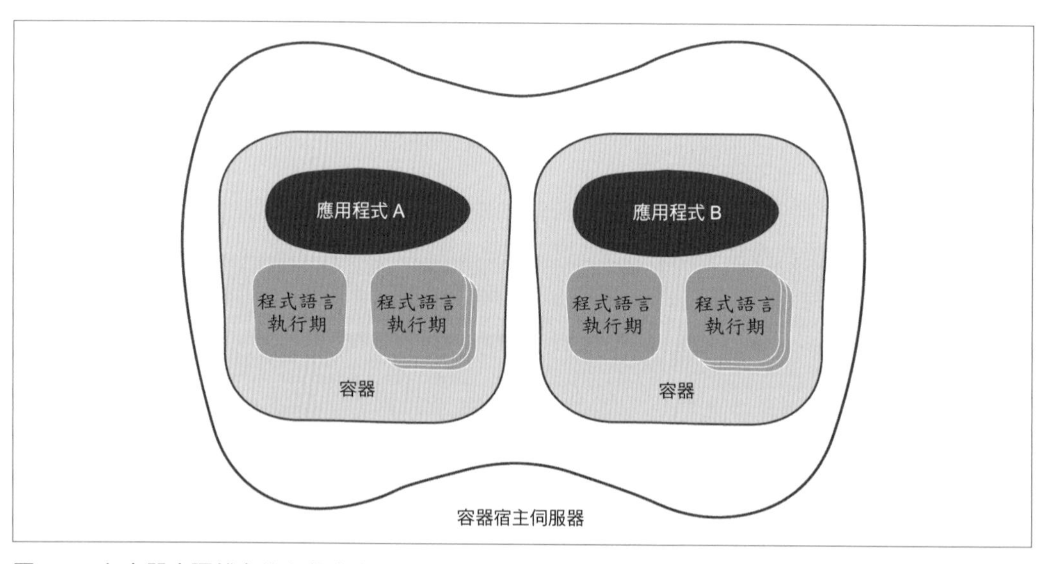


圖 4-3 在容器中隔離套件和程式庫

6 目前容器化的變化速度相當快。在寫這本書的過程中，我不得不將內容，從原先幾個段落擴展成一節，並以其做為管理伺服器組態的主要模型之一。許多我所描述的細節在你閱讀本文的同時，可能已經改變了。但希望這一般的概念，特別是容器如何對應到「基礎架構即程式碼」的原則與實施方法，仍然是相關的。

7 實際上，在主機和容器之間仍存在一些依賴關係。特別是，容器實例使用了主機系統的 Linux 核心，因此當運行不同版本的核心時，映像檔可能會有不同的行為，甚至會失敗。

## 以容器來管理 Ruby 應用程式的差異

例如，假設一個團隊運行許多 Ruby 應用程式。如果沒有容器，他們所運行的伺服器可能需要安裝多種版本的 Ruby 執行期。如果一個應用程式需要升級，則需要對「有運行該應用程式的每個伺服器」進行升級。

這可能會影響到其他的 Ruby 應用程式。這些其他的應用程式可能會開始使用較新版的 Ruby 來執行，但可能會有不相容的問題。兩支應用程式使用同一個版本的 Ruby，但卻可能使用了不同版本的 gem 套件（Ruby 的共享程式庫）。雖然你可以同時安裝兩個版本的 gem 套件，但要確保每個應用程式使用正確的版本是很棘手的。

這些問題是能夠管理的，但它需要設定伺服器和應用程式的人員瞭解每個需求以及潛在的衝突，並進行一些工作才能讓一切正常運作。而且每次出現新的衝突時，往往會冒出來，打斷別人的工作。

使用 Docker 容器，這些 Ruby 應用程式每個都有自己的 Dockerfile，各自指定了 Ruby 版本，以及要綁定到容器映像檔中的 gem 套件。這些映像檔可被部署到一個主機系統上運行，完全不需要安裝任何版本的 Ruby。每個 Ruby 應用程式皆有自己的執行期環境，並可以在不同的依賴關係下進行替換和升級，無須理會同一主機上運作的其他應用程式。

範例 4-4 是一個封裝了 Ruby Sinatra 應用程式的 Dockerfile。

*範例 4-4　用於建立 Ruby Sinatra 應用程式的 Dockerfile*

```
# 從 CentOS 的 docker 映像檔開始
FROM    centos:6.4

# 放置 Sinatra 應用程式的目錄
ADD . /app

# 安裝 Sinatra
RUN cd /app ; gem install sinatra

# 開通 Sinatra 連接埠
EXPOSE  4567

# 執行應用程式
CMD ["ruby", "/app/hi.rb"]
```

## 容器是虛擬機嗎？

容器有時被描述成一種虛擬機。它們之間有相似處，在於它們提供單一宿主伺服器上運行多個行程的錯覺，以為它們各自執行在自己的獨立伺服器上。但是在技術上它們有很大的不同。容器的使用情境跟虛擬機是完全不同的。

### 虛擬機和容器之間的差異

宿主伺服器使用 hypervisor（虛擬機監視器），例如 VMware ESX 或 Xen（這是 Amazon 之 EC2 服務的基礎），來運行虛擬機。如同作業系統，hypervisor 通常安裝在「硬體宿主伺服器」的裸機上。然而，有些虛擬化套件可以被安裝在另一個作業系統上，尤其像是 VMware Workstation 和 VirtualBox 這類在桌面執行的套件。

Hypervisor 為虛擬機（VM）提供了模擬硬體。每個虛擬機可以有不同於宿主伺服器的模擬硬體，虛擬機之間也可以具有彼此不同的硬體。假設有一台實體伺服器運行著 Xen hypervisor，其中包含了兩個不同的虛擬機。一個虛擬機具有一顆模擬的 SCSI 硬碟、兩顆 CPU 和 8GB 的記憶體。另一個則提供了一個模擬的 IDE 硬碟、一顆 CPU 和 2GB 記憶體。因為抽象化是在硬體層級，每個虛擬機可以安裝完全不同的作業系統；例如，你可以在一個虛擬機上安裝 CentOS Linux，另一個虛擬機上安裝 Windows Server，並同時在相同的實體伺服器上運行它們。

圖 4-4 顯示了虛擬機和容器之間的關係。就意義上來說，容器並非虛擬機。它們並不具有模擬硬體，而且它們使用了與宿主伺服器相同的作業系統，事實上它們都運行在相同的核心（kernel）上。此系統使用了作業系統的特性來隔離行程、檔案系統以及網路，從而使運行於容器中的行程誤以為自己是唯一的行程。但這樣的錯覺是透過限制行程可以看到的內容產生的，而不是透過模擬硬體資源產生的。

容器實例共享其「宿主系統」（host system）的作業系統核心，所以它們無法執行不同的作業系統。然而，容器可以執行相同作業系統的不同發行版，像是在其中一個執行 CentOS Linux，在另一個執行 Ubuntu Linux。這是因為 Linux 發行版只是一組不同的檔案和行程。但是這些實例仍然會共享相同的 Linux 核心。

共享作業系統核心（OS kernel），意味著，與硬體虛擬機相比，容器的開銷較少。容器的映像檔比虛擬機映像檔小得多，因為它不需要包含整個作業系統。它可以在幾秒內啟動，因為它不需要從頭啟動核心。並且它消耗更少的系統資源，因為它不需要執行自己的核心。因此，一台主機可以執行的容器數量，會比虛擬機還多。

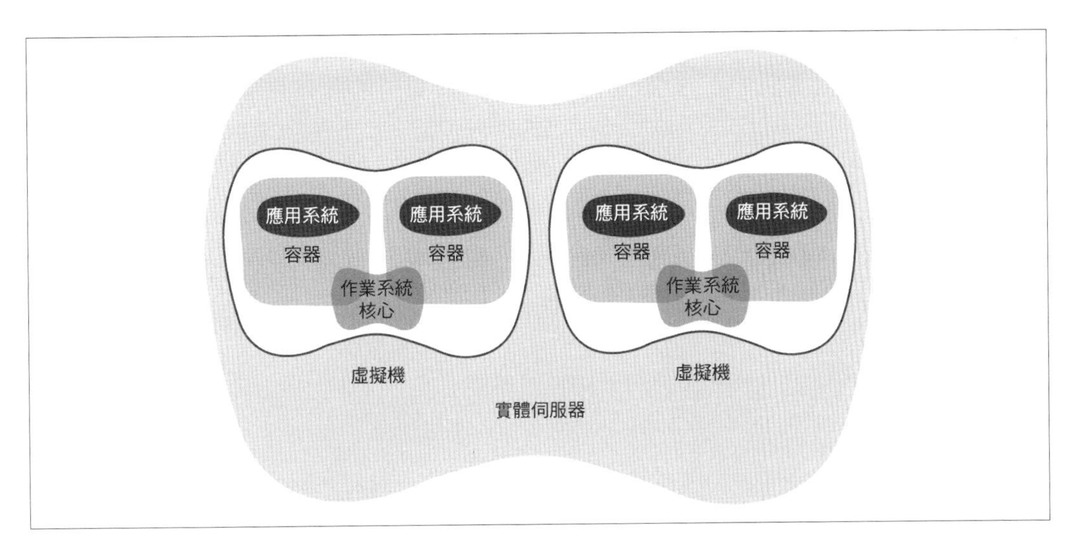


圖 4-4　容器和虛擬機

## 使用容器而非虛擬機

容器的單純用法，就是像建構虛擬機映像檔一樣的方式來建構它們。將多個行程、服務和代理程式通通封裝到單一容器中，然後以執行虛擬機的方式來執行它們。但這樣做並沒領悟到容器的最佳用法。

可以將容器視為封裝服務、應用程式或任務的最好方法。就像是加強版的 RPM，它會取得應用程並添加其所依賴的套件，以及為其宿主系統提供管理其執行期環境的標準方法。

與其在單一容器中執行多個行程，不如使用多個容器，每個容器執行一個行程。這些行程然後成為了各自獨立、鬆耦合的實體。這使得容器非常適合微服務（*http://martinfowler.com/microservices/*）應用程式架構[8]。

以此理念建構的容器可以快速地啟動。這對於長時間運行的服務行程很有用，因為它讓例行性的部署、重新部署、遷移和升級變得容易。而且快速啟動還使得容器非常適合把行程（processes）當成工作（jobs）來執行。我們可以把一支命令稿封裝成包含它運行時所需之一切的容器映像檔，然後在一或多個機器上平行運作。

8　微服務的相關細節，請參閱我的同事 Sam Newman 所著的《建構微服務》（*http://bit.ly/building-microservices*）（歐萊禮出版）。譯註：已有中文版。

在基礎架構的高效資源管理演變中，容器是下一個階段。虛擬化是其中的一步，它允許你透過虛擬機的添加和刪除，在幾分鐘的時間之內調整你的負載的能力。而容器可將此提升到下一個級別，允許你在幾秒的時間之內擴大或縮小你的負載的能力[9]。

## 運行容器

在容器中封裝並執行單一應用程式相當簡單。而以容器做為跨宿主伺服器（host server）執行應用程式、服務和工作的常規方法（routine way）則比較複雜。容器調度（container orchestration）系統能夠跨宿主系統自動部署和執行容器（第 5 章在第 90 頁的〈容器的調度工具〉中會更詳細地介紹容器調度）。

容器化有可能在「基礎架構層級」與「運行在其上的服務和應用程式」之間做清楚的區隔。運行容器的宿主伺服器可以維持得非常簡單，不需要根據特定應用程式的需求進行量身訂製，也不需要對應用程式施加超出容器化和支援服務（例如，日誌和監控）的限制。

所以運行容器的基礎架構，由一般的容器宿主（container hosts）所組成。這樣可以精簡到最低限度，僅包括運行容器的最小工具集（toolsets），可能還包括一些用於「監控」和「其他管理任務」的代理程式。這簡化了這些主機的管理，因為這些主機的變更頻率較低，並且發生問題或需要更新的東西較少。如此一來也減少了安全漏洞的外露面。

**最小的 *OS* 發行版**

專精容器的供應商，正在提供精簡的 OS 發行版，像是 Red Hat Atomic（*http://red.ht/1r2GUKY/*）、CoreOS（*http://bit.ly/25ASYpJ*）、Microsoft Nano（*http://bit.ly/1TXII2d*）、RancherOS（*http://bit.ly/1TXIwzP*）、Ubuntu Core（*https://ubuntu.com/core*）以及 VMware Photon（*https://vmware.github.io/photon/*）。

請注意，這些精簡的 OS 跟之前提到的 Unikernel 並不一樣。一個精簡的 OS 就是將一個完整的 OS 核心以及預先安裝了程式套件和服務的精簡發行版結合在一起。而 Unikernel 實際上是精簡 OS 核心本身，從一組程式庫建構核心，並將應用程式包含在核心的記憶體空間中。

有些團隊是以 hypervisor 上的虛擬機做為運行容器的主機（宿主），而 hypervisor 則安裝在電腦硬體上。有些團隊採取下一步，完全移除 hypervisor 這一層，直接在硬體上執行宿主作業系統（host OS）。使用哪種方法取決於整個應用的情境（context）。

---

9　force12 公司的人正在用「微尺度」（microscaling）做有趣的事（*http://blog.microscaling.com/2015/10/microscaling-in-box.html*）。

已經擁有基於 hypervisor 之虛擬化和基礎架構雲端服務，但沒有太多裸機自動化的團隊，將傾向於在虛擬機上運行容器。當團隊仍在探索及擴展其所使用的容器，尤其是在容器外部運行了當許多服務和應用程式，這特別合適。對於許多組織來說，這種情境可能會持續一段時間。

當容器化對一個組織來說變得更加普遍，且當服務的重要部分都已被容器化後，團隊可能會想要測試直接在「基於硬體的主機」上運行容器的性能如何。隨著虛擬化和雲端服務平台供應商建構出支援可直接執行容器的 hypervisor，這可能會變得更容易。

## 安全性與容器

在討論容器時，一個不可避免的問題是安全性。容器所提供的隔離性，可能會導致人們以為它們提供了比實際更高的安全性。並且 Docker 提供的使用模型是為了方便客戶在社群的映像庫上來建構容器，如果不謹慎管理，可能會打開嚴重的漏洞[10]。

### 容器的隔離與安全性

儘管容器將主機上運行的行程彼此隔離，但這種隔離並非不能打破。不同的容器實作，具有不同的優點和缺點。使用容器時，團隊應確保完全了解技術的運作原理，並找出哪裡可能是漏洞所在之處。

團隊對無法信賴的程式碼尤其要謹慎。容器似乎提供了一種安全的方式，執行來自組織外部人員的任意程式碼。例如，一家營運託管軟體（hosted software）的公司，可能在託管平台（hosted platform）上提供客戶上傳和執行程式的功能，做為外掛程式（plug-in）或擴充模型（extension model）。這是假設，因為客戶的程式碼是在一個容器中執行，攻擊者無法利用這一弱點來取得其他客戶的資料，或進入軟體公司的系統。

然而，這是一種危險的假設。組織在執行可能有疑慮的程式碼時，應該要徹底分析其技術推疊（technology stack）及其安全漏洞。許多提供託管容器的公司，實際上會將每個客戶的容器與他們自己的實體伺服器（不僅僅是基於 hypervisor 的虛擬機上所運行的容器宿主）隔離。截至 2015 年底，Amazon 和 Google 營運的託管容器服務也都是如此。

因此，團隊應該在執行了有疑慮程式的容器之間，使用比容器化推疊（containerization stack）所提供之隔離性更強的隔離性。他們也應該採取措施來強化主機系統，包括硬體。這是將主機 OS 精簡到「運行容器化系統所需的最低限度」的另一個好理由。理想的情況下，運行平台服務的實體基礎架構，應該不同於運行有疑慮程式的實體基礎架構。

10 Docker 公司的人發表了一篇關於容器安全性的文章（*https://docs.docker.com/articles/security/*），它提供了許多有用的見解。

即便是不隨意執行外界程式碼的組織，也應該適當地採取措施以確保程式碼的隔離，而不是假設容器提供了受到完整保護的執行時期環境。這可能會使得攻擊者更難利用系統的一部分來擴大其存取的範圍。

## 容器映像檔的來源

即使外部的人無法直接在你的基礎架構上的容器中執行程式碼，他們仍有可能以間接方式做到。內部的人通常會下載外部的程式碼，然後封裝並執行它。這並不是容器獨有的情況。如第 14 章中第 293 頁的〈套件的來源〉所述，通常會從社群的存儲庫自動下載及安裝系統套件和程式語言的程式庫。

Docker 和其他容器化系統，提供了將容器映像檔分層的功能。你無須使用作業系統安裝映像檔和從頭開始建構完整的容器，你可以使用一個已安裝基本作業系統的常見映像檔。其他映像檔則提供了預先封裝的應用程式，像是網頁伺服器、應用伺服器以及和監控代理程式。許多作業系統和應用程式供應商都已提供這樣的分發機制。

例如，使用了 CentOS 之類「作業系統發行版」（OS distribution）的容器映像檔，可以由對該作業系統有深入了解的人員來維護。維護人員可確保映像檔得到優化、調整和強化。他們也能確保更新過的映像檔，始終具有最新的安全修補程式。理想情況下，與支援各種系統、伺服器和軟體的基礎架構團隊成員相比，這些維護人員能夠在維護 CentOS 映像檔方面投入更多的時間和專業知識。將這種模型散佈到基礎架構團隊所使用的各種軟體中，意味著該團隊能夠利用大量的專業知識。

風險在於無法充分保證，團隊的基礎架構中所使用的容器基礎映像檔（container base images）的來源。發布在公共儲存庫中的映像檔，可能是由負責任且誠實的專家來維護，或者有可能是由邪惡的駭客或 NSA（美國國家安全局）放置在那裡的。即便維護者是善意的，邪惡的人也可能會從中破壞，增加微妙的後門。

儘管社群提供之容器映像檔的可信度，本質上不會比社群所提供的 RPM 或 RubyGem 檔案低，但隨著容器的日益普及，我們需要謹慎管理所有這些事情。團隊應該確保基礎架構中所使用之每個映像檔的來源是廣為人知及可信賴的，並且是可以驗證及追蹤的。容器化工具供應商正在建構自動驗證映像檔來源的機制[11]。團隊應該確保他們了解這些機制的運作原理，以及這些機制的正確用法。

---

11 參見“ Introduction to Docker Content Trust”（*https://success.docker.com/article/introduction-to-docker-content-trust*）。

# 結論

本章目的是要了解管理個別伺服器的幾種不同的高階模型，以及這些模型所對應的工具類型。希望能幫助你思考自身的團隊如何去配置和設定伺服器。

然而，在選擇特定的工具之前，最好能熟悉本書第二篇中所提到的幾種模式（pattern）。這些章節針對配置伺服器、建構伺服器模板和升級運行中的伺服器，提供了關於特定模式和實施方法的更多細節。

下一章將著眼於基礎架構的大局，探索運行整個基礎架構所需的工具類型。

第五章

# 通用基礎架構服務

前面的章節介紹了用於供應、配置、設定基礎架構核心資源（運算、網路和儲存）的工具。這些工具為「基礎架構即程式碼」提供了基本構件（basic building blocks）。然而，大部分基礎架構將會需要各種其他的支援服務和工具。

這些服務和工具的完整清單將會非常龐大，並且可能在我完成輸入之前就已經過時了。基礎架構本身需要一些功能，例如：DNS 和監控。其他像是訊息佇列（message queue）和資料庫，至少在某些應用中是必需的。

本章的目的不是列出或解釋這些服務和工具。而是在解釋應該如何在動態基礎架構的環境中運用它們，就如同管理程式碼一樣。這是本章第一節的主題。

然後以四個關鍵服務來說明需要考量之處，因為它們在這樣的環境下特別有價值。所討論的服務和工具包括：監控、服務探索、分散式行程管理和軟體部署。

## 基礎架構服務和工具之考量

與管理基礎架構有關的任何服務或系統的目標，都與前幾章中針對基礎架構平台、定義工具和伺服器組態工具所描述的目標相同。

「基礎架構即程式碼」的服務原則可概括為：

- 服務可以輕鬆重建或重製。
- 服務的元素是一次性的。
- 由服務所管理的基礎架構元素亦是一次性的。
- 由服務所管理的基礎架構元素總是不斷在變化。

- 服務之實例的組態設定需保持一致。
- 管理和使用服務的過程是可重複的。
- 例行性需求可以輕鬆完成，最好透過自助式服務或自動化功能。
- 複雜的變更可以輕鬆且安全地進行。

具體的做法包括：

- 使用外部的定義檔。
- 自帶文件的系統和流程。
- 版本化所有內容。
- 不斷測試系統和流程。
- 進行少量修改，而不是批次修改它們。
- 保持服務的持續可用性。

前幾章有警告，避開那些非原生支援「基礎架構即程式碼」的產品。不幸的是，許多常見的基礎架構工具無法很好地與動態基礎架構配合，或其本身無法成為「組態即程式碼」（configuration as code）[1]。

問題是，在虛擬化成為主流之前，大多數用於監控、軟體部署和其他服務的產品已經問世，而雲端類型則少很多。因此，說它們往往基於動態基礎架構並非正確的假設。

傳統的基礎架構管理軟體產品的問題包括：

- 無法自動處理基礎架構元素的新增與刪除。
- 假設產品本身將安裝在靜態伺服器上。
- 需要手工設定組態，且往往是透過使用者介面（UI）來驅動。
- 要在產品的不同實例之間複製組態和變更組態並不容易。
- 很難自動測試組態的變更。

以下是挑選基礎架構服務產品的標準。建立在這標準上的工具，在前面的章節中已經描述過。

1 這似乎常常跟工具的價格成反比。較昂貴的工具往往是在雲端時代之前撰寫的。其中有些供應商一直努力讓他們的工具適應新的基礎架構管理模型。我懷疑大多數廠商都意識到了改變的必要性，但就像他們的許多客户，他們發現很難盡快重新建立既有的基準程式碼（codebases）和商業模型。

## 優先選擇具有外部化組態的工具

如同伺服器和基礎架構管理工具，我們可以在 VCS 中管理外部化定義檔，透過流水線（pipeline）對其進行測試和處理，並可以根據需要自動進行複製和重建。

只能透過 GUI（可能還可以透過 API）設定組態的封閉式黑箱工具，可能會成為雪花服務（snowflake service）。一個以手工打造的雪花服務，隨著時間的推移會變得非常脆弱：難以管理且容易損壞。

### 自動進行黑箱組態設定

有時候，無人監督的命令稿可以匯出和匯入黑箱工具的組態。儘管這很笨拙，但這將使該工具與「基礎架構即程式碼」的整合成為可能。絕對不建議將此方式用在核心基礎架構工具上，但對於沒有好的替代品的專用工具，這會很有用。

此模型有一些限制。通常很難整合來自不同轉儲（dump）的變更。這意味著，不同的團隊成員無法在同一時間變更組態的不同部分。對工具的下游實例進行變更時必須謹慎，避免衝擊到上游的正常運作。

取決於組態轉儲（configuration dump）的格式，它可能不是非常透明，因而要一眼就判斷出這個版本和下一個版之間的差異可能並不容易。

黑箱組態（black box configuration）的另一種做法是自動注入組態。理想情況下，這可以使用工具所提供的 API 來完成。不過，我曾看過它是藉由與工具的使用者介面（UI）的自動化互動來完成的——例如，使用命令稿工具來產生 HTTP 請求和傳送表單。然而，這往往是脆弱的，因為 UI 有可能會改變。一個受到適當支援的 API 將保持向下相容性，因此更可靠。

組態注入的做法允許將組態定義在外部檔案中。這些檔案可能只是命令稿，也可能涉及組態格式或 DSL。如果工具的組態是從外部檔案自動注入的，那麼這應該是進行組態變更的唯一方式。透過 UI 進行變更，可能會導致衝突和不一致。

## 優先選擇「假設基礎結構是動態的工具」

許多早期的基礎架構管理產品，很難以簡單輕鬆的方式來處理動態基礎架構。它們是在基礎架構的鐵器時代設計的，當時整組伺服器都是靜態的。到了雲端時代，通常是由無人監督的行程來不斷添加和移除伺服器。每次添加新伺服器時，都需要有人去指引和點擊圖形化介面，這成為了一種負擔。

下面是一些協助評估動態基礎架構工具的衡量標準：

- 能夠輕鬆自在地處理基礎架構元素的添加與移除，包括整個環境
- 支援收集和查看跨設備的歷史資料，包括那些已被移除或已被取代的設備
- 在沒有人干預的情況下，對事件自動做出改變的能力
- 自動揭露有關當前狀態和組態的資訊

許多基礎架構服務（例如，監控）需要知道伺服器或基礎架構其他元素的狀態。它應該可以自動添加、更新和移除這些服務底下的基礎架構元素——例如，透過 REST API。

## 優先選擇具雲端相容授權的產品

產品授權限制會使得動態基礎架構難以使用一些產品。因為授權限制導致工作不順利的情況包括：

- 因為授權限制需要以手動的程序註冊每一個新的實例、代理程式、節點，等等。顯然，這不利於自動配置（provisioning）。如果產品的使用授權需要註冊相關的基礎架構元素，則需要一個自動的程序來添加和移除它們。
- 不夠彈性的授權期限。有些產品要求客戶依據可被監控的最大節點數來購買固定數量的授權。這樣的授權可能需要每月購買一次。這迫使客戶為了一個月期間可能用到的最大節點數來支付費用，即便他們在此期間內僅有部分時間運行該數量的節點，也是如此。這種對雲端服務不友善的定價模型，使得客戶無法利用按需求擴展和縮減容量的功能。目前供應商對雲端服務的定價大多是按小時來收費。
- 增加容量需要繁重的購買程序。這與授權期限密切相關。當組織的業務量意外激增時，他們不應該花幾天或幾週的時間去購買額外的容量來滿足突然的需求。共應商通常會設置一些限制，以防止客戶意外過度配置，但是它們也應該可以迅速提高這些限額。

## 優先選擇支援鬆散耦合的產品

重要的是確保可以對基礎架構的任何部分進行變更，而不要讓變動廣泛地影響到其他部分。系統之間的耦合性增加了變更的範圍和風險，這會導致變更的頻率降低，且恐懼感增加。

這不僅關係到產品本身，還關係到組織如何設計和實作其基礎架構和管理服務。有強大的設計原則來監視和避免「導致使用基礎架構的團隊相互干擾的實作」。團隊應該有可能在不影響其他團隊的情況下變更自己的基礎架構。這需要保持警惕和良好的設計，以

防止緊密耦合成為問題。注意基礎架構的某些部分已成為變更頻頸的跡象，並積極重新設計它們以減少摩擦。

## 團隊之間共享服務

一個常見的挑戰是，判斷特定服務的單一實例，是否可以在使用它的團隊之間共享。有可能的共享服務例子包括：監控、持續整合（CI）、缺陷追蹤（bug tracking）、DNS 和「產出物儲存庫」（artifact repository）。關鍵問題是，多個團隊是否可以在不發生衝突的情況下共享特定服務的單一實例。

例如，我的一個客戶使用了一個知名的 CI 伺服器。伺服器的大部分組態設定在整個實例中是全域的。當一個團隊變更組態設定，或安裝一個外掛，他們的變更會影響到使用相同 CI 伺服器的其他團隊。這變成衝突的根源，迫使被牽扯到的人員花時間為他們相互衝突的需求，討價還價。

由一個中央團隊擁有共享 CI 伺服器之組態的所有權，可防止其不穩定。但是開發團隊發現，集中控制的做法使他們無法使用 CI 伺服器來滿足自身的需求。不久，他們開始繞過中央的 CI 團隊，建立起自己的 CI 伺服器。

另一方面，同一個組織在團隊之間共享 VCS 服務和「產出物儲存庫」（artifact repository）幾乎沒有問題。這些工具往往有更簡單的使用案例，因此團隊可以更輕鬆地根據自己的需求進行組態的設定，而不會與其他團隊發生衝突。

安全性也可能是共享服務的問題。我的客戶共享的 CI 伺服器使人感到不安，因為一個團隊使用的潛在敏感資訊，可能會被其他團隊看到。例如，組織的 CI 伺服器需要存儲資料庫憑證，並在自動部署時將其提供給服務。許多組織，像是金融機構，需要限制這些憑證的存取，即使是在組織內部也是如此。

## 服務實例模板

對於不能在團隊之間明確隔離組態的服務，最好讓每個團隊都擁有專屬的實例。然後，他們可以根據自己的需求調整實例的組態，而不會影響其他團隊。這樣可以更有效地隔離資料、憑證和存取。

但是，在單一服務上運行多個實例，會引發組態飄移（configuration drift）的風險，因為這些東西應該保持一致。舉例來說，所有的 CI 伺服器可能需要整合通用的認證服務。而且版本更新應該在它們可用時，迅速發布到（roll out to）所有實例。

中央團隊可以提供一些元素，讓其他團隊可以使用這些元素輕鬆建構自己的實例，而不是去運行單一實例。這可以採取伺服器模板（server template）和一組伺服器組態定義檔（server configuration definitions）的形式。他們可以使用 Packer 建構一個「預先安裝了 CI 伺服器」的 AMI 映像檔，並將外掛（plug-ins）設定為使用組織的 LDAP 伺服器。伺服器還可以包括 Puppet 模組，以便讓系統和 CI 伺服器維持最新的狀態。

當決定是否共享服務實例或支援多個實例時，需要考慮以下問題：

- 團隊需要的客製化，是否會影響使用服務實例的其他團隊？如果是，最好採用多實例的做法。
- 一個團隊對服務的使用，是否會影響其他團隊的績效？如果是，多實例可以避免這樣的問題。
- 服務是否會執行到個別團隊所提供的程式碼？能否有效地隔離此程式碼的執行環境？（請記住，容器甚至虛擬機都不提供行程之間的防彈隔離！）
- 服務是否會保存不應該讓所有使用者存取的資料或憑證？保護這些資料的功能有多強？
- 團隊之間是否迫切需要共享資料或內容？在這種情況下，共享實例可能更適合。

## 監控：警報、指標和日誌紀錄

監控（monitoring）是一個廣泛的議題，有時對不同的人代表不同的事情。系統檢查會發送警報，以便在夜晚喚醒人們來解決問題，而儀表板會顯示應用程式的目前狀態。還有其他儀表板會顯示資源利用率和活動的圖表。此外可以搜尋並分析事件（events）和歷來指標（historical metrics）的資料庫。

監控的目的是使需要的人在需要時可以看到正確的資訊。此資訊可以提取自系統的各個部分：從核心基礎架構到服務、應用程式和業務指標（business metrics）。

不同的人需要不同訊息的不同組合。而人們需要在不同的時間點以不同的方式來呈現訊息。當平台的運算資源不足時，基礎架構團隊需要立即知道。但他們可以每週左右查看一次運算資源的使用趨勢。產品經理需要立即知道特定產品是否由於訂單突然激增而耗盡庫存。但是一般情況下，每日採購和收益匯總是很有幫助的。

訊息的監控有兩種類型：狀態和事件。狀態關注的是目前的情況，而事件是記錄行為或變化[2]。

## 警報：出問題時通知我

正如第 1 章中提到的，一個抗脆弱、自我修復之基礎架構的秘密成分是人。警報可讓人們知道，什麼時候需要他們的關注，以防止問題的發生或從問題中恢復。

終端用戶所使用的服務才是真正重要的，所以從用戶觀點來檢查一切是否正常，至關重要。主動檢查（active checks）可以登入（log into）一個服務，並進行關鍵交易（key transactions）或用戶旅程（user journey）。這些證明了端對端系統可以正常工作，並為用戶提供正確的結果。

當行為偏離了正常範圍，間接監控將會發出警報。當業務交易量下降至不尋常的數量，代表可能出了問題。這可能是由系統故障、關鍵的外部相依元素（例如，內容傳遞網路（CDN））或者內容的問題（例如，格式錯誤的產品資料）引起的。

重要的是，確保警報是有意義的。許多團隊都會受到沒完沒了的瑣碎警報之困擾，導致他們越來越忽視警報系統。吵雜的警報系統是沒有用處的。

團隊應該思考其系統中各種類型的狀態和事件，並確定每個狀態和事件所需要的操作。如果有資訊表示某服務已停止運作，或者很可能不久就會停止運作，應該有人立即下床處理。這類警報應該很少，而且很容易識別。

有些事件需要人去注意，但可以等到上班時間。有些情況可能會指出存在問題，但只有在它們便得頻繁時才需要進行檢查。對於這些情況，請考慮將其記錄為指標（metric），確保指標在儀表板（dashboard）或資訊發送器（information radiator）上能被看見。將警報設置為在指標超出預期範圍時觸發。

例如，資源池中 web 伺服器的數量若能隨時自動增加或減少，可能很好。但如果擺動得太厲害，則可能存在問題，或至少需要對其進行調整。

2 我的同事 Peter Gillard-Moss 寫了一篇文章，"Monitor Don't Log"（*http://peter.gillardmoss.me.uk/blog/2013/05/28/monitor-dont-log/*），對狀態驅動式監控方法之設計提出了絕佳的忠告。

### 資訊發送器是什麼？

資訊發送器（*http://alistair.cockburn.us/Information+radiator*）或公用儀表板（*http://martinfowler.com/bliki/CommunalDashboard.html*）是在團隊空間中所提供之清晰可見的資訊呈現，因此每個人都可以輕鬆查看關鍵的狀態訊息。敏捷軟體開發團隊可以利用它們來顯示 CI（持續整合）和 CD（持續交付）流水線中的建構狀態。維運團隊可以顯示伺服器的狀態。跨職能的（cross-functional）產品開發團隊可以同時顯示這些內容，再加上關鍵的業務指標。

除非團隊以簡潔的方式顯示出可採取行動的資訊，不然資訊發送器將會被忽視。一個有用的經驗法則是，發送器應立即明確採取以下兩種行動之一：(a) 繼續日常的工作，或 (b)「大喊，暫停正在做的事情，立即採取行動」。以大量的細線圖顯示記憶體使用情況和 CPU 利用率，並不會引起任何人的注意。而當資料庫即將用盡記憶體時，可以讓一個大區塊變成紅色。

如同警報，資訊發送器總是顯示紅色是沒有意義的。如果發送器上顯示的狀況沒有重要到必須立即去修復的程度，就應該移除它。

警報系統需要正確地處理動態基礎架構。當叢集中的伺服器由於使用率下降而被自動銷毀時，沒有人願意因而被喚醒。但當伺服器出現故障是因為它的記憶體耗盡，人們可能會想知道。

如果自動恢復可以為終端用戶保持一切正常運作，他們可能不希望因為這種原因被叫醒。但這應該是提示某人去注意，隔天須檢查隱藏在底下的原因。

即使事件不需要發出警報，記錄指標並確保團隊可以看到不尋常的波動，是很有用的。像 Netflix 這樣的組織，其基於雲端的資產有數百台伺服器，他們發現一天中會有一定百分比的實例失敗。他們的基礎架構毫無戲劇性地替代了他們。但擁有一張顯示故障的圖表，可讓團隊知道該數字是否變得異常地高。例如，一連串的失敗可能是其中一個雲端供應商的資料中心出現問題的徵兆，在這種情況下，團隊可以轉移他們的資源到其他資料中心，直到問題獲得解決。

## 指標：收集與分析資料

監控的另一面是收集資料到資料庫。此類資料可以用互動方式來分析，並自動將其加入到儀表板、進度報表，和資訊發送器中。

這是動態基礎架構讓傳統工具難以處理的另一個領域。在應用伺服器上繪製記憶體使用情況圖，可能會很有用。但是，如果伺服器一週內被替換好幾次，那麼一個伺服器上的資料並沒多大用處。

從運行了特定應用實例的不同應用伺服器匯聚資料非常有用，這樣圖表和報告就可以提供連續的圖片。這需要監控工具自動去標註那些相關的伺服器。

例如，一張 CPU 利用率圖，將資源池中不斷變化的應用伺服器，映射到資源池中伺服器數量的計數，可以呈現自動縮放託管負載（auto-scaling managed load）的情況。

有些監控工具無法正確處理已移除的伺服器。它們仍舊將伺服器視為至關重要，用紅色狀態指示塞滿儀表板。從監控系統中移除伺服器可以更清楚地瞭解當前的運行狀況，但這意味著資料不再用於分析歷史趨勢。如果你遇到了這樣的監控工具，請堅持要求廠商更新它以適應現代的需求，或者替換它。

## 日誌匯總和分析

IT 基礎架構中充斥著日誌檔。網路設備、伺服器和工具都會產生日誌。不僅應用程式會撰寫自己的日誌檔，甚至連網路設備也會把事件登錄到 syslog 伺服器。伺服器蔓延的其中一個副作用是，很難知道去哪裡找出問題的根源。當伺服器發生故障或因自動被銷毀時，保存在虛擬伺服器之檔案系統中的日誌檔將會遺失。

集中式日誌匯總（centralized log aggregation）是針對這類問題的流行解決方案。將伺服器和設備的組態設定成，把日誌發送到中央儲存服務，例如 syslog 日誌伺服器或 Logstash。可以在其上添加 Elasticsearch 和 Kibana 之類的工具，使其易於搜索匯總的日誌、基於日誌中之活動建構儀表板，以及當出現不良情況時發出警報。

儘管讓所有這些資料都用於調查，毫無疑問是有幫助的，但明智的做法是去思考哪些事件需要用於警告以及產生可見的關鍵指標（key metrics）。日誌檔通常是訊息文字的雜亂組合，這（或許）對人類有意義，但機器卻難以可靠地解析，況且機器所產生的轉存結果（dumps）對人類未必有意義，機器也可能不太容易解析（突然聯想到堆疊除錯 [ stack traces ]）。同樣地，在進行問題排除時，這些是很有用的，但如果你想要可靠地偵測和回報問題或狀態，它們就不大有用了。應用程式和系統應該被撰寫和設定成，可以產出更多的結構化訊息，以供自動化使用。

# 服務探索

在基礎架構中運行的應用程式和服務，經常需要知道如何找到其他的應用程式和服務。例如，一個前端的 Web 應用程式，可能要發送請求到後端服務，以便處理用戶的交易。

在靜態環境中，這並不會太困難。應用程式可以為其他服務使用已知的主機名稱，或許保存在可以根據需要更新的組態檔中。

但是，由於動態基礎架構中服務和伺服器的位置是流動的，因此需要一種反應更快的方式來尋找服務。

表 5-1 中列出了一些目前常見的探索機制。

表 5-1　常見的服務探索機制

| 機制 | 如何運作 | 註解 |
| --- | --- | --- |
| 固定 IP 位址 | 服務使用固定 IP 位址方式，例如：監控伺服器為 192.168.1.5。 | 不適用於自動分配位址的託管主機平台上。會使伺服器的替代複雜化，特別是零停機的替代策略（請見第 276 頁的〈零停機變更〉）。不適用於大小會改變的資源池，例如 web 伺服器池。很難改變，並且不是很有彈性，不建議採用。 |
| 主機檔上的設定 | 使用自動組態設定來確保伺服器具有 /etc/hosts 檔（或類似的檔案），將資源伺服器的名稱對應到它們目前各自的 IP 位址。 | 確保主機檔在服務變更時可以被自動更新，這是在以 DNS 方式解決之前，長久以來所採取的一種複雜方法。 |
| DNS | 使用 DDNS（動態 DNS，網域名稱系統）伺服器來將服務名稱對應到它們目前的 IP 位址。 | 從好的方面來說，這是一個成熟且得到廣泛支援的解決方案。然而，有些組織並未啟用動態更新（「DDNS」中的第一個「D」），而動態更新（dynamic update）是「動態變更礎架構」所需要的功能。儘管 DNS 能夠支援資源池，但它不提供進階的「零停機替換策略」所需的控制層級。不支援可用於動態建構組態的標註或註釋（例如，以資源池中當前的一組起作用的 web 伺服器來更新負載平衡器的組態）。 |
| 組態註冊表 | 集中式註冊表上的資料攸關基礎架構元素和服務（請見在第 55 頁的〈組態註冊表〉）。 | 對於網路層級的路由運作沒有直接幫助（例如，你將使用 DNS 做什麼）。但它對於動態產生組態和廣泛提供有關基礎架構中資源的更詳細資訊來說，可以運作得很好。 |

# 伺服器端服務探索模式

使用「伺服器端服務探索」（server-side service discovery）時，每個服務都有一個負載平衡器（或負載平衡器虛擬 IP），它會將請求導向到託管（hosting）相關服務的伺服器池。當伺服器被配置、被銷毀或失效時，負載平衡器會自動更新。

## 用戶端服務探索模式

使用「用戶端服務探索」（client-side service discovery）時[3]，當前提供服務的伺服器清單存放於服務註冊表中。撰寫用戶端是為了在服務註冊表中查找這些內容，並決定哪一個伺服器需要去處理送來的請求。

用戶端探索模式為用戶端增加了更多棘手的問題（可以說是，複雜化）。此模式的一種變化是為每個用戶端應用程式執行一個負載平衡器。這樣一來，用戶端應用程式僅需要發送請求到它的負載平衡器，但用來探索目前伺服器應用實例的邏輯是分開的。

# 分散式行程管理

透過運行多個實例進行擴展的服務需要調度（orchestrate）這些實例。一種簡單的方法是手動決定在哪裡部署和運行程式。但這本質上是靜態的，需要額外調整容量和處理故障錯誤。這種方法在動態基礎架構上也無法很好地運作。

## 以伺服器角色來調度行程

管理行程的一種方式是透過伺服器角色（server roles）。舉例來說，一個角色為「web 伺服器」的伺服器，運行著 web 伺服器行程。當需要擴展容量時，你可以使用此角色啟動更多伺服器。當需求下降時，可以透過銷毀伺服器來縮小規模。在多個資料中心啟動伺服器可以提供持續性。

這是一種調度（orchestrate）伺服器行程的簡單方法，在使用動態基礎架構平台時自然會出現。然而，它卻是重量級的。輪轉整個伺服器（甚至是虛擬伺服器）對於需要快速運行或有短暫需求爆增現象的服務來說，所需要花費的時間可能太長。

## 以容器來調度行程

容器化（cntainerization）為伺服器行程（server processes）的管理提供了一種截然不同的模型。行程經過封裝，因此可以在未專門為此目的建構之伺服器上運行。通用的容器宿主（container hosts）資源池可用來運行各種不同的容器化行程或工作。

將容器化行程（containerized processes）分配給主機（或宿主）既靈活且迅速。容器宿主的數量可依據多種不同類型服務的總需求（aggregated demand）自動調整。然而，此方法需要一個排程器（scheduler）來啟動和管理容器實例（container instances）。

3 NGINX 公司的 Chris Richardson 在〈Service Discovery in a Microservices Architecture〉（*https://www.nginx.com/blog/service-discovery-in-a-microservices-architecture/*）這篇文章中，有提到這些服務探索模式。

## 短期工作排程

許多服務和基礎架構管理任務（tasks）都涉及按需求或按排程來運行短期工作（short jobs）。有些服務提供自行管理這些工作的功能。例如，CI 伺服器可以在運行了代理行程的一組伺服器之間分派工作。其他則依賴於作業系統的排程器，例如 Cron。然而，Cron 不適用於分散式工作（distributed jobs）。這是一些容器調度工具所提供的另一個功能。

## 容器的調度工具

隨著 Docker 等容器化系統的興起，容器調度工具（container orchestration tools）應運而生。此類系統大多數會在資源池中的容器宿主（container hosts）上運行其代理程式，並能夠自動選擇宿主來執行新的容器實例（container instances）、更換失敗的實例，以及擴展或縮減實例的數量。有些工具還可以處理服務探索、網路路由、儲存、工作的排程以及其他功能。

截至 2016 年初，可用工具的產業生態仍在發展。不同的工具採用了不同的方法並專注於容器管理的不同面向，例如 Fleet、Docker Swarm、Kubernetes、Mesos 和 Nomad。諸如 CloudFoundry、Deis 和 OpenShift 之類的 PaaS（平台即服務）產品，被認為是專門用於容器調度工具。

# 軟體部署

「基礎架構即程式碼」配置的伺服器上所安裝的大多數軟體，不是來自作業系統映像檔，就是使用套件管理系統來安裝的。但是部署內部所開發的軟體通常更加複雜。

可能有一個元素需要跨多個伺服器安裝，可能有資料庫綱要（database schemas）需要修改，以及可能有網路運作規則需要更新。可能需要按一定的順序來停止和重新啟動行程，以避免毀壞資料或遺失交易。

在最糟的情況下，這些軟體的部署過程對自動化來說太過複雜。發生這樣的情況有幾個原因：

- 軟體從一開始就以手動方式來部署。當一個系統在沒有使用自動化的情況下隨著時間的推移而成長時，若不經由明顯重構，或甚至不進行重組，要將其改造成自動化是極為困難的。
- 軟體不同版本的安裝過程涉及不同的事物。你可稱這為「雪花發行」（snowflake releases）。需要全面發行說明，就是雪花發行的徵兆。

- 版本發行不常發生。造成人們看待每次的版本發行，都是一次特殊事件，而不是例行工作。
- 環境不一致，因此部署到每個環境都是一項客製化的工作。部署到任一個環境都需具備如何調整軟體、軟體的組態、環境的組態使一切契合的特殊知識。這是雪花發行的變形。

許多團隊成功地自動化了複雜的部署過程。遠端命令執行工具（如第 65 頁的〈於伺服器上執行命令的工具〉所述）對此非常有用。然而，最好的方法是設計和實作軟體與基礎架構，以簡化整個部署過程。

## 部署流水線軟體

第 12 章將討論透過一系列的測試環境來自動促進應用程式和基礎架構的變更。大多數組織都有單獨的測試和營運環境。許多還具有用於測試階段的一系列環境，包括運行驗收測試（operational acceptance testing，簡稱 OAT）、QA（供人類進行探索性測試）、系統整合測試（system integration testing，簡稱 SIT）、用戶驗收測試（user acceptance testing，簡稱 UAT）、預備環境（staging）、準營運環境（preproduction）以及性能環境（performance）。

持續交付（CD）軟體會透過這一系列環境的調度（orchestrate）讓軟體和「基礎架構組態產出物」（infrastructure configuration artifact）從一個階段提升（promote）到另一個階段。為特定產出物（artifact）所進行的一系列提升行為稱為流水線（pipeline），流水線中的每一個點便是一個階段（stage）。對於每個階段，CD 工具都會觸發軟體部署或進行組態推送，以使其可用於既定的環境。然後會觸發自動測試，如果測試失敗就中斷流水線。圖 5-1 可以看到 GoCD 流水線的運行範例。

圖 5-1　來自 GoCD 之持續交付流水線範例

GoCD（*http://www.go.cd/*）是一套開源的持續交付工具，由 ThoughtWorks（小聲透露：ThoughtWorks 正是我的雇主）所開發。大多數的持續整合（CI）工具也可以直接（或經過擴充後）用於建立發布流水線——例如，Jenkins（*https://jenkins-ci.org/*）、TeamCity（*https://www.jetbrains.com/teamcity/*）、Bamboo（*https://www.atlassian.com/software/bamboo*）[譯註]。

## 封裝軟體

將內部（in-house）軟體部署到伺服器上的理想方法是使用與「安裝任何其他軟體」相同的過程和工具。以伺服器原生的封裝格式（*.rpm* 檔案、*.deb* 檔案、Nuget 套件，等等）來封裝軟體，可簡化軟體的部署。這些格式支援在安裝前和安裝後執行命令稿以及版本控制，並且可以透過 APT 和 YUM 之類的儲存庫系統來散佈套件。

程式語言和平台的封裝格式，像是 RubyGems 和 NodeJS NPMs，也能適用，只要它們能夠處理好安裝及設定軟體組態所需要的一切。這應該包括像是確保軟體被安裝成一個系統行程、建立目錄以及使用正確的用戶帳號和權限。

其他語言的封裝格式，像是 Java 的 *.jar* 和 *.war* 檔案，並不能單獨使用，因此還需要其他工具。有些團隊會將這些檔案封裝到 *.deb* 和 *.rpm* 檔案中，而其中還可以包含用於進行安裝的命令稿。舉例來說，一個 *.rpm* 檔案中可以內含將 *.war* 檔案部署到應用伺服器的安裝命令稿。

當一個應用程式被建構到一個系統套件中，並且藉由套件儲存庫來提供，部署僅僅是伺服器之組態定義檔的一部分。下面的是一個 Chef recipe 片段，假設要部署的版本已被設定在組態註冊表中。此範例所來自的團隊是透過其「部署流水線」（deployment pipeline）來完成此工作的。在 GoCD 伺服器中的部署階段（deployment stage）執行一支命令稿來設定 Chef 伺服器中的版本。然後此 recipe 會使用此版本從 YUM 套件庫來安裝套件：

```
package "usermanager" do
  version node[:app][:version]
  action :install
end
```

當需要跨伺服器進行調度時，以這種方式使用套件可能會很困難。例如，安裝過程可能包括執行命令稿以更新資料庫綱要。該命令稿可能由套件安裝程式來執行。但是，如果套件被安裝在資源池中的多個伺服器上，那麼綱要的更新可能會執行許多次（也可能是同時執行的），這可能會導致不好的結果。資料庫鎖定功能可以幫上忙：由第一支命令稿鎖住資料庫，而其他的命令稿，一旦發現資料庫被鎖定，就會跳過綱要的更新。

譯註　強力推薦 GitLab（*https://gitlab.com*），除了具備版本儲存庫用途，亦整合了 CI/CD 功能，而且還提供存放容器映像檔，相容 Docker Registry 指令與用法。

### 部署微服務

微服務架構[4]特別適合在更大、更複雜的環境中進行安全、簡單且可靠的軟體部署。微服務的想法是將應用程式的功能分割成可獨立部署的服務，這些服務可透過網路彼此溝通。如果功能被清楚分割且介面被明確定義，則可提高可重用性及共享性。

個別的微服務應該是小巧且易於部署。如果以鬆耦合（loose coupling）來實作它們，對一個微服務的變更可以被部署而不會影響到依賴它的其他服務。然而，一個微服務的應用架構需要複雜的基礎架構管理[5]。使用微服務的組織往往有許多可部署的服務，這些服務需要頻繁地被建構和部署。Amazon 的電子商務網站就是透過 200 多個微服務來實作的[6]。他們通常每天要對營運環境進行數十或數百個部署。

即使是只有不到十幾個微服務的小型組織，也很難在靜態的雪花基礎架構上維護和部署這些服務。一個微服務架構不僅需要動態環境具有嚴格一致的組態，它也需要能夠輕鬆、安全地對伺服器進行變更和改善。

# 結論

本章舉例說明了管理動態基礎架構可能需要用到的一些服務和工具，以及如何實作它們並與「基礎架構即程式碼」一起使用。當然，對於不同的團隊及其基礎架構，可能還需要許多其他的服務和功能。希望這裡的範例能讓你去思考，你可能需要的服務如何適應這種方法。

現在我們已經瞭解了基礎架構即程式碼的基礎和原理，本書的第二篇將深入探討更詳細的模式與實施方法，包括如何去配置和維護伺服器。

---

4 關於微服務的更多資訊，請參閱 MartinFowler 和 JamesLewis 的系列貼文（*http://martinfowler.com/articles/microservices.html*）以及 SamNewman 所撰寫的好書《Building Microservices》（*http://bit.ly/building-microservices*）（歐萊禮出版）。小聲炫耀：這些人全都是我的同事。

5 請參閱〈MicroservicePrerequisite〉（*http://martinfowler.com/bliki/MicroservicePrerequisites.html*）。

6 欲了解更多關於 Amazon 在微服務上的使用，請參閱 HighScalability.com 網站上的文章〈Amazon Architecture〉（*http://highscalability.com/amazon-architecture*）。

第二篇

# 模式

第六章

# 配置伺服器之模式

本書的第一篇描述了基礎架構元素之建立和組態設定工具。現在，第二篇將深入討論使用這些工具的模式（pattern）。

基礎架構比伺服器更重要，但伺服器的建立、組態設定和變更通常需要花費最多時間和精力。因此，整個第二篇將專注於伺服器的配置（provisioning）和更新（updating）。然而，對伺服器所描述的許多模式（patterns）和實施方法（approaches）也可以應用到其他基礎架構元素，例如網路設備和儲存裝置，儘管它們通常會被簡化。

**第二篇的結構**

有獨立章節來探討伺服器的配置、伺服器模板映像檔的管理，以及伺服器變更的管理。第二篇的最後一章將向更高的層次發展，以伺服器管理模式為基礎，描述管理多個基礎架構元素和環境的方法。

如第 3 章的定義，配置（provisioning）是讓一個元素（例如，伺服器）準備就緒可以使用的過程。這涉及了為元素分配資源、實例化、設定組態，然後向基礎架構服務（例如，監控和 DNS 服務）註冊。在配置過程結束後，該元素就可以使用了。

基於「基礎架構即程式碼」的有效配置過程具下列特點：

- 任何現有的基礎架構元素都可以根據需要，毫不費力地重建。
- 新元素只需要被定義一次，然後發布（rolled out）並複製（replicated）到多個實例和環境。
- 任何元素的定義以及配置的過程都是清楚透明的，很容易修改。

本章首先會概述伺服器的生命週期，接著會介紹一個模型，用於思考需要配置之伺服器的各個部分。這些內容是探討配置和組態之不同模式的基礎，因此不只在本章中會提到，往後的章節中也會談到。

# 伺服器配置

伺服器的典型配置任務包括分配硬體、建立伺服器實例、分割硬碟、載入作業系統、安裝軟體、為伺服器各部分設定組態、設置網路，以及將伺服器註冊到使其成為完全可用所需的服務（例如，DNS）。

伺服器配置可能會在伺服器之生命週期的不同時間點上完成。最簡單的是，它們可以在建立每個新的實體伺服器（physical server）或虛擬機實例（virtual machine instance）的時候來完成。但是提前進行一些配置活動可能會更有效率。例如，部分的配置可以儲存到伺服器模板映像檔（server template image）中，然後可以使用該映像檔來建立多個伺服器。與其在建立的每個新伺服器上安裝相同的軟體套件，還不如一次性安裝。這樣可以更快地建立新伺服器，並有助於維持伺服器的一致性。

不僅新的伺服器需要配置。有時既有的伺服器也需要重新配置，將其角色從這一個伺服器轉變成另一個伺服器。或者，大型的伺服器可能用於多個角色，並且偶爾會添加新的角色。例如，許多 IT 維運團隊會在共享的伺服器上運行 DNS、DHCP、檔案伺服器和郵件伺服器等多個基礎架構服務，而不會為每一個角色使用專屬的伺服器。在這種環境下，通常需要在現有機器之間轉移某些服務以平衡工作量[1]。

## 伺服器的生命

伺服器的生命週期在第 4 章就有觸及。本章的模式和實施方法，以及後續的章節，均基於此生命週期（如圖 6-1 所示）。

### 封裝伺服器模板

如前所述，建立伺服器模板映像檔通常很有用。這是一個伺服器映像檔，其中配置了常見的元素，可用於建立多個伺服器。有些基礎架構管理平台可直接支援模板，例如 Amazon 的 AMI 和 Vmware 的 Templates。有些產品（例如 Rackspace 雲）儘管沒有明確的伺服器模板，但是有建立備份快照的功能，透過此功能可以輕鬆地產生模板。

1 過去，在少數伺服器上運行多個角色是很常見的。虛擬化和自動化使得在專屬伺服器上建構和運行服務變得更加容易。反過來說，這使得服務的隔離變得更加容易。

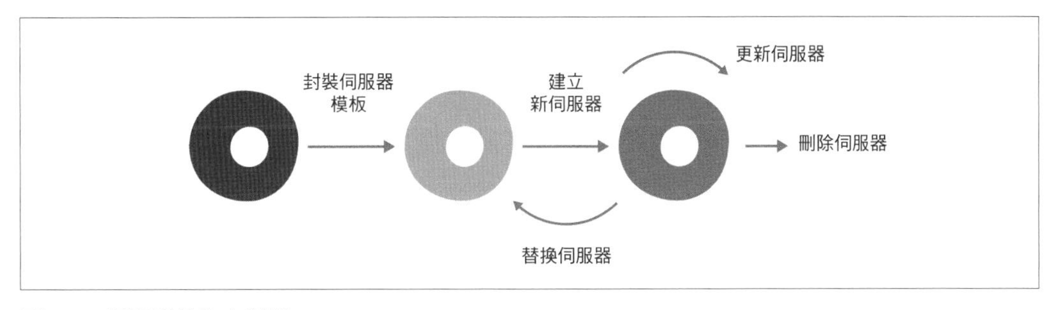


圖 6-1 伺服器的生命週期

建立模板的過程可以從作業系統映像檔（例如，作業系統安裝 ISO 檔案）開始，也可以從先前建好的模板映像檔開始。啟動伺服器實例後，對其進行變更，然後將其保存到某種快照檔案中。這個過程可能是手動的或是自動的，亦可使用組態管理工具在儲存模板之前準備模板。

模板可能非常簡單，只具有基本作業系統的功能，或者它們可能很笨重，已經安裝了特定伺服器角色所需要的一切。最簡單的模板化方法是直接以作業系統安裝映像檔做為模板，藉由啟動和執行作業系統的安裝程序來建立每一個新的伺服器實例。

本章後面將討論不同實施方法的權衡，第 7 章將介紹實作模板封裝（template packaging）的方法

## 建立新的伺服器

建立一個新的伺服器需要分配資源（例如，CPU、記憶體和硬碟空間）以及實例化一個虛擬機（virtual machine）或硬體伺服器（hardware server）。此階段通常還涉及網路的組態設定，包括分配 IP 位址，以及把伺服器放置在網路架構中（例如，將它加入到一個子網段）。伺服器還可以被添加到基礎架構的調度服務（orchestration services），像是 DNS、組態註冊表，或監控（參見第 5 章）。

此時可能會安裝軟體和組態（如果它們沒有被安裝到模板中的話），特別是被給定之角色所需要的軟體和組態。在許多情況下，進行更新時可能要處理系統的升級，以及使用伺服器模板建立伺服器之後所釋出的安全修補。

同樣的，在接下來的幾節以及之後的幾章中我們將討論，在「模板」（templates）中與在「伺服器建立時期」（server creation time）中處理「配置活動」（provisioning activities）的不同實施方法。

## 更新伺服器

一個良好的伺服器建立過程，可確保新伺服器在建立時是一致的。然而，這樣的一致性是不會持續的。在伺服器的整個生命週期中，可能會對其進行修改，這會導致它們出現不一致的情況。而伺服器模板的內容，以及伺服器建立過程中發生的活動，往往會被基礎架構團隊不斷更新和改進，這意味著在不同時間建立的伺服器可能會有所不同。

於是有自動組態工具（例如 Ansible、CFEngine、Chef 和 Puppet）被建立來處理這類問題。第 8 章會深入探討該主題。

## 替換伺服器

有些變更，可能需要完全替換伺服器，而不是只是升級現有系統。例如，可能無法將正在運行的伺服器升級到作業系統的主要新版本。即使變化不大，完全重建伺服器也要比變更伺服器還容易，尤其是當自動化可以使重建比只挑選特定部分來升級更快速、更可靠時。不可變基礎架構（immutable infrastructure）是一種變更管理策略，其中涉及了重建伺服器以進行任何組態變更。

無縫替換伺服器是持續性服務策略的一個關鍵，可確保在不中斷服務或丟失資料的情況下，對基礎架構進行重大的變更。零停機替換（zero-downtime replacement）可確保在對新伺服器進行完整的建構和測試的同時，現有的伺服器仍在運行，因此一切就緒後就可將其熱切換投入服務。

替換伺服器通常需要更新基礎架構服務，例如 DNS 和監控系統。這些工具應該能夠優雅地處理伺服器的替換，不會中斷服務，並且不會丟失跨伺服器生命週期運作之服務的資料連線。同樣地，可能需要在伺服器實例的整個重建過程中保留資料。

第 14 章將更詳細地探討跨伺服器生命週期的零停機時間變更和資料持久性。

**不可變伺服器：以替換伺服器來取代更新伺服器**

第 67 頁〈伺服器變更管理模型〉中提到的「不可變伺服器模式」（immutable server pattern）不會對現有伺服器進行組態變更。而是透過以新組態來建構新伺服器的方式來進行變更。

對於不可變伺服器，通常是將組態放進伺服器模板。組態更新後，會封裝一個新的模板。現有伺服器的新實例就是用新的模板來建立，用於替換舊有伺服器。

這種方式係將伺服器模板（server templates）視為軟體產出物（software artifacts）。每次的建構都經過版本化和測試，然後才能被部署，用於營運用途。這在測試和營運之間，伺服器組態的一致性方面，建立了高度的信心。倡導不可變伺服器的人認為，對營運伺服器的組態進行變更是一種不好的做法，這沒有比直接在營運伺服器上修改軟體的原始碼更好）。

不可變伺服器，還可以透過減少需要由定義檔管理的伺服器區域，來簡化組態的管理。

第 8 章（第 141 頁的〈不可變伺服器之模式與實施方法〉）將更詳細地討論不可變伺服器。

## 刪除伺服器

銷毀伺服器可能很簡單，但需要更新基礎架構服務以反映刪除的情況。資料也可能需要保留。確保伺服器被刪除後，被刪除之伺服器上面的資訊有被保存下來，是很用的。保留歷來指標（historical metrics）和已刪除伺服器的日誌資料，對於問題除錯和追蹤趨勢至關重要。

## 伺服器生命中的其他事件

伺服器生命週期的各個階段是主要事件，不過仍有其他值得注意的事情會發生。

**從故障中恢復**。雲端基礎架構未必可靠。有些供應商，包括 AWS，有個明確的策略（*http://docs.aws.amazon.com/AWSEC2/latest/UserGuide/instance-retirement.html*），即伺服器實例可在未經警告的情況下被終止——例如，如果需要替換底層的硬體。即便是供應商具有強固的可用性保證，當硬體出錯時仍舊會影響到託管系統。

通常，負責管理伺服器實例之生命週期的團隊，需要負責持續性（continuity）。「基礎架構即程式碼」可以讓服務比運行它們的各個系統元素還更可靠。在伺服器生命週期中的「替換」（replacement）階段，是在維護資料和服務持續性的同時替換伺服器。如果這件事可以輕易且例行性地完成，那麼一些額外的工作就可確保它在故障發生時能自動執行，第 14 章將對此進行更詳細的討論。

**調整伺服器資源池的大小。**能夠輕鬆地從資源池中添加和移除伺服器（例如，負載平衡的 web 伺服器或資料庫節點）的好處是能夠重複且一致地建構伺服器。一些基礎架構管理平台和調度工具提供了自動進行此操作的功能。可以根據需求的變化來完成此操作（例如，在流量增加時添加 web 伺服器，而在流量減少時將其移除），也可以按照可預測的需求模式來排程（例如，在晚上關閉服務）。

對許多服務來說，能夠輕鬆地添加和移除容量，即使不是自動的方式仍舊很有幫助——就像是，如果有人可以使用圖形化介面來快速新增和移除伺服器的話。

範例 6-1 是在 AWS 上建立 web 伺服器資源池的一個 Terraform 定義檔。`aws_autoscaling_group` 定義了一個包含 2 至 5 個伺服器的資源池。啟動組態（launch configuration，未在範例中列出）定義了如何使用 AMI ID 和 AWS 伺服器類型（例如 "t2.micro"）在這資源池上建立 web 伺服器。此外這裡並沒有列出通知 AWS 平台何時要自動從資源池中添加和移除伺服器的規則。與其他平台一樣，這可以由像是 CPU 負載、網路回應時間之類的指標來觸發，也可以由特定事件或排程來觸發。

*範例 6-1　web 伺服器資源池組態範例*

```
resource "aws_autoscaling_group" "web-server-pool" {
  min_size = 2
  max_size = 5
  launch_configuration = "${aws_launch_configuration.webserver.name}"
}
```

**重新對硬體資源進行組態設定。**由於許多虛擬化和雲端服務平台，有可能更動到用於運行伺服器實例的硬體資源。例如，可以添加或移除虛擬伺服器上的記憶體，或修改分配給虛擬伺服器的 CPU 內核數。這在基礎架構定義檔中是可以被改變的，然後以基礎架構定義工具（例如 Terraform、CloudFormation 或 Heat）來進行。

然而，在某些情況下，變更可能需要重新啟動（rebooting），甚至是重建伺服器實例。有可能是因為基礎架構或工具並不支援正在運行之實例進行此類變更。在這種情況下，變更就會成為了伺服器替換。

一個實作完善的伺服器管理系統，將會在不知不覺中處理這些變更。這是以一致的方式可靠地重建伺服器和處理動態基礎架構元素變更之持續性的自然結果。

## 需要放入什麼到伺服器？

思考哪些事物應該放入伺服器以及從哪裡取得，是很有用的。

本章介紹了一些不同的模型，用於分類「放入伺服器之事物」，但是請務必記住，這種分類永遠不會是確定的。只要它們有助於制定管理伺服器的方法，就沒有問題。如果你發現自己糾結於基礎架構中特定事物的「正確」類別，請退一步，這可能沒關係。

## 伺服器上事物的類型

伺服器上的事物大致可分類為軟體、組態和資料（表 6-1）。這有助於理解組態管理工具應如何處理特定的檔案或檔案集。

表 6-1　在伺服器上可以找到的事物

| 事物的類型 | 說明 | 組態管理如何對待它 |
|---|---|---|
| 軟體 | 應用程式、程式庫和其他程式碼。這不需要是可執行的檔案；它幾乎可以是任何的靜態檔案，並且不會因系統而異。Linux 系統上的時區（timezone）資料檔就是一個例子。 | 確認它在每個相關伺服器上都是相同的；不用在意裡面是什麼。 |
| 組態 | 用於控制系統和／或應用程式之運作方式的檔案。根據伺服器的角色、環境、實例等等因素，其內容可能會有所不同。這類型的檔案管理係基礎架構的一部分，而非應用程本身所管理的組態。舉例來說，如果一個應用程式提供圖形介面來管理用戶的設定（user profiles），那麼從基礎架構的角度來看，存放用戶設定的資料檔不會被視為組態；而會被視為資料。但從這個意義上講，儲存在檔案伺服器上並由基礎架構來管理的應用程式組態檔將被視為組態。 | 確保它在每個相關伺服器上都有正確的內容；將確保其一致性與正確性。 |
| 資料 | 由系統、應用程式等等所產生及更新的檔案。它可能經常變更。基礎架構對於這些資料可能有一定的責任（例如，分發、備份、複製等等）。但基礎架構通常會將檔案的內容視為黑箱，它並不在乎檔案中的內容有什麼。資料庫的資料檔和日誌檔在此認知下，就是資料的例子。 | 自然發生和變化；可能需要保存它，但不用嘗試管理其中的內容。 |

組態和資料之間的主要區別在於，自動化工具是否會自動管理檔案中的內容。因此，即使有些基礎架構工具確實會照料系統日誌檔中的內容，它們通常會被視為資料檔。建構新伺服器的時候，你不用寄望你的配置工具（provisioning tools）會去建立日誌檔並填入特定的資料。

組態管理將資料視為一個黑盒子。你需要對你所關心的資料進行管理，以便它能在伺服器發生故障時被保留下來。配置伺服器可能需要確保有適當的資料可用——例如，掛載一個硬碟容量（disk volume）或是為資料庫軟體設定組態，以便叢集（cluster）中的其他實例複製資料。

自動化組態管理會將相當多的系統和應用程式組態視為資料。應用程式可能會具有組態檔，用於指定網路連接埠，以及組態系統需要定義的其他內容。此外，它也可能將用戶帳號和偏好設定儲存在其他檔案中。自動組態設定將這些視為資料，因為它們的內容並非透過組態定義檔來定義。

## 這些東西來自何處？

既定伺服器實例的元素可能有幾種不同的來源：

**基本作業系統**

一般來自安裝映像檔：CD、DVD 或 ISO。通常在作業系統安裝設定過程中可能會選擇一些可選用的系統元件。

**系統套件儲存庫**

大多數現代的 Linux 發行版都支援從集中式儲存庫（centralized repository）自動下載套件（例如，基於 Red Hat 發行版之 RPM 套件的 RHN/YUM 儲存庫，以及基於 Debian 發行版之 *.deb* 套件的 APT 儲存庫）。儲存庫可以在內部託管（hosted）或鏡像同步（mirrored），和 / 或使用公共儲存庫。你可以自行增添主要公共儲存庫（main public repositories）中沒有提供的套件。

**程式語言、框架和其他平台儲存庫**

如今，許多程式語言和框架都具有程式庫格式和儲存庫，以使其更具可用性（例如：RubyGems、Java 的 Maven 套件庫、Python 的 PyPi、Perl 的 CPAN、NodeJS 的 npm 等等）。其運作原則就如同系統套件庫一樣。

**第三方套件**

若套件並沒有在公共儲存庫上提供（例如，商業軟體），或許可以將它們放入內部私有的儲存庫來管理。

**內部開發軟體套件**

同樣可以放入內部儲存庫。在許多情況下，這些是分開處理的——例如，使用部署工具將建構結果推送到伺服器。

通常最好是從內部儲存庫來安裝第三方套件和內部套件，以便對其進行一致的管理及追蹤。有些維運團隊喜歡使用版本控制儲存庫（例如，Git 和 Perforce）來管理它們，儘管有些工具在存放大型的二元檔（binary files）方面比其他工具做得更好。

有些團隊會手動安裝這些軟體套件。在某些情況下，這可能是務實的做法，尤其是在自動化仍在實作中的短期內。然而，它顯然不符合本書所討論的原則，例如重複性。

將套件分發到伺服器的另一項選擇是藉由組態工具中的定義檔。Puppet、Chef 和 Ansible 都允許將檔案與模組、Chef Cookbooks 和 Ansible playbooks 綑綁在一起。儘管這比手動安裝更具可重複性，但它們往往會使得組態定義檔變得笨重龐大，因此在可以安裝某種類型的私有產出物（private artifact）之前，這實際上僅是權宜之計。

利用快取來優化配置

伺服器或模板的建構通常涉及軟體套件的下載及更新。從公共儲存庫下載這些套件可能需要花費相當長的時間，通常會成為整個過程中最耗時的一部分，並且會佔用大量的網路頻寬。

讓這些檔案更靠近將被建構之模板和伺服器的位置，可以大大加快速度。實現此想法的方法包括：將這些檔案以鏡像方式保存到本地端儲存庫，或是利用快取代理伺服器（caching proxy）。可利用這種方式快取的檔案包括：作業系統安裝映像檔、套件儲存庫（APT、YUM、RubyGems、Maven、npm 等等）以及靜態資料檔。

如同任何的性能優化，在花費時間和精力去進行優化之前，請花點時間來量測其過程中不同的階段，更不用說給你的基礎架構添加複雜性了。

## 伺服器角色

不同的伺服器依據它們的用途，需要在它們上面安裝不同的東西，這就是角色概念出現的地方。Puppet 將伺服器角色稱為 class，但其想法是一樣的。在許多的伺服器角色模型中，特定的伺服器可以具有多個角色。

有一種模式（pattern）會定義細粒度的（fine-grained）角色，並結合這些角色以組成特定的伺服器。例如，一個伺服器可能由 TomcatServer、MonitoringAgent、BackupAgent 和 DevelopmentServer 等角色所構成，這些角色中的每一個都定義了要用到的軟體和／或組態。

另一種模式（角色繼承模式）具備角色繼承階層（role-inheritance hierarchy）。基礎角色（base role）將會具有所有伺服器通用的軟體和組態，例如：監控代理程式、通用的用戶帳號，以及通用的組態（例如，DNS 和 NTP 伺服器的設定）。其他角色將會在這個基礎上添加更多東西，可能有好幾個階層。圖 6-2 說明了角色之間的繼承關係。

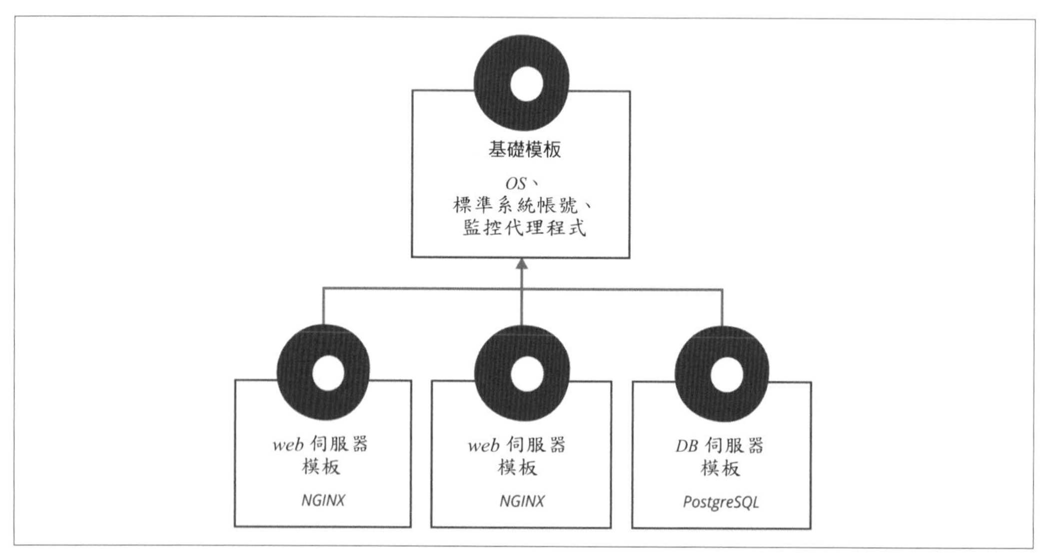


圖 6-2 伺服器模板階層的簡單範例

就算使用角色繼承模式，具有多個角色的伺服器仍舊很有用。例如，儘管營運部署（production deployment）可能有各自獨立的網頁（web）、應用（app）和資料庫（db）伺服器，但是對於開發和一些測試案例，比較實用的做法可能是將它們組合到單一伺服器上。

對於角色的結構，不同的團隊往往會使用不同的模式及策略。重點是其結構要如何讓團隊易於理解和使用。如果結構變得彆扭和混亂時，則可能要花時間重新考慮和重新建構它。

# 建立伺服器的模式

大多數基礎架構管理平台，無論是 AWS 這樣的公有雲，或是 Vmware 這樣的虛擬化產品，都可以透過 Web UI 或管理應用程式（admin application）之類的用戶介面或使用可程式化 API 來建立伺服器。

新的伺服器映像檔一旦啟動，通常會對伺服器本身進行變更，其中可能包括軟體的安裝和組態設定，以及系統的更新及組態設定。調度活動（orchestration activities）會將新的伺服器整合到網路和基礎架構服務（例如 DNS）中。

被啟動之新伺服器實例的可能來源有：

- 複製現有伺服器
- 從先前正在運行之伺服器所存放的快照（snapshot）實例化而來
- 從預先準備好的伺服器模板（例如，EC2 AMI 檔）建構而來
- 直接從作業系統安裝映像檔（例如，供應商所提供的 ISO 檔案）來啟動

## 反模式：手工建立伺服器

建立新伺服器最直接了當的方法是，使用互動式圖形介面或命令列工具來指定所需要的每個選項。學習如何使用新的雲端服務或虛擬化平台時，這通常是我要做的第一件事。即使我已經使用某個平台一段時間，並具有更複雜的命令稿可供選用，以基本工具啟動新的 VM 來嘗試新的東西，或者透過測試建立過程不同之處來協助問題的排除，有時還是很有的。

範例 6-2 可以看到如何使用 AWS 命令列工具來建立一個新的伺服器。

*範例 6-2　手動執行命令來建立伺服器*

```
$ aws ec2 run-instances \
  --image-id ami-12345678 \
  --region eu-west-1 \
  --instance-type t2.micro \
  --key-name MyKeyPair
```

但是以手動過程建立伺服器並非一個可持續發展下去的方式。

手動建立伺服器取決於某人為每個新伺服器決定選擇哪些選項。顯然這是無法重複的，至少不容易也不可靠。即使同一個人之後建立另一個伺服器，他可能無法記得自己第一次選擇了哪些選項，而且比較可能是不同的人來設定伺服器的組態，他所做的設定總是會跟第一個人有一些不同之處。當然我們可以回頭參考現有伺服器，來確定其所使用之設定，但這需要花費時間和精力，而且仍舊可能會導致錯誤。

所以，手動建立伺服器幾乎會立即導致組態飄移（configuration drift）和雪花伺服器（snowflake servers）。伺服器建立無法被追蹤、版本化或測試，並且肯定無法自帶文件（self-documenting）。

## 實施方法：將伺服器建立選項包裹在命令稿中

命令稿（script）是擷取建立新伺服器之過程的一種簡單方法。而且很容易重製。將命令稿簽入（check into）VCS，使其透明化、可審閱、可回溯，並為使其可測試敞開大門。

上一個範例中的 aws 命令可以輕易地保存在一個 shell 命令稿中，並提交到版本控制系統，這是進入到「基礎架構即程式碼」所要採取的第一步。

> **避免每一次都需要編輯命令稿**
>
> 我見過不止一個有經驗的系統管理員，剛踏入「基礎架構即程式碼」領域，撰寫了建立伺服器的命令稿，但每次執行時，都需要對其進行編輯，以便設定參數。這可能有助於使部分的手動過程變得更容易，但它並不能真正自動化伺服器的建立過程。

除了最簡單的情況以外，用於建立新伺服器的命令稿，需要針對不同的情況使用不同的選項。其目標應該是，就算使用命令稿的人將需要知道她自己想要的是什麼，她也不應該必須去記住實作的細節。這些細節，以及如何組合各種選項以滿足用戶需求的邏輯，應該被擷取到命令稿中。

範例 6-3 是一個 Bash 命令稿，它使用 awscli 工具在 AWS 中建立了一個 web 伺服器。

*範例 6-3　建立 web 伺服器的命令稿*

```
#!/bin/bash

aws ec2 run-instances \
    --image-id ami-12345678 \
    --count 1 \
    --instance-type t2.micro \
    --key-name MyKeyPair \
    --security-groups open-https-port
```

如此可避免建立 web 伺服器的人員需要記住應該傳遞哪些選項。該命令稿可以被擴展成去執行伺服器的組態工具，以便在伺服器成為可用之後，對其進行引導（bootstrap），如同第 110 頁的〈引導新伺服器之模式〉所提到的。許多團隊都會選擇使用「為配置而設計的」（designed for provisioning）可擴展工具，例如 Chef 的 knife 命令列工具，或是 Ansible。

但對於更複雜的基礎架構，可以使用宣告式的基礎架構定義工具（如第 49 頁〈使用基礎架構定義工具〉所提到的工具）來配置伺服器，而無須特定的命令稿。

## 反模式：熱複製（Hot Cloned）伺服器

我的團隊和我在開始使用虛擬化技術的時候，我們都喜歡複製（cloning）伺服器。我們需要使用的每個新伺服器，幾乎都是我們已經在運行之伺服器的變體，所以複製是一種建立新伺服器的簡單方法，因為所需要的一切都已經安裝和設定好了。但是隨著我們的基礎架構的發展，我們的團隊意識到，複製伺服器的習慣是我們遭受伺服器氾濫和組態飄移之苦的原因之一。

我們發現，我們的伺服器彼此之間有很大的不同。每次我們選擇其中一個（通常是我們認為最新的一個）來建立新的伺服器並調整其組態時，無論我們在 web 伺服器上的差異如何，情況都會變得更糟。

我們嘗試把一個特定的伺服器宣告為所有複製品的主要來源，將其保持在理想狀態，並使其包含所有最後的更新。但想當然，每次我們更新主伺服器時，我們之前建立的伺服器都沒配合更新。

從正在運行的伺服器複製出來的伺服器是不能再複製的。你不能從相同起點去建立第三個伺服器，因為無論是原始的伺服器或是新的伺服器都已經變動了：它們一直在使用中，因此它們上頭的各種東西都會改變。

複製而來的伺服器也會受到影響，因為它們需要有來自原始伺服器之運行時期的資料。

我記得一位同事正在對不可靠的 Tomcat 伺服器除錯，根據他在伺服器的日誌檔中發現奇怪的訊息，花了幾天時間進行修復。但是無法修復。然後他意識到這些奇怪的訊息實際上並沒有記錄在他試圖修復的伺服器上。該伺服器是從另一個伺服器複製來的，而且日誌訊息來自原始的伺服器，所以他浪費了幾天去追尋不存在的紅鯡魚。

## 模式：伺服器模板

複製正在運作的伺服器，對建構一致化伺服器來說，並不是一個好方法，但製作伺服器的快照（snapshot），並將其當作模板來使用是可行的。主要的區別在於，模板是靜態的。一旦建構好，就永遠不會運行，因此它不會有累積的變化或資料。

即使第二個伺服器的建立時間是在第一個伺服器建立後一週，但是從既定的模板建構而成的兩個新伺服器一開始總是完全一樣的。然而，從正在運行的伺服器進行複製，一週後第一個伺服器和第二個伺服器之間會累積一些變化。

當然，即使從同一模板建立而來的伺服器也無法維持一致。當它們運行時，差異將會逐漸蔓延，所以你仍需要有更新伺服器的策略。這會在第 8 章討論到。

## 反模式：雪花工廠

許多組織採用自動化工具來配置伺服器，但是仍然有人透過執行工具，並為特定的伺服器選擇選項，來建立每個伺服器。當手動配置伺服器的過程被移轉到自動化工具時，通常會發生這種情況。其結果是，建構伺服器的速度可能更快，但是伺服器仍然不一致，這會使得自動修補和更新伺服器的過程變得困難。

一致性是個問題，因為人們參與了將組態選項應用到新虛擬機的工作。例如，有人查看規範，以決定要建立哪些用戶帳號，要安裝哪些軟體套件，諸如此類。即使公司使用的是昂貴、由 GUI 驅動的自動化工具（可以說，尤其是在使用這樣的工具時），通常不同的兩個人，甚至是同一個 IT 團隊中的人，可能選擇略微不同的選項。而且，不同的用戶團隊，也很可能以不同的方式來表達需求。因此，這樣的過程所產生的每個虛擬機，至少與用於非常相似用途的其他虛擬機略有不同。

# 引導新伺服器之模式

啟動（launching）新伺服器之後，在把它投入使用之前，通常需要對其進行變更。這可能包括：安裝系統更新和設定系統組態選項、安裝和設定軟體，和／或將資料植入伺服器。

有些團隊透過將盡可能多的東西放入模板映像檔，積極地最小化新伺服器需要進行的變動。這簡化了伺服器的建立過程，儘管這會使得模板的管理更加複雜。下一章將深入探討模板管理的不同模式。

但是許多團隊會在建立的過程中應用組態，通常是利用相同的伺服器組態工具來變更運行中的伺服器。例如，如果一個團隊在他們的伺服器資產上執行了 Ansible、Chef 或 Puppet，那麼他們通常也會在每個新建構的伺服器上執行 Ansible、Chef 或 Puppet。這將可根據伺服器的角色來調整伺服器，並確保伺服器具有最新的套件版本。

建立伺服器的時候，得執行組態工具，但需要進行引導（bootstrapping）才能執行該工具。其中有兩個主要的策略：推式引導（push bootstrapping）和拉式引導（pull bootstrapping）。

## 推式引導

如第 4 章（第 62 頁的〈設定伺服器組態的工具〉）所述，有些工具會使用推送模型（push model）來對伺服器進行組態設定。這涉及了透過網路從中央伺服器（central server）或代理機器（agent machine）連線到新伺服器，通常會使用 SSH。引導的過程可能涉及組態工具或代理程式的安裝、組態的初始設定，並有可能需要產生金鑰，以便將新伺服器註冊為組態用戶端。

其中一些操作（例如，安裝組態軟體）可以在伺服器模板上完成，因此在引導新伺服器時，便不需要進行這些操作。但是仍然需要進行伺服器特有的設置（setup）。因此，如果透過連線到新伺服器的工具來完成此操作，則伺服器將需要預先安裝憑證，連線才能正常工作。

在每個伺服器上預先安裝一組具有 root 特權的登入憑證（login credentials）可能會造成安全漏洞。一個更安全的方法是在啟動新伺服器的時候產生一次性的驗證密碼。例如，AWS EC2 API 支援在建立每個新伺服器實例時，為其建立和配發一個唯一的 SSH 金鑰。Rackspace 的雲端服務在新建伺服器時，會自動為 root 分配一個強固的隨機密碼。

因此，伺服器建立程序，可以為引導伺服器之組態的過程，提供新伺服器的唯一金鑰。引導過程還可能進一步牽扯到鎖定（locking）新伺服器，甚至是根據需要禁用金鑰、密碼或帳號。

推送有時也被用於更新伺服器，這將在第 8 章（第 136 頁的〈推送同步〉）中討論。

## 拉式引導

拉式引導（pull bootstrapping）的運作原理是以新伺服器啟動時所執行的命令稿為伺服器模板映像檔設定組態。該命令稿可以從儲存庫（repository）下載組態定義檔，從中央註冊表（central registry）取回組態設定，甚至可以從檔案伺服器下載最新的組態軟體套件，以便設定自己的組態。

大多數的基礎架構平台可以傳遞由「建立伺服器之命令稿或工具」所傳遞的參數。這讓配置程序（provisioning process）得以告知伺服器它的角色，也許還可以設定「設置命令稿」（setup script）所需要的某些參數，以便客製化新伺服器的引導。

例如，可以從預先安裝 cloud-init（*https://launchpad.net/cloud-init*）的模板以及組態管理工具來建立伺服器。配置命令稿（provisioning script）會傳遞一個參數，用於指定新伺服器的角色。

伺服器上的設置命稿會在第一此執行組態工具時使用此參數，以便依據新伺服器的角色將軟體和組態安裝到新伺服器上。

## 拉式引導範例

範例 6-4 可以看到用於配置伺服器之 AWS CloudFormation 定義檔的一部分。

該檔案可應用於 AWS 命令列工具，或使用了 AWS REST API 的命令稿。在此範例中，命令或 API 呼叫將傳遞兩個參數，`ServerAmi` 參數用於指定所要使用的伺服器模板之 AMI。而 `ServerRole` 參數用於指定伺服器的角色（例如，*web*、*app*、*db* 等等）。

CloudFormation 定義檔中的 UserData 部分，指出了 cloud-init 在啟動（startup）時所執行的命令稿，*/usr/local/sbin/server-setup.sh*，而且會傳入 `ServerRole` 參數做為引數。此命令稿會被放入（baked into）AMI，並將使用傳入的引數把伺服器設定為適當的角色。

*範例 6-4　用於實作推式配置的 AWS CloudFormation 模板*

```
"ServerHost" : {
  "Type" : "AWS::EC2::Instance",
  "Properties" : {
    "ImageId" : {
      "Ref" : "ServerAmi"
    },
    "InstanceType" : "t2.small",

    "UserData" : {
      "Fn::Base64" : {
        "Fn::Join" : [ "", [
          "#!/bin/bash\n",
          "/usr/local/sbin/server-setup.sh ",
          { "Ref": "ServerRole" }
        ]
      ]
    }
  }
}
```

# 實施方法：對每個新的伺服器實例進行冒煙測試

如果伺服器是自動建立的，則可以對其進行自動測試。建立新伺服器，把它交出來，並在人們嘗試使用它之後，才發現它出了點問題，這是稀鬆平常的事，不足為奇。

在理想的世界中，自動化意味著你可以相信，每個新伺服器都建構得毫無缺陷。但在現實世界中，自動化命令稿是由人類來撰寫，所以錯誤很常見。自動化命令稿也是由人類來維護，因此即便在命令稿啟動了許多完美的伺服器之後，你也無法假設下一個也將是完美的。

因此，明智的做法是在建立每個新伺服器的時候去檢查它們。自動化的伺服器冒煙測試（smoke testing）命令稿可以檢查所有伺服器需要的基本功能，伺服器的角色特有的功能，以及一般合規程序（general compliance）。例如：

- 伺服器是否在運行並可供存取？
- 監控代理程式（monitoring agent）有運行嗎？
- 伺服器是否已出現在 DNS、監控系統和其他網路服務中？
- 是否全部的必要服務（網頁、應用程式、資料庫，等等）都在運行？
- 是否有必要的用戶帳號？
- 是否有任何連接埠不應該開放？
- 是否有任何用戶帳號不應該啟用？

冒煙測試應該被自動觸發，如果你依賴某個人手動執行其命令稿，則該命令稿可能會被忽略，而且隨著時間的推移，會變得沒那麼有用。此時可以使用 CI 或 CD 伺服器（例如 Jenkins 或 GoCD）來協助建立伺服器，因為它每次皆可以自動執行這些類型的測試。

冒煙測試可以和監控系統整合。進行冒煙測試的大多數檢查，做為例行性監控檢查可運作得非常好，所以冒煙測試可以僅驗證新伺服器是否出現在監控系統中，並且其所有相關的檢查皆是綠色的。

# 結論

本章介紹了配置伺服器的實施方法和模式。其核心主題圍繞在哪些事物該去配置，以及伺服器生命週期中有哪些部分。下一章將介紹管理伺服器模板的更多細節。

第七章

# 管理伺服器模板之模式

有了前面章節中配置和建立伺服器的基礎知識後，本章接著將討論管理伺服器模板的各種方法。

伺服器模板（server templates）的使用有助於建立具一致性和可重複的伺服器。然而，模板的管理需要有良好的流程。模板需要被建構，並透過修補和改進來讓模板維持最新的狀態。用於此流程的工具應遵循「基礎架構即程式碼」的原則。模板本身應透過可重複、透明、自帶文件（self-documenting）和自我測試（self-testing）的流程來建構。

## 庫存模板：不能由別人來做嗎？

管理模板的最簡單方法就是讓別人來做。許多作業系統供應商和雲端服務會提供預先打包好的庫存模板（stock templates），如圖 7-1 所示。這些模板中安裝有基本的作業系統，以及加上預設的組態、工具和用戶帳號，以使伺服器做好與託管服務提供商配合的準備。例如，伺服器模板可以被設定為使用本地端的 DNS 伺服器和作業系統套件儲存庫，並且可以安裝公用程式（utilities）來查找與託管環境有關的中介資料（metadata）。

使用庫存映像檔（stock images）可以減輕自行管理模板的麻煩和複雜性。在設置和運行新基礎架構的初期，這特別有用。隨著時間的推移，團隊有可能將配置活動從伺服器的建立推進到模板，因此決定管理自己的模板，以便獲得更多的控制權。

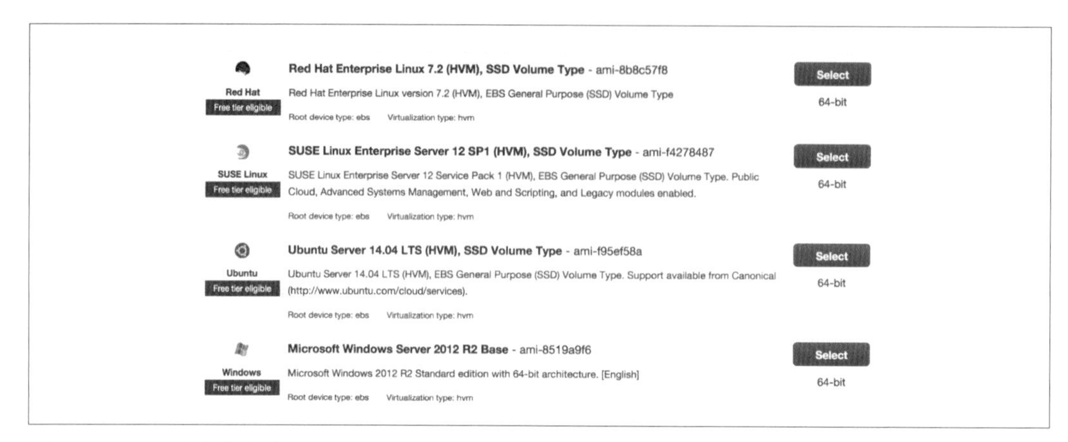


圖 7-1　AWS 上所提供之庫存 AMI 檔範例

重要的是了解你所使用的庫存映像檔（stock images）來自何處，以及哪些用戶帳號、軟體和安全組態已經就緒。確保模板不存在安全疑慮，像是眾所周知的密碼或 SSH 金鑰。即使你在新伺服器啟動後自動移除它們，攻擊者仍會積極利用這些短暫的機會。

使用庫存的伺服器模板時，一定要對它們進行變更和更新，以使你的伺服器不會留下未修補的錯誤或漏洞。

在本節中其餘的模式和實施方法，均假定你將會製作自己的伺服器模板。

# 使用模板來配置伺服器

一個很自然的問題是，應該在伺服器模板中配置哪些組態元素和軟體套件，以及在建立新伺服器時應該添加哪些組態元素和軟體套件。不同的團隊對此有不同的實施方法。

## 於建立時進行配置

光譜的一端是盡量減少模板上的東西，並在建立新伺服器時進行大部分的配置工作。新的伺服器總是會取得最新的變更，包括系統的修補、軟體套件版本以及組態選項。

這種方法簡化了模板的管理。模板將會很少，可能只會為基礎架構中所使用的硬體和作業系統版本的每個組合提供一個模板——例如，為 64 位元的 Windows 2016 提供一個模板，為 32 位元和 64 位元的 Ubuntu 14.x 版各提供一個模板。這些模板不需要經常更新，因為它們少有變化；在任何情況下，都可以在配置伺服器的當下進行更新。

## 於建立時進行配置的理由

當團隊無法投資於複雜的模板管理工具上時，這通常是合適的。團隊可以手動管理並更新自己的模板，因為他們不需要經常這樣做。大部分的工具皆用於組態管理。單一流程（process）和單一定義集（set of definitions）既用於配置新伺服器，又用於為現有的伺服器進行定期更新。

當伺服器上安裝的東西變化很大時，盡量減少模板上的東西是很正常的想法。舉例來說，如果人們透過自助式服務來建立伺服器，則會在建立伺服器的時候進行選擇。否則，預先建構的模板庫將需要很大，才能包含用戶可能會挑選的所有變化。

## 於建立時進行配置的問題

每次建立新伺服器時，都要進行大部分配置工作的主要缺點是，建立新伺服器需要更長的時間。對每個新伺服器重複進行相同的活動可能很浪費。而且，每次建立新伺服器時，下載大量的套件和檔案，也很浪費頻寬。

對於基礎架構領域來說，自動建立伺服器是災難恢復的關鍵部分，而自動擴展和 / 或部署、重量級伺服器的建立流程，意味著，這些操作需要耗費更多時間。如果配置新伺服器需要等待儲存庫伺服器（repository servers）和組態伺服器（configuration servers）之類的基礎架構服務先被重建，那麼大規模的災難恢復方案可能會特別痛苦。

# 模板中的配置

配置光譜的另一端是，幾乎把所有東西都塞入伺服器模板。這樣，建構新伺服器會變得非常快速和簡單，只需選擇一個模板並應用實例特有的組態，例如主機名稱。這對於需要非常快速地啟動新實例的基礎架構而言很有用——例如，支援自動擴展功能。

模板中更廣泛的配置，需要更成熟的流程和工具來建構模板[1]。即使沒有太多的模板，透過建置新的模板版本來進行組態變更，也意味著需要經常建構模板。至少每週建構一次新模板並不稀奇，而且有些團隊甚至一天中會多次封裝並推出新版本。

1 由於有工具可用，例如 Packer（*http://packer.io*）和 Aminator（*https://github.com/Netflix/aminator*），近幾年來建構模板變得更加容易，這些工具曾在第 4 章（第 63 頁的〈封裝伺服器模板的工具〉）中介紹過。

模板和不可變伺服器

在模板中完成所有重要的配置，並禁止在伺服器建立後便變更執行時期資料（runtime data）以外的任何內容，這正是不可變伺服器的核心理念。這在第 6 章（〈不可變伺服器：以替換伺服器來取代更新它們〉）中已討論過。

使用不可變伺服器，模板將被視為持續交付流水線（continuous delivery pipeline）中的軟體產出物（software artifact）。透過建構模板的新版本，可以對伺服器的組態進行任何變更。在每個新的模板版本被發布到（rolled out to）營運環境之前，皆會自動進行測試。這確保了每個營運用伺服器的組態都經過徹底和可靠的測試。沒有機會讓未經測試的組態變更跑進營運環境。

本章稍後將討論模板的版本控制。關於如何透過不可變伺服器來管理變更，將在第 8 章（第 141 頁的〈不可變伺服器之模式與實施方法〉）中討論。至於如何將持續交付流水線應用於基礎架構，包括伺服器模板，則是第 12 章的主題。

## 平衡模板及建立之間的配置

儘管有可能採用任一種極端的做法——在模板建構階段完成所有配置，或者在建立新伺服器時完成所有配置——但是大多數團隊都會將配置任務分散到這兩個階段。在決定如何平衡配置工作時，有幾件事需要加以考量。

一個考量因素是，可以在新建立的伺服器中進行變更的「週期時間」（cycle time）[2]。涉及重建模板的變更，將比建立新伺服器時進行變更花費更長的時間。

因此，最好考量多久變更一次伺服器上的不同元素。經常變更的內容最好在伺服器建立時完成，而不經常變更的內容則可以放到模板中。

也有可能同時在兩個階段配置元素。例如，伺服器組態定義檔可用於在建構模板時安裝套件和組態，然後在建立新伺服器時再次進行。當定義檔中某些內容發生變化，即使模板仍具有舊的組態，它們也將應用於新伺服器。建立新伺服器的速度仍然很快，因為僅需要應用自模板建構以來發生的變化。新版的模板可以定期建構以便匯總最新的變更。

2 「週期時間」是精益流程（Lean processes）中用來度量特定活動之端到端時間（end-to-end time）的一個術語。它是針對單一工作項目進行量測的，從確定需求時開始，到滿足需求時結束。週期時間是流水線中一項重要的概念，如第 12 章（第 238 頁的〈度量流水線的有效性：週期時間〉）中所述。

# 建構伺服器模板的流程

模板的建構流程包括：

- 選擇一個原始映像檔
- 對映像檔進行客製化
- 將映像檔封裝到伺服器模板映像檔

大多數伺服器模板都是從原始映像檔開始的。這可能是原始的「作業系統設置映像檔」（OS setup image）、供應商的「庫存映像檔」（stock image），或者是之前建立的伺服器模板。下一節將會討論用於選擇和管理原始映像檔的選項。建構 Unikernel 伺服器模板是一個例外的情況，其中涉及到編譯伺服器映像。本章稍後會討論 Unikernel 模板。

應用客製化的最直接方法是啟動（boot）原始映像檔以做為伺服器實例，然後客製正在運行的伺服器。這可能包括諸如進行系統更新、安裝常用軟體套件（例如，監控代理程式）以及標準組態（例如，DNS 和 NTP 伺服器）。這應該還包括藉由移除或關閉不必要的軟體、帳號和服務以及應用安全策略（例如，本地端防火牆規則）來讓伺服器變得更穩固。

啟動原始映像檔的一個替代方案，是在另一個伺服器上掛載原始硬碟映像檔（origin disk image），並將變更應用到它的檔案系統。這樣往往會更快，但客製化的過程可能會更加複雜。本章稍後將會討論這種方法。

一旦伺服器已經準備就緒，便是「製作好」（baked）的情況，這意味著，它被保存為一種可用於建立新伺服器的格式。這通常是基礎架構平台所支援的伺服器映像檔格式，例如 Openstack 映像檔、AWS AMI 或 VMware 伺服器模板。在一些平台上，像是 Rackspace Cloud 和 OpenStack，相同的伺服器映像檔格式可用於備份伺服器和啟動新伺服器。其他的平台，包括 AWS 和 VMware，都有針對伺服器模板之自家伺服器映像檔格式的特殊版本。其實底下運作的通常是相同的格式；只是以不同的方式來呈現和組建它們。

**可重複建構的模板**

「基礎架構即程式碼」的可重複性和一致性原則，導致了這樣的想法：伺服器模板本身的建立方式應該是可重複的，以便由其建立的伺服器也是一致的。下面的模式和實施方法便是在實現此一目標。

## 為多個平台建立模板

有些團隊會在多種基礎架構平台上運行伺服器。例如，一個組織可以在 AWS 上託管一些伺服器，以及在使用 Openstack 的資料中心託管其他伺服器。要確保這兩個位置的伺服器運行相同的作業系統版本和修補程式，並在適當之處進行一致的組態設定，這非常有幫助。

即便僅在單一平台進行託管，在本地虛擬化（例如，使用 Vagrant）上運行一致建構的作業系統映像檔也很方便。

模板的建構過程可以被實作成，為每個受支援的基礎架構平台產生一致的伺服器模板。每次建構新的模板版本時，都應該為所有平台來建構它。

範例 7-1 是 Packer 模板的片段。此片段顯示了三個 builders，每一個 builder 可以為不同的平台建立一個伺服器模板映像檔。第一個用於建立 AWS AMI，第二個用於建立私有雲的 OpenStack 映像檔，第三個則會建立可與 Vagrant 搭配的 VirtualBox 映像檔。

*範例 7-1　針對多個平台的 Packer 模板範本*

```
{
  ... (common configuration goes here) ...
  "builders": [
    {
      "type": "amazon-ebs",
      "access_key": "abc",
      "secret_key": "xyz",
      "region": "eu-west-1",
      "source_ami": "ami-12345678",
      "instance_type": "t2.micro"
      "ami_name": "our-base "
    },
    {
      "type": "openstack",
      "username": "packer",
      "password": "packer",
      "region": "DFW",
      "ssh_username": "root",
      "image_name": "Our-Base",
      "source_image": "12345678-abcd-fedc-aced-0123456789ab",
      "flavor": "2"
    },
    {
      "type": "virtualbox-iso",
      "guest_os_type": "Ubuntu_64",
      "iso_url": "http://repo/ubuntu-base-amd64.iso",
      "ssh_username": "packer",
```

```
      "ssh_password": "packer"
    }
  ]
}
```

# 原始映像檔

伺服器模板通常是從運行中的伺服器建構出來的一個映像檔。這涉及了從某種原始映像檔（origin image）啟動一個伺服器，對該伺服器進行客製化，然後對伺服器進行快照（snapshotting）以產生新的模板映像檔。原始映像檔有幾個選項。

## 反模式：熱複製伺服器模板

如前所述（第 109 頁〈反模式：熱複製伺服器〉），你不應該透過對運行中的伺服器進行熱複製（hot cloning）來建立新的伺服器。伺服器模板的建立也是如此。

如果你希望伺服器是可複製的，那麼你還會希望模板是可複製的。因此，對伺服器進行啟動、客製化和快照以建立模板的過程，應該是可以完全控制和可複製的。

模板應該從一個乾淨的伺服器來建立，該伺服器應該從未用於任何其他目的。這樣，新伺服器上唯一的歷史記錄和運行時期資料，是模板設置過程中遺留下來的，而不是來自任何的營運用伺服器。

## 從作業系統安裝映像檔來製作模板

作業系統安裝映像檔（例如，來自作業系統供應商的 ISO 檔案）提供了一個乾淨、一致的起點。模板建構的過程，首先從作業系統映像檔啟動（boot）伺服器實例，以及運行自動化設置流程（例如 Red Hat 的 Kickstart）開始。然後，可以在保存映像檔以做為模板之前，對伺服器實例行客製化。

這通常是虛擬化平台的一個選項，但大多數的 IaaS 雲端平台並沒有提供直接從 ISO 檔啟動伺服器的簡便方法。在這些情況下，最可行的選項是從庫存映像檔（stock image）來建構。

## 從庫存映像檔來製作模板

正如本章前面所討論的，大多數動態基礎架構平台都有提供可用於建構伺服器和客製化模板的庫存伺服器映像檔。這些映像檔可能提供自平台的供應商、作業系統的供應商，甚至是第三方廠商或使用者社群。Amazon AWS 具有 AMI 市集，該市集可以找到由許多家供應商建構和支援的伺服器模板。

如前所述，庫存映像檔可以直接用於建構伺服器。但通常最好是以它做為建構客製化模板的一個起始點。可以添加團隊自己的基礎架構所需要的套件和組態。

供應商的庫存映像檔通常是為了滿足許多需求而設計的，所以最好去掉一些不需要的套件。例如，許多受歡迎的映像檔都預先安裝了多個伺服器組態套件（例如，Puppet、Chef，等等），以使不同的團隊可以輕鬆上手。

移除未使用的套件、用戶帳號、服務和組態，將可讓伺服器更加安全。這也降低了它們的資源使用量，因此執行時耗費較少的硬碟空間和記憶體，並且還減少了新伺服器的啟動（startup）時間。

考慮庫存伺服器模板的時候，對模板上所有內容的來源有信心，至關重要。確保套件和組態來自可靠的源頭，並採用穩固的流程來確保它們是安全、有合法使用許可，以及沒有危險的。

**恰好夠用作業系統（*JEOS*）**

恰好夠用作業系統（just-enough operating system）的做法，或簡稱 JEOS（*http://bit.ly/1PjGAD9*），就是將系統映像檔縮減為最基本的狀態。這主要用於建構虛擬化設備、容器和嵌入式系統，但對於一個高度自動化的基礎架構，最好去思考你可以把作業系統縮減到什麼程度。

如第 4 章中有關容器的討論，已經有許多專門用於最小化和簡化伺服器安裝的 OS 發行版被建立出來。這包括了：

- Red Hat Atomic（*http://red.ht/1TJKn9k*）
- CoreOS（*https://coreos.com/using-coreos/*）
- Microsoft Nano（*http://bit.ly/1TXII2d*）
- RancherOS（*http://rancher.com/rancher-os/*）
- Ubuntu Snappy（*https://developer.ubuntu.com/en/snappy/*）
- VMware Photon（*http://vmw.re/1Zd2Pe4*）

## 從 Unikernel 來建構模板

Unikernel 是專門為在單一位址空間（single address space）中運行之行程而建構的機器映像檔（machine images）。與其啟動完整的 OS 映像檔並對其客製化，不如將 OS 映像檔與應用程式（包括所需之 OS 程式庫的最小集合）一起編譯。然後此機器映像檔可以被啟動為虛擬機，或被建構為容器的映像檔，例如 Docker 映像檔。

Unikernel 伺服器模板在資源的使用、啟動時間和安全性方面可以帶來效率。截至 2016 年，Unikernels 還是新產品，其工具、相關知識和實施方法的生態系統還尚未完全發展。所以這種方法的實作和維護，可能比其他替代方法更為複雜。

## 在不啟動的情況下客製化伺服器模板

將原始的伺服器映像檔啟動（booting）為伺服器實例、應用客製化、然後關閉（shutting down）實例以製作出模板映像的過程可能很慢。一個替代方法是使用可掛載為磁碟容量（disk volume）的來源映像，例如，AWS 上一個基於 EBS 的 AMI。長時間運行的伺服器可以將原始映像檔的副本掛載為磁碟容量，然後對映像檔上的檔案進行客製化。這可能會使用 chroot 來確保套件管理工具以及其命令稿能夠正確看到映像檔的相對路徑。

對磁碟容量進行客製化後，將其卸載，然後將其轉換為相關的伺服器映像檔，以做為伺服器模板之用。

這個過程比啟動以進行客製化（booting to customize）快得多，這使得它對於經常建構模板的團隊特別有用，例如使用不可變伺服器的團隊。

另一個優點是，在短時間內啟動和運行的模板伺服器映像檔，應該不會受到污染。例如，啟動和客製化模板將不可避免地建立系統日誌項目，並可能留下暫存檔案和其他殘留物（cruft）[3]。

這種方法的主要缺點是，它可能會更複雜一點。使用與運行中之伺服器相同的伺服器組態工具和定義檔可能並不容易，至少不是沒有一些額外的工作。並非所有的基礎架構平台皆有提供將「伺服器映像檔容量」（server image volumes）掛載到另一個伺服器的方法。在這種情況下，此方法或許根本不可能。

3 Cruft 是指任何遺留下來、多餘和有妨礙的東西。

無須啟動的建構伺服器模板工具

Netflix 的 Aminator 工具會透過，將原始映像檔掛載為磁碟容量，來建構 AWS AMI。該公司在部落格的 Aminator 貼文（*http://techblog.netflix.com/2013/03/ami-creation-with-aminator.html*）對整個過程有詳細的描述。Packer 提供了 amazon-chroot builder（*https://www.packer.io/docs/builders/amazon-chroot.html*）以支援此方法。

# 更新伺服器模板

隨著時間的推移，伺服器模板會變得老舊，因為套件會過時，並且組態會發現需要改進之處。儘管每次建立新伺服器時，都可以進行修補和更新，但隨著時間的推移，所需要的時間會越來越長。定期更新模板可讓一切順利進行。

## 復熱（reheating）舊的模板

更新模板的一種方法是使用其模板早先版本作為源頭。經過更新和改進後，將其保存成一個新的模板版本。通常，這就像運行標準伺服器組態定義（normal server configuration definitions）的子集一樣簡單。

這種方式的一個缺點是，模板會累積殘留物。從定義檔中移除軟體套件之類的內容時，不會自動將其從伺服器模板中移除。即便是這樣，可能仍會殘留檔案、所依賴的套件，甚至是沒用的孤立用戶帳號。如果需要明確地將所有這些都從模板的新版本中移除，則很困難。

## 製作新鮮的模板

更新模板的另一種方法是，從與前一個版本相同的源頭，例如 OS 安裝映像檔或庫存映像檔，重新建構一個新鮮的模板。如果來源處有新版本可用（例如 OS 更新），那麼可以使用該版本來建構新的模板。

透過自動化程度高（well-automated）的流程，要經常建構新鮮的模板是很容易的。它還可簡化需要運行的組態，因為原始映像檔更可預測，並且不包括模板之前版本中的任何殘留物。

## 對伺服器模板進行版本控制

必須指出的是，「更新」（updating）模板實際上意味著，建構要使用的新模板映像檔，而不是舊的模板映像檔。舊的模板映像檔應該永遠不會被覆蓋。其原因與為檔案使用版本控制的理由類似：能夠在發現變更問題時，進行排除（troubleshoot）和回溯（roll back），並能看到何時進行了哪些變更。

## 伺服器模板的可追溯性

應該可以從任何正在運行的伺服器實例追溯到用於建構它的模板版本。然後可以從該板版本追溯到原始映像檔，以及用於建構該模板的任何命令稿和定義檔。

圖 7-2 可以看到一個名為 `webserver-qa-2.1.2-032` 之運行中的伺服器。這是從名為 `webserver-template-2.1.2` 的伺服器模板建構而成的。用於建構此模板的材料包括一個 Packer 模板檔（*webserver-packer-2.1.json*）和一個 Ubuntu 安裝 ISO 映像檔（*ubuntu-14.04.4-server-amd64.iso*）。

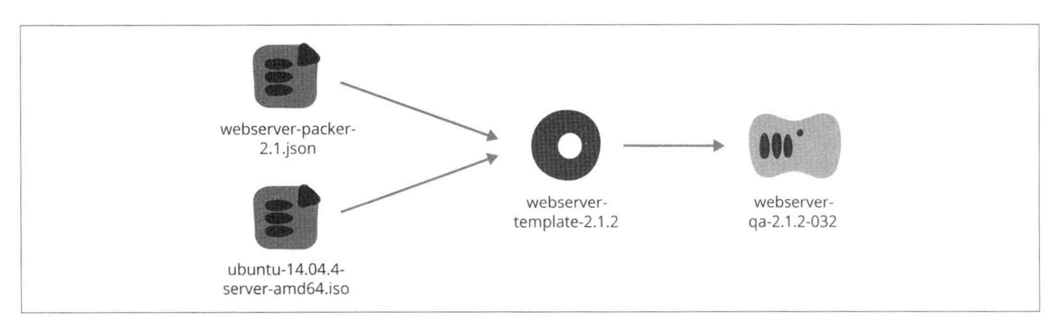


圖 7-2　從正在運行的伺服器追溯到模板及其來源

這種級別之版本控制和可追溯性的優點包括：

- 有助於問題的排除，因為很容易看出已進行了哪些變更、是誰進行的，以及希望進行變更的原因。
- 使準確重建任何現有的伺服器或甚至是伺服器先前的版本成為可能。
- 建立測試的信心，因為可以自動測試「用於建立任何伺服器之模板版本」並檢視測試的結果。
- 使你可以輕鬆認出由於版本過舊而需要更換的現有伺服器

## 實作模板的版本控制

包括 EC2 在內的一些基礎架構平台，直接支援從實例追溯到其原始映像檔。然而，很少會完整支援伺服器模板的版本控制，因此團隊至少需要自行實作一部分的版本控制。

一種方法是，若平台支援的話，將模板的版號保存在模板映像檔的標籤上。從模板啟動的伺服器也可以將模板識別碼（ID）和版號（version）保存在標籤（tag）中，以提供可追溯性。

對於不提供標籤的平台，可以把模板版號包含在模板名稱中。也可以把模板版號包含在伺服器名稱中。例如，從模板 `webserver-template-2.1.2` 建立而成的伺服器，可命名為 `webserver-qa-2.1.2-032`。模板名稱的第一個欄位（不含破折號）包含在伺服器名稱中（webserver）。模板版號亦包含在伺服器名稱中（2.1.2），然後替伺服器的唯一識別號前綴一個破折號（-032）。

如果這兩個選項都不可行，則可以將這些欄位添加到組態註冊表（假設你已經在使用）中的伺服器命名欄位，或是其他的集中儲存位置或日誌中。

**命名規則範例**

在以往幾個專案中，我曾以 `${TEMPLATE_ROLE}-${YYYYMMDDHHSS}` 的格式來命名模板。其中，`${TEMPLATE_ROLE}` 是模板類型的名稱，取決於我的團隊使用的模板類型，它可以是諸如 base、centos65、dbserver 之類的名稱。每當我們為特定的模板建構新版本時，時戳（datestamp）字串會為我們提供一個唯一的版號。建立新伺服器時，建立命令稿（creation script）通常會根據伺服器的角色來了解要使用的模板類型，而且會選擇最新的版號，或者根據已經提升到流水線之相關階段的模板來挑選適當的版號（第 12 章會進一步探討提升模板的內容）。

## 移除老舊模板

清理老舊版本的模板以節省儲存空間，通常很重要。團隊頻繁地更新模板（例如，使用不可變伺服器的團隊）會發現，如果不去修剪它們，會消耗大量的儲存空間。

根據經驗法則，務必保留用於建立「在你的基礎架構中運行之伺服器的」模板，以確保在緊要關頭時你可以快速重製伺服器。

保留模板的法律原因

有些組織有一項法律要求，就是在若干年後能夠重製或正少證明其基礎架構的來源。由於它們使用了太多的儲存空間，因此將伺服器模板「歸檔」（archiving）可能是滿足此要求的一種困難且昂貴的方法。

如果你的模板是自動建構的，那麼一個可行的替代方案是，簡化用於歸檔的命令稿和用於建構模板的定義檔，以及參考用於建構的第三方原始映像檔。

配合適當的審查員和／或專家一同檢查。通常，「基礎架構即程式碼」所帶來的可追蹤性和規律性與大多數 IT 組織認為的「最佳實務」相比，有更好的法遵機制（compliance regimes）。

## 針對角色建構模板

我們已經於第 105 頁的〈伺服器角色〉中討論過伺服器角色的使用。為每個角色建立獨立的伺服器模板，並在其中製作相關的軟體和組態，可能會很有用。這需要更複雜的（即自動化的）流程來建構和管理模板，但這會使伺服器的建立更快、更簡單。

由於伺服器功能角色（functional role）以外的原因，可能需要不同的伺服器模板。不同的作業系統和發行版各自需要自己的伺服器模板，重要的版本也是如此。例如，一個團隊可以為 CentOS 6.5.x、CentOS 7.0.x、Windows Server 2012 R2 和 Windows Server 2016 提供各自獨立的伺服器模板。

其他情況下，可以根據不同目的來調整伺服器模板。資料庫伺服器節點可能建構自某個模板，此模板已針對高效率檔案存取進行了優化，而 Web 伺服器則可以針對網路 I/O 傳輸量進行優化。

## 模式：分層式模板

擁有大量基於角色（role-based）之模板的團隊，可以考慮讓它們彼此建構。例如，基礎伺服器模板（base server template）可能包含基礎架構中所有伺服器皆需要的優化、組態和軟體。基礎模板（base template）將被用作原始映像檔（origin image），以便為 web 伺服器、應用伺服器等等，建構更具體之基於角色的模板。

分層式模板（layered templates）至少在概念上適合用於變更管理流水線（見第 12 章），因為對基礎映像（base image）的變更，隨後可以自動建構出基於特定角色的模板。正如圖 7-3 所示。儘管這可以吸引熱愛結構化和順序化事物的技術人員，但這實際上並非總是有用。事實上，它讓我們得以進行端到端（end-to-end）的變更流程，並讓我們獲得更長效可用的模板。

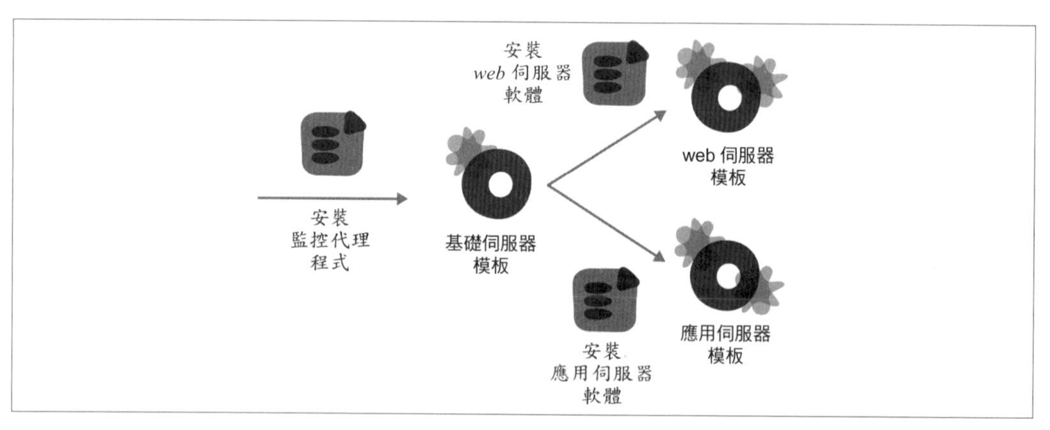


圖 7-3　建構分層式模板之多階段過程

然而，當基礎模板（base template）的更新頻率遠低於角色模板（role template）時，分層化可能很有用。例如，使用不可變伺服器模式（immutable server pattern）的團隊，可將其應用程式的每個新建構的版本製作成（bake into）新的模板，這可能意味著，當應用程式被積極開發時，一天可能建構模板許多次。從已經進行了所有重大變更的基礎模板來建構這些模板，可以加快應用程式的「建構和測試週期」（build-and-test cycle）。

當基礎模板能夠以使「建構角色模板」更快的方式來建構時，例如，透過將其剝離到最小系統，使其能夠被快速啟動（boot）和製作（bake）。

## 共享模板的基礎命令稿

進行分層的動機之一是，當各種角色模板共享相同的基礎元素時獲得一致性。但是，分層的一種更有效的替代方法是，在將伺服器製作成模板之前，直接共享用於客製化伺服器的通用命令稿或組態定義檔。

舉例來說，基礎命令稿（base script）可能會安裝通用工具程式、監控代理程式和通用組態設定，如圖 7-4 所示。每個角色模板皆完全建構自庫存伺服器映像檔，並在單一階段中添加所有的基礎元素和特定角色元素。

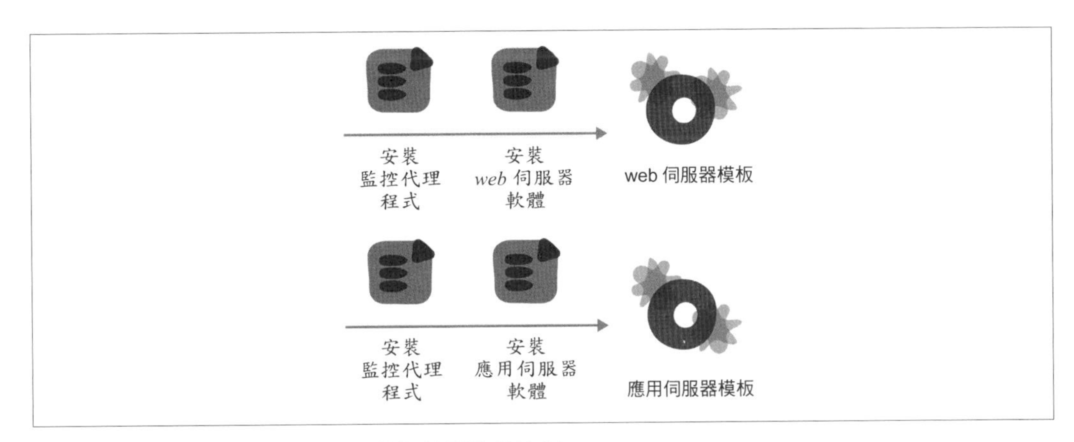


圖 7-4 以共享基礎命令稿來建構模板的單階段流程

# 自動化伺服器模板管理

透過啟動（spinning up）伺服器、應用更新，然後製作模板並使之可供使用，讓自動化建構模板的端到端流程（end-to-end process）變得非常簡單。在第 4 章第 63 頁中的〈封裝伺服器模板的工具〉便已介紹過可用於建構模板的工具。

## 製作前客製化伺服器

Packer 之類的工具，可以自動進行端到端的模板建構流程，它通常允許你在伺服器上觸發並執行命令稿或組態管理工具，以便在將其製作成模板之前，對其進行客製化。

以伺服器組態工具（例如 Ansible、Chef 或 Puppet）來運行伺服器的團隊可能更喜歡以相同的工具來建構模板。該工具將在「從原始實例（source instance）啟動實例（instance）」之後運行，然後在「將伺服器製作成模板映像檔（template image）」之前運行一組適當的組態定義。

另一方面，建構模板時應用的組態，通常非常簡單，一組簡單的 shell 或批次命令稿（batch script）便可以完成這項工作。對於使用不可變伺服器的團隊來說，這尤其可能，因為他們可能根本不會使用伺服器組態工具。

功能齊全的組態管理工具，主要用於更複雜的使用案例：在運行中的伺服器持續同步其組態，伺服器的組態可能會在運行期間發生變化。但是模板的組態設定是一次性的，具有已知的起始狀態：乾淨的庫存映像檔或全新安裝的作業系統。

## 實施方法：自動測試伺服器模板

「自動建構模板」自然會導致模板的自動測試。每次建構新模板時，自動化工具都可以使用它來啟動（spin up）新的虛擬機，進行測試以確保其正確且符合要求，然後將模板標記為可以使用。建立新伺服器的命令稿可以自動選擇已通過測試的最新模板。

與任何自動化測試一樣，重要的是將測試集（test suites）縮減到能夠帶來實際的價值。目的是發現常見的錯誤，並對自動化保持信心。設計有效的測試管理方案是第 11 章的探討主題

## 結論

本章以及第 5 和第 6 章皆專注於伺服器配置的各種面向。下一章將轉移到讓伺服器保持更新的方法。

第八章

# 更新和變更伺服器的模式

動態基礎架構讓新伺服器的建立變得很容易，然而一旦建立了新伺服器，就很難讓它們保持在最新的狀態。這種組合往往會帶來麻煩，而形成伺服器不一致的情況。正如在前面的章節中看到的，不一致的伺服器很難實現自動化，因此組態飄移（configuration drift）會導致雜亂到難以管理的基礎架構。

所以，一個管理伺服器變更的流程，對於一個「管理良好的」（well-managed）基礎架構來說，是必不可少的。有效的變更管理流程，可確保任何新的變更被發布到（rolled out to）所有相關的既有伺服器，並應用於新建立的伺服器。所有伺服器都應該使用最新批准的套件、修補和組態。

不應該允許在自動化流程之外對伺服器進行變更。不受管理的變更會導致組態飄移，並使其難以快速可靠地複製既定的伺服器。如果變更通常是以繞過自動化的方式來進行的，那麼這就是流程需要加以改進的跡象，以便團隊能夠以最簡單且最自然的方式工作。

更新伺服器的過程應該是毫不費力的，這樣它就可以隨著伺服器數量的增長而擴展。對伺服器進行變更，應該是一個完全無人參與的過程。舉例來說，就算有人可以透過將變更提交給伺服器組態定義檔來發起變更。在將變更應用到基礎架構的某些部分之前，也有人可以手動批准變更。但是這種變更應該在無須有人「轉動手柄」（turning a handle）的情況下部署到伺服器。

一旦運作順暢之伺服器的變更流程已準備就緒，變更就進入了「射後不裡」（fire and forget）的狀態。提交變更，並在變更失敗或引起問題時，依靠測試和監控向團隊發出警報。有問題的變更被應用到重要的系統之前，就可以被發現並被阻止，甚至是那些被溜過去的問題，也可以被快速回朔（rolled back）或糾正（corrected）。

有效之伺服器變更流程的特徵有：

- 自動化流程是團隊成員進行變更時最簡單、最自然的方式。
- 變更可被發布到所有相關的既有伺服器。
- 本應該相似的伺服器不允許設定有偏差而導致不一致性的狀況。
- 變更的進行是一個無人參與的過程。
- 無論有多少伺服器受到變更的影響，變更所涉及的工作都是一樣的。
- 錯誤的變更很快就能被發現。

本章將深入研究第 4 章（在第 67 頁之〈伺服器變更管理模型〉中）所介紹的主控伺服器變更管理模型，然後會說明實現它們的模式和方法。

# 伺服器變更管理的模型

用於對伺服器進行組態變更的四種模型分別是：臨時（ad hoc）、組態同步（configuration synchronization）、不可變伺服器（immutable server）以及容器化伺服器（containerized server）。

## 臨時變更管理

傳統的方法是，除非需要進行特殊的變更，否則不要使用伺服器。當需要變更時，可能要有人手動編輯檔案或撰寫一次性命令稿來進行變更。許多使用組態管理工具（像是 Chef、Puppet 或 Ansible）的團隊，仍然只有當他們有特殊變更需要時才執行工具。

正如本書所討論的，這往往會導致伺服器的組態不一致的問題，進而使得難以可靠、全面性地使用自動化。為了在許多伺服器上運行自動化流程，通常一開始就需要讓這些伺服器的狀態保持一致。

## 持續組態同步

大多數的伺服器組態工具（server configuration tools）都被設計為在持續同步模型（continuous synchronization model）中使用。這意味著，該工具將以無人看管的排程計劃（schedule）來執行，通常至少每小時執行一次。每次工具執行時，它都會應用或重新應用當前的定義。這樣可以確保在執行之間所做的任何變更都可以被恢復原狀，避免組態飄移（configuration drift）。

持續同步有助於維持自動化程度高之基礎架構的紀律。不管怎樣工具都會運行，因此團隊必須確保定義檔可以正常工作。執行組態工具的間隔時間越短，組態定義上的問題就越快被發現。問題越快被發現，團隊就可以越快解決這些問題。

然而編寫和維護組態定義需要額外的工作，因此透過定義可以合裡地管理多少伺服器的介面區（surface area）有一個極限。未由組態定義（configuration definition）明確管理的任何區域（area）都可以在工具之外進行變更，這使得它們容易受到組態飄移（configuration drift）的影響。

## 不可變伺服器

所謂「不可變伺服器」（immutable server）就是透過建構一個全新的伺服器，而不是透過對既有伺服器進行變更，來對伺服器進行組態變更的做法[1]。這確保了任何變更在投入營運環境之前，都已經測試過，然而對運行中的基礎架構進行變更，可能會有意想不到的後果。

伺服器的組態會被製作到（baked into）伺服器模板中，因此伺服器上的內容是可預見的。它們由模板之原始映像檔上的內容所定義，再結合一組命令稿和／或組態定義，成為建製模板映像檔的一部分來運行。伺服器中唯一無法預測和測試的區域，就是執行時期的狀態以及資料。

不可變伺服器仍然容易受到組態飄移的影響，因為伺服器的組態可以在配置後進行修改。不過，這種做法通常是在縮短伺服器的使用壽命，就像鳳凰（Phoenix）一樣。因此，伺服器每天都要重建一次，幾乎沒有機會進行非受控的變更。解決這個問題的另一種做法，是將伺服器的檔案系統中那些在執行時期不應該改變的部分設定為唯讀（read-only）。

### 不可變伺服器不是真的不可改變

使用「不可變」（immutable）這個詞來形容這種模式，可能會產生誤解。所謂「不可變」就是指無法變更某事物，所以一個真正不可變的伺服器是沒有用處的。伺服器啟動後，其運行時期的狀態即會發生變化—運行行程、將登錄項目寫入日誌檔，以及添加、更新或刪除應用程式資料。

把「不可變」這個詞看成是應用於伺服器的組態，而不是整個伺服器，這將更為有用。就是在組態和資料之間建立一條清楚的界限。迫使團隊必須明確定義伺服器的哪些元素將當作組態管理，哪些元素將當作資料處理。

---

1 我的同事 Peter Gillard-Moss 和前同事 Ben Butler-Cole，在 ThoughtWorks 的 Mingle SaaS 平台（*http://thght.works/1Vw3GY8*）上工作時，就使用了不可變伺服器。

## 容器化伺服器

封裝（packaging）和分發（distributing）輕量級容器的標準化方法，為簡化伺服器組態管理創造了契機。此模型下，在伺服器上運行的每個應用程式或服務都會被封裝到容器中，同時也將其所依賴的套件封裝到容器中。應用程式的變更則是透過建構和部署新版本的容器來進行。應用到應用層（application level）便是不可變基礎架構的概念。

這樣就可以大大簡化承載容器（host container）的伺服器。可以將這些宿主伺服器（host server）剝離成最小系統，只包括運行容器所需之軟體和組態。宿主伺服器可以使用組態同步（configuration synchronization）或不可變伺服器（immutable server）模型來管理；但不管是哪種情況，因為它們沒有包括太多東西，所以它們的管理應該要比更複雜且頻繁變更的伺服器還簡單。

撰寫本文當時，很少有組織會像這樣徹底改變其基礎架構。大多數組織只會為少數的應用程式和服務使用容器。容器對於經常變更的應用程式非常有幫助，比如內部開發的軟體。而基礎架構團隊發現，至少有些核心服務（core services）直接在主機上運行會比在容器內部運行效果更好。但假設容器化持續不斷發展，並成為封裝應用程式以供分發的標準方式，那麼這可能會成為基礎架構管理的一種主流模型（dominant model）。

# 通用的模式和實施方法

對於不同的伺服器變更管理模型（model），有很多實施方法（practice）和模式（pattern）可供借鏡。

## 實施方法：最小化伺服器模板

開始時，你的伺服器上的東西越少，之後需要管理的東西就越少。這對於安全性、性能、穩定性和問題排除也是一個好主意。如前一章所述，這可以在建構過程中完成。

## 實施方法：在伺服器模板變更時替換伺服器

當伺服器模板（server template）被更新並根據該模板建立新伺服器時，新的伺服器可能與「根據之前版本模板建立的既有伺服器」有所不同。例如，模板可能會被變更為使用新的 OS 發行版，其中包括「對程式庫和其他未被組態定義檔明確管理之伺服器元素」的更新。

如果伺服器的使用時間很長，比如說幾個月，且模板也更新了好幾次，那麼團隊最終可能會遇到持續性同步無法解決的組態飄移問題。

所以每當用於建構伺服器的模板被更新時，更換運行中的伺服器是一個很好的做法，如圖 8-1 所示。這應該逐步進行，而不是顛覆性的一次爆炸性變動，例如，一個新的模板可先應用在測試環境，然後再提升到（promoted to）更重要的敏感環境中。更進一步的內容詳見第 12 章。此外，伺服器叢集（server cluster）中的成員可以循序更換，以避免中斷服務。關於這一點，請見第 14 章。

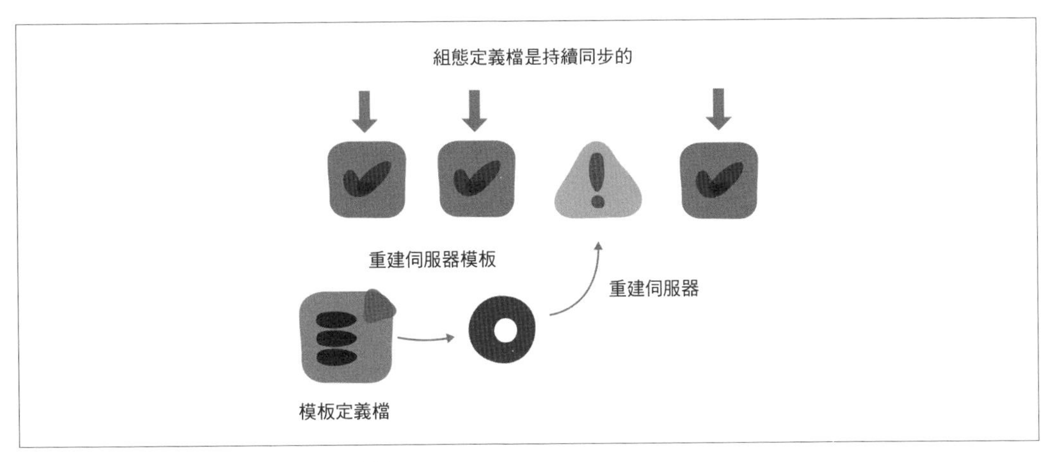


圖 8-1　具持續同步功能的伺服器模板

## 模式：Phoenix 伺服器

有些組織已經發現，即使在伺服器模板沒有更新的狀況下，定期更換伺服器也是對抗組態飄移的好方法。實際上，這就達成了 100% 自動管理你的機器之介面區域（surface area）的目標。當從伺服器模板重建伺服器時，對不受持續同步（continuously synchronized）之組態定義檔（configuration definitions）管理的部分所做的任何變更，都將被重置（reset）。

這是透過為所有伺服器設定最長的使用壽命來實現的，並以排程計畫來運行一個行程，以重建超過這個限制的伺服器。這個過程應確保服務不被中斷，例如，透過使用零停機替換模式（參見第 14 章第 276 頁的〈零停機變更〉）。

# 持續部署的模式與實施方法

持續同步（continuous synchronization）包括定期運行一個行程（process），將當前的組態定義檔應用到所指定的伺服器上。這個過程可以透過兩種不同方式之一來進行。在推送模型（push model）中，由一個中央行程（central process）來管控排程（schedule），連線到各個伺服器，以便發送和應用組態。在拉取模型（pull model）中，由伺服器本身所運行的行程，下載並應用最新的組態定義檔。

## 推送同步

許多伺服器組態工具都有一個主控伺服器（master server）將組態推送到其所管理的伺服器上。組態的推送（push configuration）可能需要在每個受管理伺服器（managed server）上運行一個用戶端（client），該用戶端會在網路連接埠（network port）或訊息匯流排（message bus）接收來自伺服器的命令。有些系統則會利用 SSH 之類的遠端命令通訊協定來連線並執行組態命令，這種情況下可能不需要用戶端軟體。無論是哪種情況，都是由中央伺服器（central server）來決定何時同步及調度行程（orchestrates the process）。

例如，Ansible 會透過 SSH 來連線，將命令稿複製到目標伺服器（target server），並執行它們。而由 Ansible 管理機器的唯一要求是，需要有 SSH 守護程式（daemon）和 Python 解譯器（interpreter）。

推送方法的一個優點是，它可以集中控制何時、何地應用組態變更。如果需要按照一定的順序或一定的時間來對整個基礎架構的變更進行調度，這將有所幫助。理想情況下，你應該設計出具有鬆耦合（loose coupling）的系統，以避免進行此類調度的需要，但在許多情況下，這是難以避免的。

## 拉取同步

組態的拉取（pull configuration）會使用安裝在受管理伺服器（managed server）上的代理程式來進行變更的排程和應用。它可能是已排程（scheduled）的 Cron 工作，也可以是運行了自己的排程器（scheduler）的服務。用戶端會檢查主要的或某個中央的儲存庫，以便下載最新的組態定義，然後應用這些定義。

與推送模型（pull model）相比，拉取模型（push model）的安全模型（security model）更簡單。在推送模型下，每個受管理伺服器（managed server）都需要為主控伺服器（master server）提供一種連線方法，並告訴其如何設定自己的組態，從而為惡意攻擊打開了大門。大多數工具通常會使用憑證來實作身份驗證系統，以確保安全，當然這需要以安全的方式來管理金鑰。Ansible 對 SSH 的使用，讓它可以利用一個被廣泛使用的身分驗證和加密實作，而不是自己發明。

使用拉取系統，仍然需要確保用於存組態定義檔之中央儲存庫的安全性，但這通常更容易做到。受管伺服器並不需要建立可供自動化系統連線的網路連接埠或登入帳號。

根據組態工具的設計，拉式（pull-based）系統可能比推式（push-based）系統更具擴展性。推送系統需要主控伺服器連線到它所管理的系統，當基礎架構被擴展到上千個伺服器的時候，這會成為一個瓶頸。設置叢集（clusters）或代理程式資源池（pools of agents）有助於推送模型的擴展。但拉取模型可以設計成使用更少的資源和較低的複雜性來進行擴展。

## 模式：無主控的組態管理

許多團隊發現，即使是在他們使用的組態工具支援中央伺服器的情況下，廢棄中央伺服器的想法很有效。這樣做的主要原因是為了提高穩定性、可正常運作的時間和可擴展性。

做法是以離線模式（offline mode）來執行組態管理工具（例如，使用 chef-solo 而不是 chef-client），利用已被下載到受管理伺服器（managed server）之本地端硬碟的組態定義檔副本。

這樣做可以避免主控伺服器成為一個隱患。定義檔仍舊需要下載，但它們可以被託管（hosted）為靜態檔案。這可以用最少的資源進行很好的擴展；物件儲存服務（第 28 頁的〈物件儲存服務〉中討論過）對於此類應用運作得很好。

團隊實作無主控模式（masterless pattern）的另一種方法，是將定義檔綑綁到系統套件，例如 *.rpm* 或 *.deb* 檔案，並將其託管在他們私有的套件儲存庫。他們會透過 Cron 來運行命令稿，以便在運行組態工具之前，執行 `yum update` 或 `apt-get update` 來下載並解開最新的定義檔。

## 實施方法：應用 Cron

使用 Ansible、Chef 或 Puppe 等伺服器組態工具來持續同步組態的團隊，在建構伺服器模板的時候所使用的工具，也可以在引導（bootstrapping）新伺服器組態的時候使用。這讓組態定義檔得以被重複使用，並確保新建立的模板和新建立的伺服器能夠擁有最新的組態，見圖 8-2。

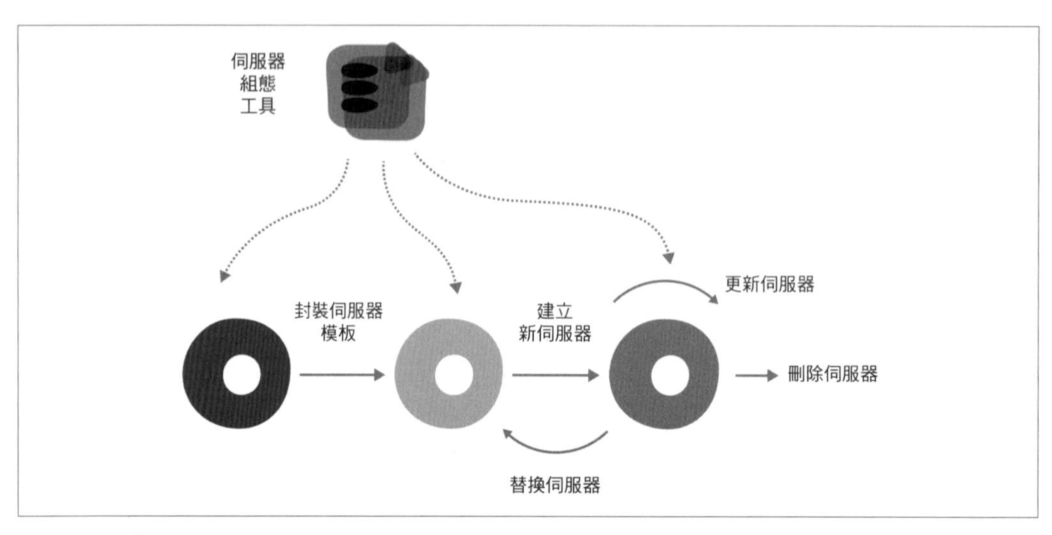


圖 8-2　在整個伺服器生命週期使用相同的組態工具

封裝模板

應用（apply）組態定義（這些組態定義是所有從特定模板建構的伺服器角色所共有）的子集。

建立伺服器

應用（apply）新伺服器之角色的所有定義。這將使伺服器為它被指定角色（specified role）做好準備，並且還會應用「自伺服器模板封裝以來對通用定義檔所做的任何變更」。

更新伺服器

定期應用（regularly apply）這些組態定義，使伺服器的組態保持一致和最新的狀態。

## 持續同步流程

在持續同步的情況下，組態定義會被應用及反覆重新應用到伺服器上。圖 8-3 展示了這樣的過程。在組態定義被應用到伺服器後，假設沒有任何變更，那麼運行工具並不會產生任何變化。當定義遭到變更並可供使用時，組態工具將在下次運行時對伺服器進行修改。

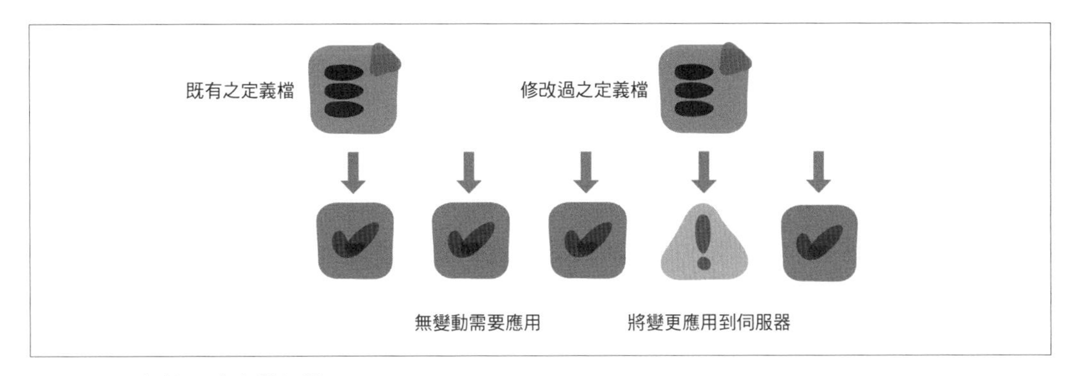


圖 8-3　以組態同步來進行變更

此過程確保了自動化以外所做的變動能夠被還原，如圖 8-4 所示。當有人在伺服器上進行了與組態定義檔衝突的手動變更時，下一次運行的組態設定行程，會重新應用其定義，恢復手動變更的部分。

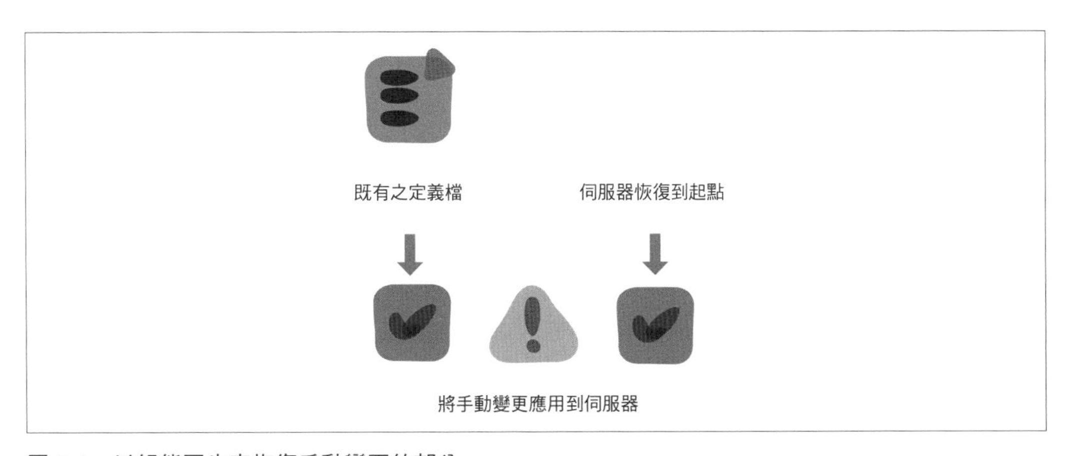


圖 8-4　以組態同步來恢復手動變更的部分

## 未設定組態之區域

使用持續同步的情況下，需要注意的是，伺服器上的大部分區域將不受「每次運行時所應用之組態定義檔」的管理。如圖 8-5 所示，組態定義檔案只能涵蓋伺服器組態之介面區域（surface area）的一小部分。

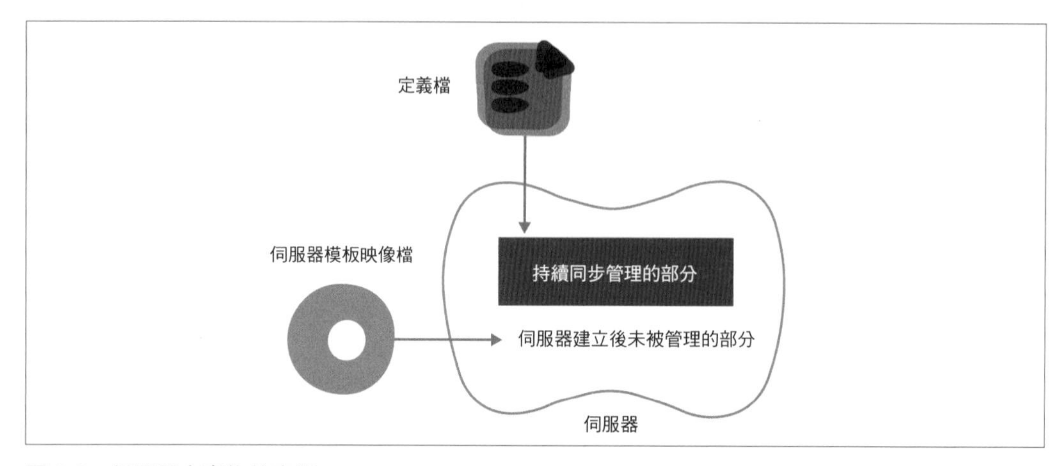


圖 8-5 伺服器上事物的來源

伺服器的大部分組態實際上來自用於建立伺服器的「伺服器模板」(例如，AMI、作業系統安裝光碟，等等)。一旦伺服器啟動並運行(up and running)，其基本上是不受管控的。通常這不是一個問題。事實上，你並沒有撰寫組態定義檔來管理伺服器的特定部分，這可能意味著，你對伺服器模板上的內容很滿意，你不需要對其進行修改。

但這些未控管的區域，卻給組態飄移(configuration drift)開了大門。如果有人察覺需要變更伺服器中未控管的部分，他們可能會手動進行修改，而不會去經歷編寫新組態定義檔的麻煩。這意味著，無法以確保始終在需要的地方進行變更的方式來捕捉特定的變更。這也可能會造成雪花伺服器(snowflake server)，像是其中某個應用程式，某些伺服器上有運行，某些伺服器上沒有運行，但沒有人記得為什麼。

## 為什麼未管控區域是不可避免的？

對此問題，一個顯而易見的解決方案是，確保組態定義檔涵蓋系統上的一切。但就當前的組態工具來說，根本就不切實際。有兩大障礙。一個是，伺服器上的東西太多，無法用當前的工具進行切合實際的管理。另一個是，當前的工具無法阻止不需要的東西被添加到系統中。

首先，考慮到需要管理的東西有多少。正如第有 141 頁的〈Linux 伺服器上有多少東西？〉中討論的那樣，即便使用了一個削減過的 Linux 伺服器映像檔，也會留下大量的檔案。撰寫和維護組態定義檔來明確管理這一切，是一項非常荒謬的工作。

### Linux 伺服器上有多少東西？

在加入應用程式和服務之前，我會建立一些全新的虛擬機，去看看典型的伺服器上會有多少檔案。首先是 CentOS 6.6，使用的是 *CentOS-6.6-x86_64-minimal.iso*，然後是 607.0.0 版的 CoreOS，看看這些 JEOS（極簡作業系統）的差異。

執行 `find /etc -type f | wc -l` 以計算出伺服器上有多少組態檔，我的 CentOS VM 有 712 個檔案，而 CoreOS 只有 58 個。

然後我在一些 root 資料夾中執行了類似的 find 命令，這些資料夾中往往會包含由組態定義檔和 / 或套件所管理的檔案，但其中並沒有常見的暫存檔或資料檔。

我測試的資料夾包括：*/bin*、*/etc*、*/lib*、*/lib64*、*/opt*、*/sbin*、*/selinux* 和 */usr*。

我的 CentOS VM 有 38,496 個檔案，而 CoreOS VM 有 4,891 個。

因此，儘管 JEOS 伺服器可以大大減少可能需要管理的檔案數量，但仍然還有很多。

即便你宣告了某個伺服器上需要存在的所有東西，或許是透過快照（snapshot）來達成，但仍然會有一些東西是你不希望在其上看到的。這簡直是事物的無窮集合，你必須寫出定義來排除：「在 Web 伺服器上，確保不安裝 MySQL、不安裝 Oracle、不安裝 websphere 應用伺服器，等等。」

你可以用白名單的做法（white-listing approach）來處理，刪除系統上未明確宣告的任何東西。有許多暫存檔和資料檔是伺服器正常運作時所需要的，但無法提前預測。你需要確保資料檔、日誌檔、暫存檔等都受到保護。目前的伺服器組態工具根本不支援這一點。

這並不是說，不使用目前的工具，就不能或無法用更簡單的方式做到這一點。大多數團隊在沒有對伺服器的每個元素過度控制的情況下，相安無事。

# 不可變伺服器之模式與實施方法

當一個「不可變伺服器」（immutable server）從它的伺服器模板建立而成時，它的組態檔、系統套件和軟體不會在運行中的伺服器實例遭到變更。要對這些東西進行任何變更，都得透過建立新的伺服器實例來完成。然而，如果伺服器長時間運行，很容易受到組態飄移的影響，所以使用不可變伺服器的團隊會按照本章稍早所提到的 phoenix（鳳凰）模式，這往往會縮短它們的使用壽命。

使用不可變伺服器的團隊，需要更成熟的伺服器模板管理，因為需要經常快速建構新模板。

當然，不可變伺服器並不是真的不可變更。除了暫時的運行時期狀態外，經常需要去維護應用程式和系統資料，即使是在伺服器來來去去（come and go）的時候 [2]。

## 伺服器映像檔即產出物

採用不可變伺服器的關鍵動因素之一是強大的測試。當一個伺服器模板被建立和測試後，在營運伺服器（production server）上發生未經測試之變更和變化的可能性較小。儘管運行時期的狀態和資料會發生變化，但系統程式庫、組態檔和其他伺服器組態，不會在運行時期遭到更新或修正，就像持續同步一樣。變更管理流水線（如第 12 章所述）可以協助確保模板的品質。

## 以不可變伺服器來簡化確認管理工具

許多團隊在擁抱不可變模型（immutable model）後發現，他們在準備伺服器模板時，可以簡化他們用於設定伺服器組態的工具。Ansible、Chef、Puppet 以及類似的工具，皆被設計成可以持續運行，這為它們的設計和使用增加了一些複雜性。它們需要能夠將組態定義檔（configuration definitions）應用到「工具執行時可能處於不同狀態的伺服器」，包括在已經應用了組態的情況下仍重複執行。

但總是在伺服器模板上完成的組態設定，可以對伺服器運行時的起始狀態做出假設。例如，一個新的模板可能總是使用基礎的 OS 安裝映像檔來建構。團隊通常會使用一系列相當簡單的 shell 命令稿來設定伺服器模板的組態，這樣可以減少工具和維護的開銷。

## 不可變伺服器流程

圖 8-6 和圖 8-7 所示為不可變伺服器進行變更的典型流程。現有的伺服器建構自第一版的「伺服器模板定義檔」（像是 Packer 模板定義檔）所產生的「伺服器模板映像檔」（server template image）。

變更是需要的，所以模板定義檔會被變更，接著用來封裝新版的伺服器模板映像檔，然後將此映像檔用於建立新伺服器，以取代現有的伺服器。

用新伺服器來取代運行中之伺服器的過程，最好是在不中斷伺服器所提供的服務的情況下進行 [3]。

---

2　第 14 章將會探討，當跨越個別伺服器使用壽命的時候，如何管理需要永續保存的資料。

3　第 14 章（第 276 頁的〈零停機變更〉）有討論此模式進行方式。

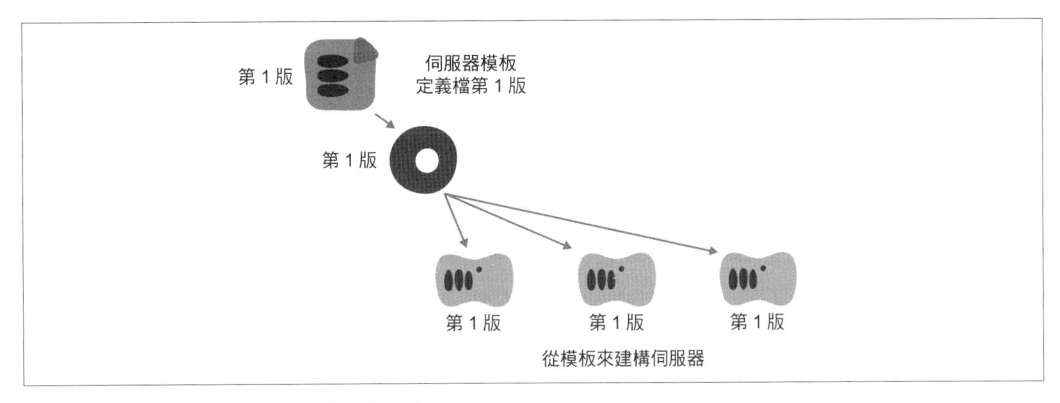


圖 8-6 不可變伺服器流程（第一部分）

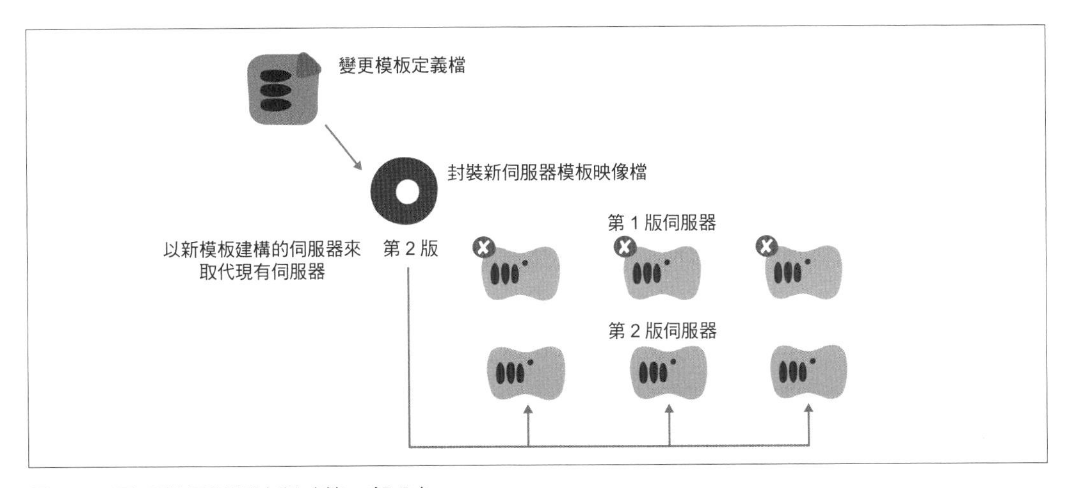


圖 8-7 不可變伺服器流程（第二部分）

# 不可變伺服器的引導組態

不可變伺服器最純粹的用法，是將所有東西製作到（bake onto）伺服器模板上，即便是從模板來建立伺服器實例，也不會有任何變化。但有些團隊發現，對於某些類型的變更，建構一個新模板所需要的處理時間（turnaround time）實在太慢了。

一個新興的做法是把幾乎所有的東西都放到伺服器模板中，但在引導（bootstrapping）新伺服器時，添加一或兩個元素。這可能是一個只有在伺服器被建立時才知道的組態設定，也可能是一個經常變更的元素，例如為了測試而建構的應用程式[4]。

4 cloud-init 是一個處理這類簡易引導活動的好用工具，如第 6 章（第 111 頁的〈拉式引導〉）所述。

一個使用持續整合（CI）或持續交付（CD）的小型開發團隊，很可能一天要部署幾十個應用程式的建構結果，因此為每個「建構結果」建構一個新的伺服器模板可能會慢得令人無法接受。使用標準的伺服器模板映像檔，可以在啟動時拉入（pull in）並啟動（start）所指定的應用程式建構結果，這對微服務（microservice）特別有用。

這仍然遵循著不可變伺服器模式，也就是對伺服器組態的任何修改（例如，新版的微服務）是透過建構新的伺服器實例來進行的。這縮短了修改微服務的處理時間（turnaround time），因為它不需要建構一個新的伺服器模板。

然而，這種做法可說是削弱了純不可變模型（pure immutable model）的測試優點。理想情況下，伺服器模板版本（server template version）和微服務版本（microservice version）的特定組合，將可透過變更管理流水線（change management pipeline）的每個階段來進行測試[5]。但是，建立伺服器的時候，安裝微服務或進行其他變更的過程，存在一些風險，當對不同的伺服器進行時，其行為會略有不同。這可能會導致意想不到的行為。

因此，這種做法換來了若干一致化的好處，把所有東西都製作到模板上，並在每個實例中保持不變地使用它，目的是為了加快以這種方式進行變更的處理時間。在許多情況下，像是涉及到頻繁變動的情況，這種折衷的做法就非常有效。

### 舉例說明團隊的微服務應用準則

我所工作過的許多團隊，都採用了標準化應用程式部署（standardized application deployment）模式。他們通常會開發多個微服務應用程式，並希望能夠在不需要變更基礎架構的情況下，添加和變更這些應用程式。他們藉由事先約定好透過基礎架構該如何封裝、部署和管理應用程式來實現這一點。接著，基礎架構可以部署和運行依據這些準則所開發的任何應用系統。

下面是團隊同意的一些準則。

應用程式被封裝成一個 tarball（*.tar.gz* 檔案），包括位於 root 層級的某些檔案：

- 一個名為 *SERVICEID-VERSION.jar* 的 JAR 檔案，其中 *VERSION* 遵循了與正規表示式 `(\d+)\.(\d+)\.(d+)` 相符的格式
- 一個名為 *SERVICEID-config.yml* 的組態檔
- 一個名為 *SERVICEID-setup.sh* 的 shell 命令稿

5 如第 12 章所述。

為了部署應用程式，伺服器配置命令稿（provisioning script）將從環境變數 SERVICE_ARTEFACT_URI 中傳遞的 URI 來下載產出物（artifact）。然後，它會將「產出物」的內容提取到目錄 /app/SERVICEID 中，該目錄的擁有者將會是名為 SERVICEID 的用戶帳號。它還會在相同的目錄下建立一個名為 *SERVICEID-env.yml* 的檔案，其中包含一些環境特有的組態資訊。

配置命令稿還會執行 *SERVICEID-setup.sh* 命令稿，此命令稿可以在應用程式被啟動之前，進行任何需要的初始化活動。最後，配置命令稿會建立並啟用一個服務啟動命令稿（service startup script），*/etc/init.d/SERVICE-NAME*，藉由執行啟動命令 java -jar */app/SERVICEID/SERVICEID-VERSION.jar* server 來啟動應用程式。

開發人員可以根據這些準則來建構應用程式，並且知道它會與現有的基礎架構和工具無縫協作。

## 交易式伺服器更新

另一種可能的方法是交易式伺服器更新（transaction server update）。這所涉及的套件管理工具，支援將伺服器上所有套件更新至一組確定的版本，而這如同不可分割交易（atomic transaction）。如果有任何更新失敗，整組更新就會回溯（rolled back）。這樣可以確保伺服器的組態，至少在系統套件方面，不會落得一個未經測試的狀態。最後伺服器要嘛被更新到新版，處於被完全測試過的狀態，要嘛就還原為先前已經測試過的現有狀態[6]。

這種做法與不可變伺服器有很多共通點，與容器也有很多共同點。

# 管理組態定義的實施方法

轉移到「基礎架構即程式碼」的團隊，尤其是那些使用持續同步的團隊，會發現為他們的工具鏈（toolchain）使用組態定義檔，成為一項核心活動[7]。本節將討論一些對於「管理用於設定伺服器組態（configuring servers）之組態定義檔（configuration definitions）」特別有用的實施方法。

6 NixOS（*http://nixos.org/*）是一種 Linux 發行版，它使用的 Nix 套件管理工具，提供了不可分割更新（atomic update）和套件群組回溯的功能。

7 第 10 章將會介紹一些對基礎架構開發人員有用的軟體開發實施方法。

## 實施方法：維持最小的組態定義檔

程式碼，包括組態定義檔，都需要維護成本。你的團隊花在撰寫、維護、測試、更新、除錯和修正程式碼的時間，會隨著程式碼數量的成長而增加。考慮到每一段程式碼至少跟其他程式碼會有交互作用，此開銷將呈指數成長。這些交互作用可能是有意為之（例如，一段程式碼可能依賴於另一段）或是非故意的（像是，有兩段程式碼碰巧以可能產生衝突的方式影響系統共同的部分）。

團隊應該努力減少其「基準程式碼」（codebase）的大小。這並不意味者，要盡可能以最少的列數來撰寫程式碼，這種做法實際上會造成程式碼更難維護。反過來說，它意味著，盡可能避免撰寫程式碼。伺服器上大部分的組態設定都是沒有宣告的；它來自用以建立伺服器的伺服器模板，而不是在組態定義檔中明確定義的。

這是一件好事。通常，基礎架構團隊只應該撰寫和維護組態定義檔，以涵蓋真正需要明確、持續組態設定的區域。這將包含系統中需要經常變動的部分，以及最需要被保護的部分，以防止不需要、未受管控的變動。

實作自動化組態的一個有用方法是從小處著手，為你最需要的東西編寫定義。你還應該留意那些不再需要的定義，因此可以刪減。

當然，「最小化組態定義檔」和「讓伺服器區域處於未受管控的狀態」，兩者之間需要權衡取捨，這可能會導致組態飄移。

## 組織定義檔

組態定義檔（configuration definitions）與任何程式碼一樣，似乎都喜歡隨著時間的推移而變成一個大而複雜的爛攤子。這需要紀律和良好的習慣，才能避免這樣的情況。一旦基礎架構團隊掌握了編寫和使用伺服器組態工具的基礎知識後，他們應該投入時間，學習如何使用工具的功能來進行模組化和重用。

目標是使得個別模組或定義檔案，小而簡單且易於了解。同時，整個組織結構必須清楚，這樣對工具有一定了解的任何人，就能馬上找到並理解系統中特定部分所涉及的定義在何處[8]。

一些伺服器組態工具已經演化為，可幫忙將一組「組態定義檔」當成套件或程式庫來管理的工具。這些程式庫可以各自獨立開發（developed）、版本化（versioned）、發布（published）和安裝（installed）。他們通常會有一個依賴性（dependency）管理系統，所以如果需要的話，安裝一個程式庫會自動觸發其他程式庫的安裝。

8 第 10 章將會對如何做到這一點提供更多建議。

組態定義檔之套件管理工具的例子

組態定義檔之程式庫管理工具的例子包括，針對 Chef 的 Berkshelf（*http://berkshelf.com*）和 Librarian-puppet（*http://bit.ly/Lib-puppet*），以及針對 Puppet 的 r10k（*http://bit.ly/r10K-puppet*）。

## 實施方法：使用測試驅動開發（TDD）來驅動良好的設計

TDD 的一個常見的誤解是，這只是確保自動化測試在開發程式碼的過程中被寫入的一種方法。但是在 TDD 之上取得成效的開發者和團隊發現，TDD 主要的價值是在推動乾淨、可維護的程式碼設計。

它處理組態定義檔的方法是，確保每個模組都有一組單元測試（用於單獨測試該模組）。如果測試是按照良好的紀律來編寫和維護的，則當模組變得太大或太複雜時，測試就會變得很清楚，因為當定義檔被更新，測試會變得難以更新和維持正常運作。測試還會揭示，何時一個模組與它所倚賴之模組的耦合過於緊密，因為這會使得設置獨立測試（self-contained tests）變得困難[9]。

# 結論

本章與前面兩章一樣，都專注在配置（provisioning）和更新（updating）個別的伺服器。下一章將把重點放在基礎架構的更大部分，著眼於如何去管理環境以及相關的系統和服務。

9　第 10 章和第 11 章將會深入探討其背後之軟體工程和測試自動化的實施方法。

第九章

# 定義基礎架構之模式

本書的第二篇大多專注於伺服器的配置和組態。本章將著眼於如何對較大的基礎架構元素群組，進行配置和組態設定。隨著基礎架構的規模、複雜性和用戶數量的成長，要實現「基礎架構即程式碼」的好處會變得越來越困難：

- 由於既定的變更可能影響的範圍較大，因此很難頻繁、快速、安全地進行變更。
- 人們把更多時間花在日常維護和消防工作上，而較少對服務做出更有價值的改進。
- 讓用戶去配置和管理自己的資源，可能會對其他用戶和服務造成干擾。

典型的反應是集中控制基礎架構。這導致更多的時間被花在會議、文件和變更程序，而更少的時間被花在為組織增值的活動上。

但是，除了集中控制之外，還有一種替代方案，就是設計基礎架構以盡量減少特定變更所影響的範圍。以有效的方法來定義、配置和管理基礎架構，將使得變更能夠頻繁而自信地進行，即使基礎架構的規模不斷成長。反過來說，這讓我們得以安全地委派應用程式和服務基礎架構的所有權。

**堆疊是什麼？**

堆疊（stack）是一組基礎架構元素所定義出來的一種單位（挑選「堆疊」這個專有名詞，其靈感主要是來自 AWS CloudFormation 所使用的專業術語）。

堆疊可以是任意規模，可以是單一伺服器，可以是結合網路和儲存裝置的一個伺服器資源池，可以是一個既定的應用程式中涉及的所有伺服器和其他基礎架構。或者，它也可以是整個資料中心的一切。使一組基礎架構元素構成堆疊的不是規模（size），而是它是否被定義為一個整體（unit），並被當成一個整體（unit）來進行變更。

堆疊的概念在手動管理的基礎架構中並不常用。元素被有組織地加入，而網路邊界（networking boundaries）自然而然地被用來思考基礎架構的分組問題。

但是自動化工具會強制對基礎架構元素進行明確的分組。當然，也可以將一切歸入一個大的群組。而且還可以依循網路邊界來構建堆疊。但是，這些並不是組織堆疊的唯一途徑。

與其直接複製適用於石器時代之靜態基礎架構的模式和做法，還不如去考慮是否有更有效的模式可使用。

本章會提到如何將基礎架構組織成「堆疊」以支援更輕鬆、更安全的變更管理。有哪些好方法可將基礎架構劃分為堆疊？何種規模的堆疊最合適？有哪些好方法可用來定義和實作堆疊？

# 環境

當有多個堆疊實際上是同一個服務或一組服務的不同實例時，通常會使用「環境」（environment）這個術語。環境最常見的用途是測試。一個應用程式或服務可能會有開發（development）、測試（test）、準營運（preproduction）和營運（production）等環境。這些環境的基礎架構通常應該是相同的，但可能會因為規模的不同而有一些變化。

對於大多數 IT 組織來說，讓多種環境的組態維持一致性，是一項挑戰，而「基礎架構即程式碼」特別適合解決此一問題。

## 反模式：手動製作的基礎架構

對於自動配置和設定其伺服器的團隊來說，以手動方式定義周邊基礎架構元素（例如，網路和儲存裝置）的情況並不罕見。這種情況在使用虛擬化伺服器與非虛擬化儲存裝置和網路時，尤其常見。很多時候，團隊將使用命令稿來建立伺服器，但是會使用互動介面來設定網路的組態和分配儲存裝置。

舉例來說，為新環境設置資料庫叢集（database cluster）可能需要有人在儲存區域網路（storage area network，簡稱 SAN）上分配硬碟空間，然後設定防火牆的規則，並為叢集中的伺服器選擇 IP 位址。

使用互動式 GUI 或工具，手動進行的變更，很難重複進行，而且會導致環境之間出現不一致的情況。在測試環境中手動變更防火牆，在營運環境中可能無法以相同方式來完成。

以這種方式工作的組織通常會發現，在每個環境建構後，他們需要花費額外的時間來手動測試和檢查每個環境。問題是，到底是建構新環境之後，在專案計劃上分配時間來修正錯誤是慣例，還是由於意外的錯誤而導致實施進度表（implementation schedules）推延是慣例。

雪花環境

正如雪花伺服器（nowflake server），一個「特殊的」環境也是很難重建的，這使得更改和改進變得很可怕。在諸如監控之類的基礎架構服務，以及諸如錯誤追蹤系統之類面向內部的服務中，這種情況極為常見。克制住誘惑，把設置這樣的系統視為一次性任務，對其進行自動化並不值得。

## 定義基礎架構堆疊即程式碼

圖 9-1 展示了一個帶有前端網路運作（frontend networking）之簡單的 Web 伺服器叢集。

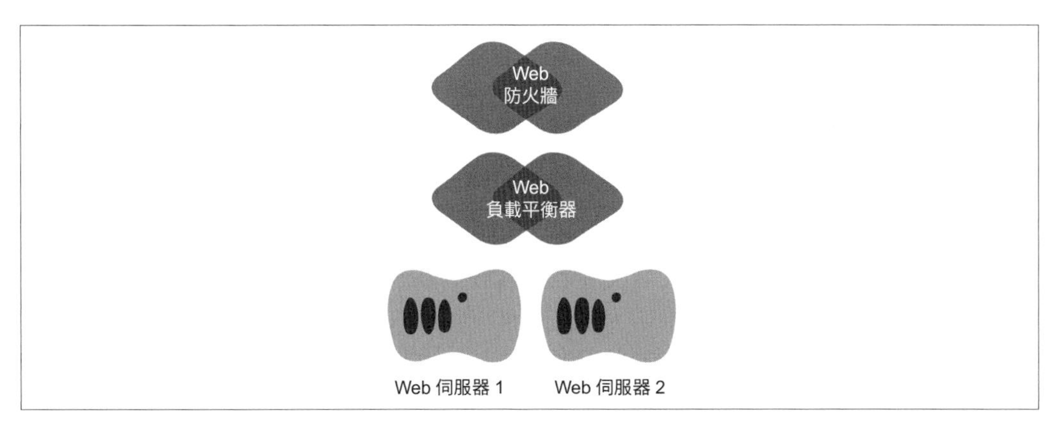


圖 9-1 一個簡單的環境

範例 9-1 中的 Terraform 檔案摘錄顯示了如何在 AWS 上定義這個堆疊。此定義檔將被提交到 VCS，以便於重建或複製。

前兩個區塊分別定義了一個 Web 伺服器，其中指定了伺服器模板（AMI）和伺服器的大小。第三個區塊定義了一個負載平衡器（ELB），其中定義了接收請求和轉發請求的連接埠，並引用了先前區塊所定義的伺服器實例，以做為處理請求的目的地。ELB 區塊還引用了安全群組，這定義於此範例的最後一個區塊，它是允許流量進入防火牆的規則[1]。

### 範例 *9-1* 一個簡單的 *Terraform* 堆疊定義檔

```
resource "aws_instance" "web_server_1" {
  ami = "ami-47a23a30"
  instance_type = "t2.micro"
}

resource "aws_instance" "web_server_2" {
  ami = "ami-47a23a30"
  instance_type = "t2.micro"
}

resource "aws_elb" "web_load_balancer" {
  name = "weblb"

  listener {
    instance_port = 80
    instance_protocol = "http"
    lb_port = 80
    lb_protocol = "http"
  }
  instances = [
    "${aws_instance.web_server_1.id}",
    "${aws_instance.web_server_2.id}"
  ]

  security_groups = ["${aws_security_group.web_firewall.id}"]
}

resource "aws_security_group" "web_firewall" {
  name = "web_firewall"

  ingress {
      from_port = 80
      to_port = 80
      protocol = "tcp"
```

1 注意，這不是一個精心設計的範例。實際上，你應該使用動態的伺服器資源池——AWS 中的自動縮放群組（autoscaling group）——而不是靜態的伺服器資源池。最好將 AMI 定義為變數，這樣不用編輯和推送變更到此定義檔中，就可以完成變更。

```
      cidr_blocks = ["0.0.0.0/0"]
    }
  }
```

## 反模式：一個環境一個定義檔

管理多個類似環境的一個簡單方法是，為每個環境建立一個獨立的定義檔，即使環境被用於運行相同的應用程式或服務之不同實例。

採用這種做法，一個新環境的建立，可以透過從另一個環境複製定義檔，並對其進行編輯以反映網路細節等差異。如果要進行修正、改善或其他變更，則需要對每個單獨的定義檔案進行手動修改。

這種依賴手動讓多個檔案維持最新狀態和一致化的做法，是每個環境一個定義檔的弱點。這沒有辦法保證變更是一致的。此外，每個環境的變更都是手動進行的，所以不可能使用一個自動化的流水線（automated pipeline）來測試和提升（promote）從一個環境到下一個環境的變更。

## 模式：可重複使用的定義檔

一個更有效的做法，是在代表相同應用程式或服務的所有環境中，使用單一定義檔。該檔案可以被參數化（parameterized），以設定每個環境特有的選項。這使得建構和運行基礎架構堆疊（infrastructure stack）的多個實例變得容易許多。

稍早的 Terraform 定義檔（範例 9-1）可以被修改成使用環境特有的參數。範例 9-2 可以看到前面範例中的一部分，而且為伺服器加入了標記（tag），以便指定其環境。`environment` 變數的宣告，表示應該將其提供給 Terraform 命令列工具。然後，使用此變數來設定 AWS EC2 實例上標記的值。

範例 *9-2*　經參數化的 *Terraform* 環境定義檔

```
variable "environment" {}

resource "aws_instance" "web_server_1" {
  ami = "ami-47a23a30"
  instance_type = "t2.micro"
  tags {
    Name = "Web Server 1"
    Environment = "${var.environment}"
  }
}

resource "aws_instance" "web_server_2" {
```

```
    ami = "ami-47a23a30"
    instance_type = "t2.micro"
    tags {
      Name = "Web Server 2"
      Environment = "${var.environment}"
    }
  }
```

分別為每個環境執行定義工具。

首先針對 QA：

```
$ terraform apply -state=qa-env.tfstate -var environment=qa
```

然後，針對 PROD 再執行一次：

```
$ terraform apply -state=prod-env.tfstate -var environment=prod
```

這會建立兩組伺服器，並假設負載平衡器（load balancer）進行了類似的參數化，它也會建立單獨的 ELB。

**每個環境使用獨立的狀態檔或用戶識別碼**

這些 Terraform 命令列範例，使用 `-state` 參數來為每個環境定義獨立的狀態資料檔。Terraform 會將其所管理之基礎架構的資訊，儲存在狀態檔中。當我們以單一定義檔來管理基礎架構的多個實例時，每個實例都需要將其狀態儲存在一個獨立的檔案中。

其他定義工具，像是 CloudFormation，會儲存伺服器這邊的狀態，並允許每個實例透過一個參數（在 CloudFormation 中，是 `StackName`）來識別。

## 實施方法：測試和促進堆疊定義

一個可重用、參數化的定義檔，可以在被應用到營運環境之前，進行可靠的測試。不要直接對營運環境進行網路組態的變更，可以先在相關的定義檔中進行變更並應用到測試環境。自動測試可以驗證變動是否存在任何錯誤或問題。一旦測試完成後，就可以安全無慮地將變更發布到（roll out to）營運的基礎架構上。

因為應用組態的過程是自動化的，所以對測試的可靠性有很大的信心。建立和修改測試環境的便利性，也降低了進行的門檻。當人們需要手動設置和進行測試時，他們會在匆忙中跳過它，並說服自己這是一個小小的變動，應該不會破壞任何東西。

這會導致測試環境的組態與營運環境不一致的情況，使得測試的可靠性降低。反過來又給了我們更多理由，讓我們懶得去做測試。這又是自動化恐懼的螺旋（見第 9 頁的〈自動化恐懼〉）。在不同的環境中使用單一的定義檔，將使得維持環境組態的一致性成為一件小事。

### 簡化環境的變更管理流程

在較大型的組織中，需要對基礎架構的變更，進行強而有力的治理，因此進行組態變更以及在測試、準營運（staging）、營運（production）環境的整個流水線（pipeline）中發布它，可能是一個漫長的過程。

進行單一變更，可能需要對每個環境進行單獨的變更流程，包括詳細的設計、憑據、變更申請和變更審閱。許多情況下，不同的人可能會在不同的環境中進行相同的變更。當這是一個手動的過程時，再多的文件或檢查都無法保證變更將得到一致的實施。

正確使用可重用的環境定義檔，再結合自動化流水線，可以使這個過程更簡單、更快速、更一致。這可以大大減少所需的流程開銷。更重要的是，由於變更和應用變更的過程都在檔案中明確定義，並在 VCS 中進行管理，因此很容易提供可追溯性，並確保符合規定和其他要求。

## 自助式服務環境

參數化環境定義檔的另一個好處是，可以輕鬆建立新的實例。

例如，開發和測試團隊不需要協調共享環境的存取，以免減緩了他們的工作速度。幾分鐘之內即可建立一個新的環境，甚至可以依需求建立和銷毀環境。

這也可應用在標準服務上，像是 JIRA 之類的任務單應用程式（ticketing application）。每個團隊可以輕鬆地獲得自己的實例，無須協調多個團隊之間的組態變更。

透過共同定義檔（common definition file）來定義的環境和服務實例，可以藉由自助式服務（self-service）來配置。而不需要基礎架構團隊成員花時間來建構服務和基礎架構，團隊可以利用預定義之測試過的模板來啟動（spin up）自己的實例。

重要的是，自助式服務配置（self-service provisioning）要有一個更新流程來支援。對「共享基礎架構定義檔」（shared infrastructure definition）進行變更時，應將其發布到所有既有的實例。「變更管理流水線」（change management pipeline）可以確保在向使用變更的團隊發布變更之前，變更已經過測試，而且在應用到營運環境之前，已先在應用程式的測試環境中應用和測試過。

# 組建基礎架構

一個基礎架構通常是由各種相互關聯的堆疊所組成。有些堆疊會共享網路裝置之類的基礎架構。有些堆疊是相互依賴的，它們之間需要以網路彼此連通。通常，需要對某些或所有堆疊進行持續不斷的變更，這可能會引起問題。

本節將介紹一些組建基礎架構堆疊的辦法，以解決這些顧慮。

## 反模式：單體式堆疊

首次採用基礎架構定義工具時，很容易在單一定義檔中建構出龐大、漫無邊際的基礎架構。不同的服務和應用程式，甚至是不同的測試環境，全都可以一起定義和管理。

這簡化了基礎架構上不同元素的整合和共享。圖 9-2 所示的單體式堆疊（monolithic stack）中，共享的 web 伺服器資源池之組態需要被設定為，存取兩個不同的 CMS（內容管理系統）伺服器資源池。將所有這些組態全都設定在一個檔案中，非常方便。如果有一個新的 CMS 伺服器被添加到定義檔中，可以透過 web 伺服器和網路路由（network routing）來引用。

單體式定義檔的困難處在於它的更動變得很麻煩。大多數的定義工具，都可以把定義檔組織成單獨的檔案。但是，如果所做的變更涉及對「整個基礎架構堆疊」運行該工具，事情就變得很棘手：

- 一個小小的變更，很容易會破壞很多東西。
- 基礎架構之間難免會有的緊密的耦合。
- 環境的每個實例都很大，成本也很高。
- 開發和測試上的變更，需要對整個堆疊測試一次，這很麻煩。
- 如果有許多人可以對基礎架構進行變更，那麼很可能會有人把東西弄壞。
- 另一方面，如果為了將風險降到最低，將變更限制在一個小群組中，那麼等待變更的時間可能會拖延很久。

當人們不敢進行變更的時候，你就知道你的基礎架構定義正在變得單體化。當你發現自己在考慮增加組建流程來協調和安排變更時，請停下來！有一些方法可以組建你的基礎架構，讓你可以更容易、更安全地進行變更。與其增加組建流程的複雜性來管理複雜的基礎架構設計，不如重新設計基礎架構來消除非必要的複雜性。

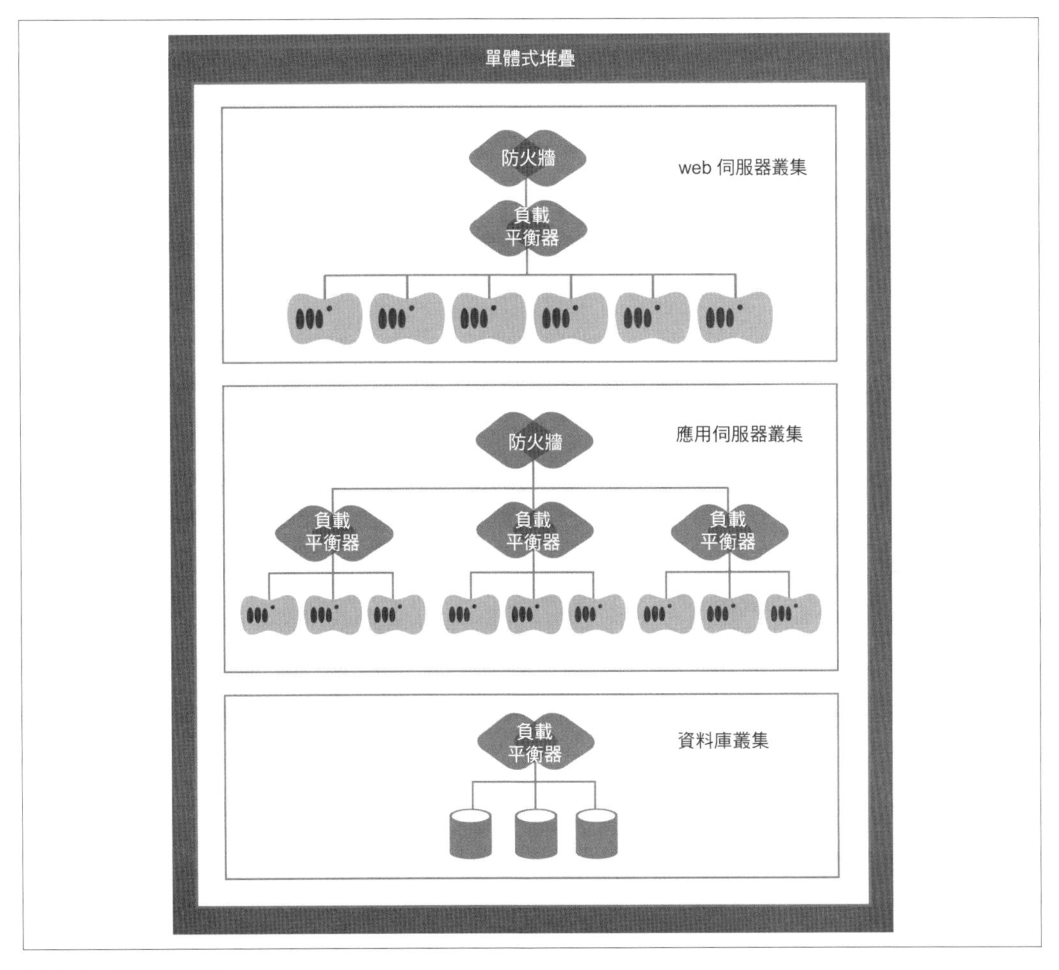


圖 9-2　單體式環境

## 遷移基礎架構時避免「工作負載平移」

擁有現存之靜態基礎架構的組織，將已經習慣於其架構的模式和實作。當移動到一個動態的基礎架構平台時，很容易假設這些仍然是相關的，甚至是必要的。

但在許多情況下，應用現有的模式，在最好的情況下，只是錯過利用較新技術來簡化和改進架構的機會。在最糟的情況下，複製現有模式到較新的平台，將會增加更多複雜性。

很難看到現有之實證過的基礎架構實現「開箱即用」（outside the box），但這是值得努力的。

## 將一個應用環境劃分為多個堆疊

多層次的應用程式可劃分成多個堆疊，讓每一層都可以獨立進行變更。圖 9-3 可以看到 web 伺服器、應用伺服器、資料庫叢集和網路各自的堆疊。

這些堆疊之間存在著相互依賴的關係。web 伺服器堆疊需要被添加到網路堆疊中所定義的防火牆和子網路裡。它還需要知道應用伺服器堆疊所使用之「負載平衡器虛擬 IP 位址」（load balancer VIP）的 IP 位址，這樣 web 伺服器的組態就可以被設定為，將請求代理到（proxy requests to）應用伺服器。應用伺服器堆疊同樣也需要資料庫叢集的 IP 地址。

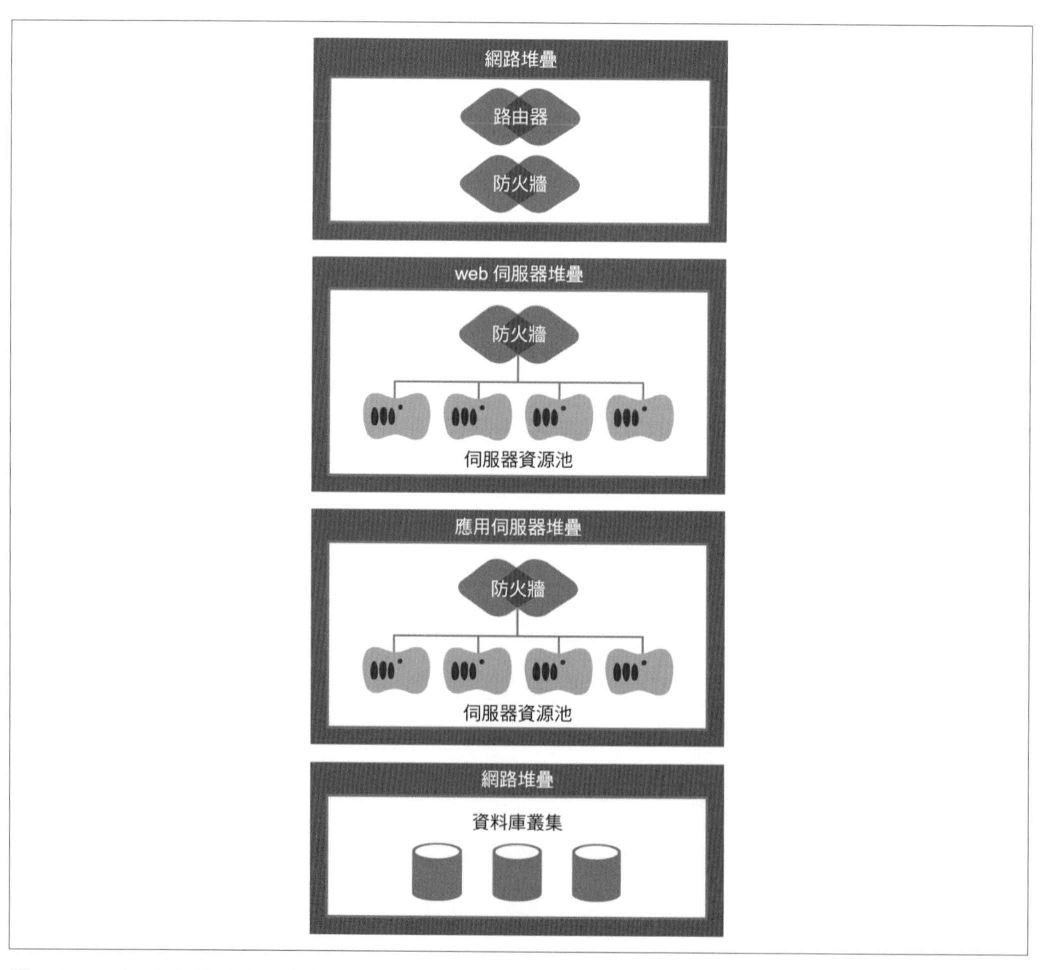


圖 9-3　一個環境被劃分成多個堆疊

範例 9-3 所示為圖 9-3 中之 web 伺服器的 Terraform 定義檔[2]的部分內容。假定網路堆疊、應用伺服器堆疊，以及資料庫堆疊全都定義在不同的檔案中，並且每個都是單獨建構和更新的。

因此這個定義檔僅定義了 web 伺服器資源池特有的基礎架構元素，包括自動縮放群組（autoscaling group）和負載平衡器。變更可藉由此檔案來進行和應用，與環境中其他堆疊只有最小的耦合。

### 範例 9-3 *Web* 伺服器堆疊定義檔

```
# 宣告一個變數來傳遞應用伺服器資源池的 IP 位址
variable "app_server_vip_ip" {}

# 定義 web 伺服器資源池
resource "aws_autoscaling_group" "web_servers" {
  launch_configuration = "${aws_launch_configuration.webserver.name}"
  min_size = 2
  max_size = 5
}

# 定義如何為資源池建立 web 伺服器實例
resource "aws_launch_configuration" "webserver" {
  image_id = "ami-12345678"
  instance_type = "t2.micro"
  # 傳遞應用伺服器資源池的 IP 位址，以使
  # 供伺服器組態工具使用
  user_data { app_server_vip_ip = "${app_server_vip_ip}" }
}

# 定義 web 伺服器資源池的負載平衡器
resource "aws_elb" "web_load_balancer" {
  instances = [ "${aws_asg.web_servers.id}" ]
  listener {
    instance_port = 80
    instance_protocol = "http"
    lb_port = 80
    lb_protocol = "http"
  }
}
```

2 為了清楚起見，此範例省略了實際使用時所需要的一些引數。

## 管理堆疊之間的組態參數

要讓基礎架構堆疊之間的資訊能夠相互配合，可以使用命令稿來為所有不同的堆疊執行定義工具，儘管這是一個基本的且擴展性不強的技術。命令稿可以確保定義工具按適當的順序執行，並擷取每個堆疊的輸出，以便它們可以做為變數傳遞給其他堆疊。然而，這很脆弱，並且失去了能夠針對不同堆疊獨立執行定義工具的優點。

此時，組態註冊表（configuration registry）[3] 就派上用場了。它提供了一種結構化的方式來擷取堆疊上的資訊，並將其放在中央位置以供其他堆疊利用。

許多基礎架構定義工具都有內建，為註冊表設值和從註冊表取值的功能。

範例 9-4 將範例 9-3 修改成使用 Consul 組態註冊表。它可以在註冊表中找到應用伺服器堆疊之「負載平衡器虛擬 IP 位址」（load balancer VIP）的 IP 位址，並查找索引鍵路徑 `myapp/${var.environment}/appserver/vip_ip`。使用 `var.environment` 可以讓此定義檔在多個環境之間共享，每個環境都可以將自己的「應用伺服器虛擬 IP 位址」（app server VIP）存放在一個獨特的位置。

*範例 9-4　使用註冊表的應用伺服器堆疊定義檔*

```
# 必須傳入 "environment" 參數
variable "environment" {}

# 從 Consul 註冊表匯入索引鍵
resource "consul_keys" "app_server" {
  key {
    name = "vip_ip"
    path = "myapp/${var.environment}/appserver/vip_ip"
  }
}

resource "aws_launch_configuration" "webserver" {
  image_id = "ami-12345678"
  instance_type = "t2.micro"
  # 傳遞應用伺服器資源池的 IP 位址，以便
  # 服器組態工具可以使用它
  user_data { app_server_vip_ip = "${consul_keys.app_server.var.vip_ip}" }
}
```

3　如第 3 章（第 55 頁的〈組態註冊表〉）所描述，有不同類型的工具和方法可用於組態註冊表。

## 在堆疊之間共享組態的輕量型註冊表

有些團隊偏好使用輕量型註冊表（這在第 55 頁的〈輕量級組態註冊表〉中討論過），儘管它實施起來可能比現成的工具更費事。例如，執行定義工具的命令稿可能會從一個靜態檔案共享服務（例如，AWS S3 bucket）中取得結構化註冊表檔案（例如，JSON 或 YAML 檔案），並將其做為參數應用於堆疊定義檔中。然後，定義工具的輸出可被擷取並儲存在檔案共享服務中，在那裡它將被用於其他堆疊。

因為它可以利用標準的工具和技術來託管靜態檔案（hosting static files），包括快取（caching）和分發（distribution），所以能夠具有高度的可擴展性和強固性。

將堆疊的輸出封裝成系統套件，例如 RPM 或 *.deb* 檔案，如同將輸出檔提交到 VCS，也是一種利用現有、成熟工具的技術。

# 共享基礎架構元素

前面將單一應用程式環境拆分成多個堆疊的例子，本身可能不是特別有用。不管怎樣，大多數定義工具只會對堆疊中實際發生變化的部分進行修改。所以，如果你修改 web 伺服器層級，讓其他層級定義在獨立的檔案中，並沒有多大的用處。更糟的是，你已經看到，為了在堆疊之間傳遞資訊，系統的複雜性有多大。

然而，隨著基礎架構之規模和複雜性的增加，劃分堆疊會變得較有意義。

一種用途是讓不同的應用環境更容易共享基礎架構資源。圖 9-4 可以看到兩個應用程式共享單一前端堆疊，包括一個 web 伺服器資源池，還共享了一個資料庫堆疊。每個應用程式在這些堆疊中可能有自己的資料庫綱要（schema）和虛擬 web 主機。而應用程式堆疊的管理是各自獨立的。

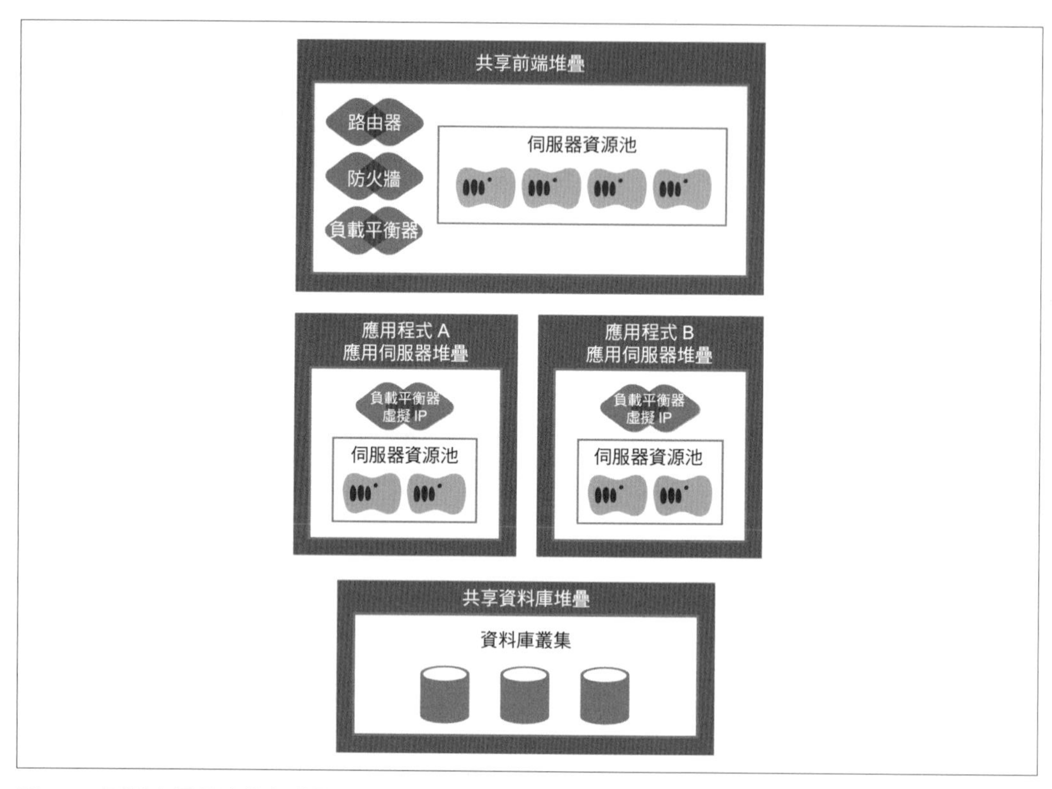


圖 9-4 兩個應用環境共享堆疊

## 共享基礎架構元素的陷阱

應盡可能避免共享堆疊，因為它會產生依賴關係，這可能會使修改變得昂貴且充滿風險。

共享通常是由網路設備和儲存裝置之類的硬體所驅動。硬體裝置往往是價格昂貴，更換它們可能很費勁。但虛擬化和雲端基礎架構，是由自動化組態設定所驅動，讓每個應用程式都能以更便宜、更容易的方式獲得專屬資源。

隨著共享基礎架構的應用程式和服務之數量的增加，基礎架構的變更開銷也會呈指數級增加。該開銷會反映在時間、成本和風險中。

在範例 9-4 中，資料庫叢集（database cluster）在兩個應用程式之間共享，對叢集的變更（例如，升級資料庫伺服器）會影響到這兩個應用程式。所以需要針對該項變更來協調這兩個應用程式，這可能會讓升級計畫變得更具挑戰性。

這兩個應用程式可能都需要離線（offline），對其綱要（schemas）進行更新、啟動和測試。如果出了問題，這兩個應用程式都可能延長處於離線狀態的時間。如果有一個應用程式在升級後可以正常運作，但另一個沒成功，那麼兩個都必須要回溯（roll back）到之前的狀態。

由於變更共享式基礎架構具有較高的風險，因此組織必須在規劃和管理變更方面投入更多精力。這可能涉及會議、文件和專案計劃。需要更多人為計畫、實作和測試安排時間。需要專案經理和分析師投入參與處理這一切。可以建立整個團隊和部門來監督此類流程。

一個簡單的變更需要花費幾個月的時間，而且預算高達 5 和 6 位數，這的確是一個問題。另一個問題是，當組織仍在運行版本過時的關鍵系統（key system）和中介軟體（middleware）時，無法集中時間和金錢來進行會影響許多應用程式和服務的升級。

但透過將專用的基礎架構分配給每個應用程式，升級就可以在較可掌控的小區塊進行，開銷會較少。

乍一看，逐一為每個應用程式升級資料庫，可能比一氣呵成地升級單一共享實例效率要低。但是為單一應用系統升級資料庫的風險會小很多。自動化可以縮短時間，提高升級過程的可靠度。先在測試環境中自動應用和測試，可以使升級更加可靠。

這是另一種情況，如果正確使用自動化和動態基礎架構，可以大大簡化變更過程，同時還能降低風險。

## 實施方法：同時管理應用程式的程式碼和基礎架構的程式碼

在許多組織中，預設的做法是將既定應用程式（given application）之基礎架構的定義檔與該應用程式之程式碼分開管理。應用程式的程式碼保存在自己的 VCS 專案中，而基礎架構的定義檔則存放在另一個專案中。通常，每個專案都是由一個獨立團隊所管理。這依循了將開發和營運之問題分開的傳統，但這會增加技術和組織方面的開銷。

考慮到涉及應用程式及其基礎架構的變更。應用程式可能會從一個檔案讀取環境特有的組態選項，該檔案是透過伺服器組態定義檔加入到系統中的，例如 Ansible playbook。檔案中包含了資料庫伺服器的 IP 位址，將應用程式部署到的每個環境中，該 IP 位址都可能是不同的。如果 playbook 與應用程式的程式碼在各自的 VCS 儲存庫中被分開管理，則可能會將新版的應用程式部署到尚未將新的組態選項添加到檔案的環境中。

在團隊之間，將應用程式之所有權與它的基礎架構之組態分開，會增加更多的複雜性。除了技術整合問題，兩個團隊的時間和工作也都需要協調。當多個開發團隊共享基礎架構時，你會遇到本章稍早（第 162 頁的〈共享基礎架構元素的陷阱〉）所提到的問題。

當然，即使應用程式及其基礎架構是由不同的團隊分開管理的，仍然可以管理它們之間的依賴關係。但這涉及到額外的複雜性，包括技術機制和組織流程。

另一種方法是將應用軟體及支援它的基礎架構，視為單一關注點來進行管理[4]。如範例 9-5 所示，將應用程式特有之基礎架構元素的定義檔放到與開發程式碼相同的專案目錄中，可以讓它易於管理、測試，以及被視為同一單元（unit）來交付。

### 範例 *9-5* 結合應用和基礎架構程式碼的專案結構

```
./our-app
./our-app/build.sh
./our-app/deploy.sh
./our-app/pom.xml
./our-app/Vagrantfile
./our-app/src
./our-app/src/java
./our-app/src/java/OurApp.java
./our-app/src/infra
./our-app/src/infra/terraform
./our-app/src/infra/terraform/our-app.tf
./our-app/src/infra/ansible
./our-app/src/infra/ansible/roles
./our-app/src/infra/ansible/roles/our_app_server
./our-app/src/infra/ansible/roles/our_app_server/files
./our-app/src/infra/ansible/roles/our_app_server/files/service.sh
./our-app/src/infra/ansible/roles/our_app_server/tasks
./our-app/src/infra/ansible/roles/our_app_server/tasks/main.yml
./our-app/src/infra/ansible/roles/our_app_server/templates
./our-app/src/infra/ansible/roles/our_app_server/templates/config.yml
```

將應用程式和基礎架構定義檔一起管理，意味著它們可以一起測試。前面的專案結構中包含了使用 Vagrant 來建構應用程式並將其部署到本地端虛擬機的組態（configuration）。這使得開發人員、測試人員和操作人員可以在「組態與營運伺服器相同的伺服器」中運行應用程式。因此可以高度自信地在本地端進行變更和修正以及測試。

對於哪些程式碼可以（can）和應該（should）一起管理，一個很好的經驗法則是考慮典型變更的範圍。如果變更通常涉及修改位於不同 VCS 儲存庫中的程式碼，那麼將它們放入同一個儲存庫，可能會簡化進行變更的過程。

---

4 我以前的同事 Ben Butler-Cole 說得很好：「建構系統，而非軟體」。

## 共享定義檔的做法

在眾多開發團隊中，共享基礎架構程式碼往往會帶來好處。在共享好的程式碼與保持團隊的敏捷性之間取得平衡，可能是棘手的。

中央程式庫（code libraries）是一種共享基礎架構定義檔和程式碼的常見做法。大多數伺服器組態工具都支援對 cookbooks 或模組使用中央程式庫。因此，一個組織中的所有應用團隊都可以使用相同的 Puppet 模組來建構 nginx web 伺服器並為其設定組態。這樣，可以對模組進行改進和升級，而且所有團隊都可以利用這個模組。

當然，共享基礎架構的缺陷亦會造成風險，因為一個變更可能會影響到多個團隊。這樣做所帶來的開銷和風險，往往會使人們不願意頻繁地進行更新。

一些團隊採取了一些做法來解決這樣的問題：

共享模組的版本化

團隊可以在發行新版時選擇加入更新，以便在時間允許的情況下，採用較新版的模組。

複製而不共享

團隊維護應用程式和基礎架構程式碼的模板，以及根據需要複製檔案來建立新的應用程式，並不斷改良，使其派上用場。

可選擇共享

團隊使用共享模組，但如果能夠更貼近其自身的需求，則可以選擇撰寫替代模組。

可覆寫模組

模組的設計方式使得應用程式團隊可以輕鬆地對其進行客製化，以及根據需要覆寫模組行為。

依循這項規則來共享功能和定義檔，使事物在此處能更符合一般實務上的需求，不用經常變動，而且變更風險降低。當變更位置變得更清楚明確，可提供團隊以簡單方式來客製化和複寫其共用之能力，這也比較合乎常理。

舉例來說，許多組織發現「基礎作業系統發行版」（base OS distribution）非常容易共享。因此可以集中方式建立一個帶有「基礎作業系統」的伺服器模板，並提供給團隊使用。團隊可以透過建構一個新的模板，將變更層層疊加到基礎模板上（參見第 127 頁的〈模式：分層式模板〉），或藉由撰寫伺服器組態定義檔（Chef、Puppet，等等），在配置新的伺服器實例時，對基礎映像檔（base image）進行變更，從而對此基礎作業系統進行客製化。

在極少數的情況下，團隊需要不同的基礎映像檔（例如，如果他們正在運行的第三方軟體，需要不同的作業系統發行版），那麼他們最好可以選擇建立和管理自己的映像檔，而且可與其他團隊共享此成果。

## 實施方法：使基礎架構設計與變更範圍保持一致

顯然，在決定如何將基礎架構劃分成堆疊時，需要權衡利弊。在一個組織中視為合理的劃分，在另一個組織中可能看作不合理，這取決於團隊的結構和基礎架構所支援的服務。

然而，在進行劃分的時候，一個好的指導原則是考慮變更的範圍（scope of change）。考慮經常進行的變更類型，以及那些難度和風險最大的變更。然後查看那些會影響基礎架構中各個部分的每項變更。最有效的結構會把這些部分組合在一起。

讓變更範圍保持一致，可簡化技術的整合問題，從而簡化了相關系統的設計和實作。簡化設計讓瞭解、測試、安全、支援及修正變得更容易。第 162 頁的〈共享基礎架構元素的陷阱〉概述了此一原則背後的理由。

當不可能將受變更影響的基礎架構保持在單一堆疊中，或在單一團隊內，那麼就必須讓它們之間的介面簡單化。介面應該被設計成具容錯性，以使整合的一側發生變更或問題時不會破壞另一側。

向其他的團隊提供服務的團隊，應確保這些其他的團隊可以客製化服務並對其設定組態，無須提供服務之團隊的參與。此模型即為公有雲供應商，這些供應商會提供 API 和組態，並不需要核心團隊為他們的客戶進行組態變更。

當考慮到不同類型之變更及其範圍時，盡量涵蓋是很重要的。優化最常見和最簡單的變更也很重要，例如：建立一個標準類型的新伺服器，或者按照最常見的用例，為一個常見的服務使用 Chef cookbook。但也要考慮那些不符合常見用例的變更。如果基礎架構的設計無法簡化它們，那麼這些方法可謂是最費功夫的事情。

## 範例：微服務的基礎架構設計

微服務 (microservice) 已被證明是一種流行的軟體架構風格，可以部署到雲端。其將系統分解為小巧、可獨立部署之軟體的方法，與本章所提到之定義基礎架構的方法非常吻合。圖 9-5 可以看到一種用於為「AWS 上一個基於微服務的應用程式範例」實作基礎架構的設計。

一個典型的微服務，可能是由一個應用程式和一個相應的資料庫綱要所組成。微服務應用程式（microservice application）會被部署到實作成 AWS 自動縮放群組（autoscaling group）的應用伺服器資源池。

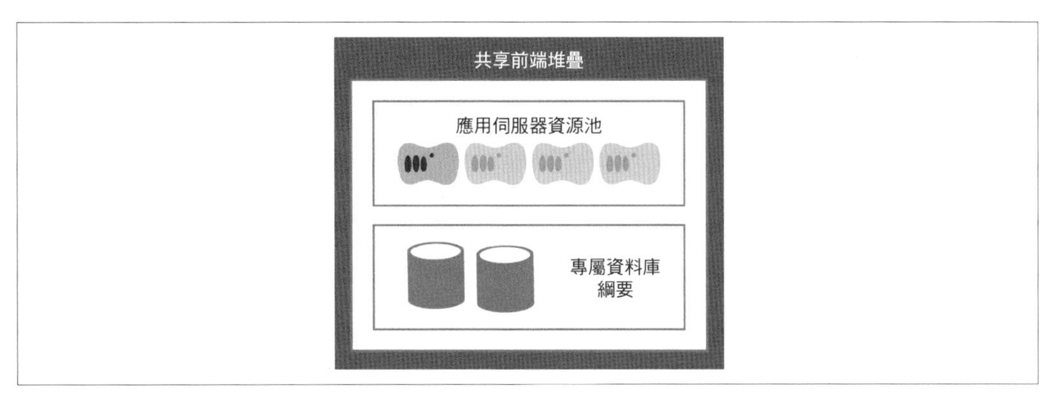


圖 9-5　微服務可部署的部分

範例 9-6 中的 Terraform 定義檔，可用於建立運行「微服務應用程式」（microservice application）的應用伺服器資源池。當它執行時，會傳入參數，以為其提供所要運行之微服務的名稱和版本，以及用於運行它之環境的名稱。這一個定義檔可以多次使用，以便在多個環境中建立多個微服務。

Terraform 會使用 EC2 API 將 `user_data` 字串的內容傳遞給新的伺服器實例。AMI 映像檔 `ami-12345678` 預先安裝了 cloud-init 工具（*https://launchpad.net/cloud-init*）[5]。

當一個新的伺服器實例啟動（boot）時，cloud-init 會自動執行，檢視 `user_data` 字串的內容，並執行 */usr/local/sbin/microservice-bootstrap.sh* 命令稿，將 `environment`、`microservice_name` 和 `microservice_version` 等引數傳遞給它。`microservice-bootstrap.sh` 命令稿是由基礎架構團隊所撰寫，並做為模板建構流程的一部分，內建到 AMI 映像檔中。此命令稿會使用 `microservice_name` 和 `microservice_version` 等引數來下載並安裝相關的微服務應用程式套件。它也可以使用 `environment` 引數來查找組態註冊表中的組態參數。

5　cloud-init 已經成為一個標準的工具；大多數用於雲端平台的庫存伺服器映像檔（stock server images）都已經預先安裝好 cloud-init 並將其設定為在啓動（startup）時執行。

範例 *9-6* 微服務自動縮放群組的 *Terraform* 定義檔

```
variable "microservice_name" {}
variable "microservice_version" {}
variable "environment" {}

resource "aws_launch_configuration" "abc" {
  name = "abc_microservice"
  image_id = "ami-12345678"
  instance_type = "m1.small"
  user_data = "#!/bin/bash
/usr/local/sbin/microservice-bootstrap.sh \
  environment=${var.environment} \
  microservice_name=${var.microservice_name} \
  microservice_version=${var.microservice_version}"
}

resource "aws_autoscaling_group" "abc" {
  availability_zones = ["us-east-1a", "us-east-1b", "us-east-1c"]
  name = "abc_microservice"
  max_size = 5
  min_size = 2
  launch_configuration = "${aws_launch_configuration.abc.name}"
}
```

每個微服務應用程式都可以使用這個定義檔，或與它類似的檔案，來定義如何在環境中部署它。此定義檔沒有為應用程式定義網路基礎架構。雖然每個應用程式可以定義自己的 AWS VPC（虛擬私有雲）、子網路、安全群組…等等，但隨著系統的成長，這種重複的情況可能會過度。這些元素應該不需要經常變更，而且應用程式之間應該不會有太大的差異。所以這是一個很好的共享對象 [6]。

圖 9-6 展示了可以在自己的全域堆疊中管理的 AWS 基礎架構的元素。

6 Amazon 也建議共享這類型的網路結構。關於 Amazon 的這個典型建議，請參閱 Gray Silverman 的簡報（*http://www.slideshare.net/gsilverm/aws-vpc-in*）。

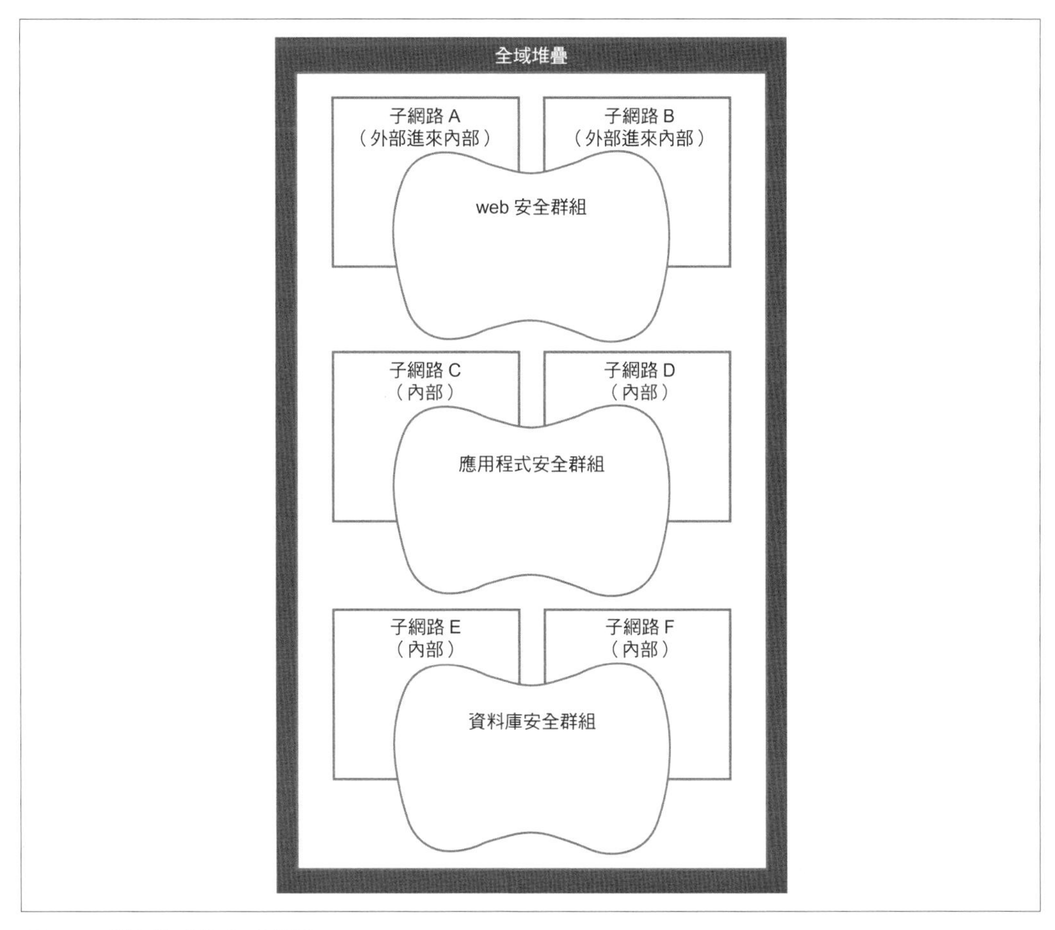


圖 9-6　微服務式的全域堆疊

此堆疊應有其自己的 Terraform 定義檔，該檔案可分別應用於每個環境。Terraform 所配置之基礎架構元素的 ID 將被記錄在組態註冊表中。

然後，每個微服務應用程式都具有自己的 Terraform 定義檔，類似於前面的例子。微服務基礎架構還將添加了一個 ELB（彈性負載平衡器），以把流量繞送到自動縮放群組（autoscaling group），並添加了一個 RDS（關聯式資料庫服務）定義檔來為應用程式建立一個資料庫綱要實例（database schema instance）。該定義檔也將參考組態註冊表，以便取得（pull in）子網路和安全群組（security groups）的 ID，並將基礎架構的各個部位分配給這些 ID。結果將如圖 9-7 所示。

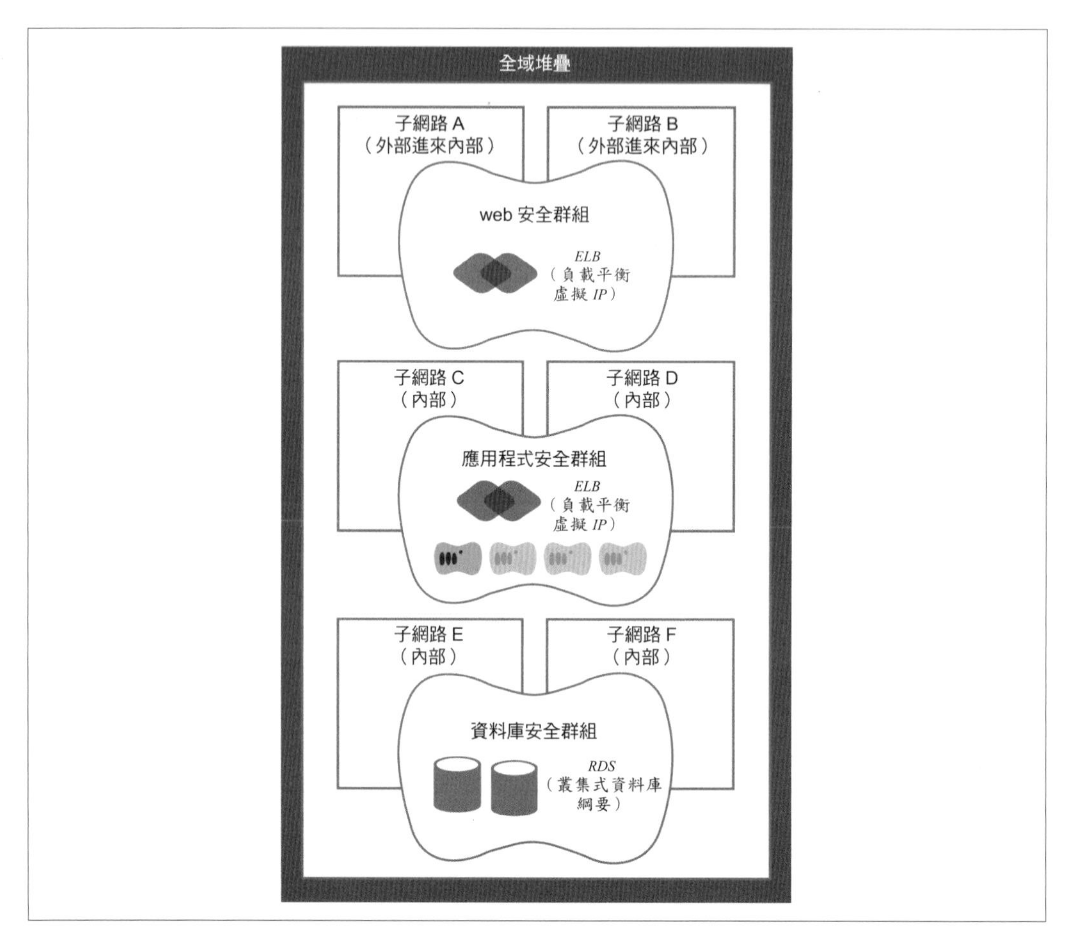


圖 9-7　微服務應用程式堆疊

此架構適合用於不需要彼此隔離的一組微服務。在其他情況下，可能需要進行隔離。舉例來說，如果支付服務涉及到處理信用卡的詳細資訊，則應遵循 PCI-DSS（支付卡產業資料安全標準）法規。在這種情況下，將支付服務放到其自身的全域堆疊中，可以更容易地將其隔離。然後可以用更嚴格的管控流程來進行管理，以確保並證明合乎規定。

**逆向工程定義檔與順勢建構法**

定義工具的一項廣受歡迎的功能，是將其指向既有的基礎架構，並自動化產生定義檔。這為已經擁有大量基礎架構的團隊提供了一種快速使用 Terraform、CloudFormation 或 Heat 等工具的方法。

這種做法的風險在於，不能保證工具實際上將能夠在需要時重建基礎架構。有可能基礎架構的某些方面是工具沒有檢測到的，甚至可能是根本不支援。

要想對可靠地重建基礎架構的能力有信心，最好的方法是「順勢建構」（build forward）。也就是說，撰寫與既有基礎架構相符的定義檔，然後運行它們以便在基礎架構上建立新的實例。可以對新的實例進行測試，確保它們能夠正常工作。然後，應該用新建構的基礎架構來取代舊的基礎架構。

如果你的團隊不相信，使用自動化定義工具從頭開始建構出的基礎架構，可以安全無虞地取代舊的基礎架構，則表示基礎架構出了現雪花（snowflake）或甚至是脆弱（fragile）的跡象（參見第 8 頁的〈脆弱的基礎架構〉）。思考看看，是否使用「基礎架構即程式碼」一次重建一個舊的基礎架構元素，直到能夠輕鬆可靠地重建整個基礎架構。

從既有的基礎架構自動產生組態定義檔，對於基礎架構的學習非常有幫助。所產生的定義檔，甚至可以做為自動建構基礎架構的起點。但不要誤認為它們是手工建構之基礎架構的有用恢復點。

# 執行定義工具

工程師可以從他們本地端的工作站或筆記型電腦上執行定義工具來管理基礎架構。但最好是透過集中管理的系統（例如，調度代理程式）來執行工具，以確保基礎架構得到配置和更新。調度代理程式（orchestration agent）是一個伺服器，用於執行配置和更新基礎架構的工具。這些通常是由 CI 或 CD 伺服器所控制，做為變更管理流水線（change management pipeline）的一部分。

從代理程式來執行定義工具有許多原因：

- 代理程式伺服器（agent server）本身可以被自動建構和設定組態，以確保它在緊急情況下能夠可靠地被重新建構。
- 這樣可以避免依賴雪花組態（snowflake configuration）來執行工具，這種情況通常在工程師電腦上安裝和執行工具時發生。

- 這樣可以避免依賴於某一個人的桌上型電腦。
- 這樣可以讓，控制、記錄和追蹤已進行了哪些變更，是由誰以及何時做的，變得更加容易。
- 這樣更容易自動觸發用於變更管理流水線的工具。
- 這樣可以消除在筆記型電腦上保存「憑證」和「用於變更基礎架構工具」的需要（或誘惑），以免憑證和工具遺失或被偷。

在本地端執行的工具，非常適合與沙箱基礎架構（第 262 頁的〈為沙箱使用虛擬化平台〉）一起用來進行自動化命令稿和工具的開發、測試和除錯。但任何用於重要目的之基礎架構，包括變更管理，都應該由集中式代理程式來執行。

## 結論

本書的第二篇係以第一篇的技術概念為基礎，概述了有效地將自動化工具用於「基礎架構即程式碼」的模式和做法。它本應該就好的做法以及應該避免的陷阱提供明確的指導。

第三篇將探討各種有助於實現此一目標的做法。它將深入研究從軟體開發、測試和變更管理衍生而來的種種做法和技術。

第三篇

# 實施方法

第十章

# 基礎架構上的軟體工程實施方法

「基礎架構即程式碼」的構想是，可以將用於執行軟體的系統和設備本身視為軟體。這樣我們就可以使用在軟體開發領域中已被證實的工具和實施方法。我們將研究一些特定的軟體工程實施方法（software engineering practices），許多團隊發現這些方法在基礎架構的開發和維護上運作良好。

本章所涉及的軟體工程實施方法，是將品管（品質管制）建構到系統中。品管並不是一個與開發不相關的措施，品管是一個系統被建構後的測試活動。品管必須是開發人員（包括基礎架構開發人員）規劃、設計、實作及交付系統的方式中不可或缺的一部分。

在開發軟體和基礎架構的過程中，維持品質的一些原則包括[1]：

- 儘早開始交付可行、有用的程式碼。
- 繼續交付小而有用的增量（increments）。
- 只建構當下所需的東西。
- 盡可能以簡單方式建構每次的增量。
- 確保每一個變更都能得到精心的設計和實作。
- 儘早得到每個變更的反饋。
- 預期需求將會隨著你和你的用戶的學習狀況而變化。
- 假設你交付的一切都將需要隨著系統的發展而改變。

1 這些都是受敏捷宣言（*http://agilemanifesto.org/*）的啓發，尤其是敏捷軟體的12項原則（*http://agilemanifesto.org/principles.html*）。偶爾有人提議為DevOps或「基礎架構即程式碼」創建宣言。然而，現有的敏捷宣言不僅適用於應用程式的開發，也同樣適用於基礎架構的開發。

本章將介紹如何利用持續整合（CI）和持續交付（CD）的實施方法來支持這些原則。它也會介紹使用版本控制系統（VCS）的實施方法，這同時是 CI 和 CD 的先決條件。

**以軟體工程實施方法為基礎**

本書其餘各章係以本章之核心軟體工程的實施方法為基礎。第 11 章將介紹測試，特別是如何設計、實作和維護完善的自動化測試套件。第 12 章將說明變更管理流水線（CD 的核心機制）如何用於將這些軟體工程和測試實施方法投入使用。第 13 章將概述「基礎架構即程式碼」之開發、測試和自動化除錯的日常工作流程。第 14 章將重點介紹動態基礎架構如何帶來新的挑戰，以及提供新的技術來維持服務運作的可靠度。最後，第 15 章將透過解釋團隊和組織如何構建和使用「基礎架構即程式碼」來進行 IT 的維運，以結束本書。

**有經驗的軟體開發人員的請注意**

有經驗的軟體開發人員，特別是在敏捷（agile）和極致編程（XP）（*http://www.extremeprogramming.org/*）的實施方法，例如測試驅動開發（TDD）和 CI，有經驗的開發人員，可能會對本章的內容感到熟悉。即便如此，至少也應該略讀一下內容，因為其中有一些關於這些內容如何具體應用於基礎架構開發的說明。

# 系統品質

良好的軟體工程實施方法，能產生高品質的程式碼和系統。品質常常被視為功能正確性的簡單問題。實際上，高品質是變革的推動力。衡量一個系統及其程式碼品質的真正標準是對其進行變更的速度和安全性。

## 低品質的系統很難改變

一個看似簡單的變更所花費的時間，可能比合理的要多得多，而且所造成的問題會比它應該引起的要多得多。即使是撰寫程式碼的人，在查看基準程式碼（codebase）特定部分的時候，也很難理解它是如何工作的。難以理解的程式碼，很難在不產生意外問題的情況下進行變更。這種簡單的變更，可能需要拆開大部分的程式碼，這可能導致不必要的拖延，並造成更大的麻煩。用戶和經理對團隊效率底下的情況，皆會感到困惑和沮喪。

基礎架構也往往是如此，即使沒有自動化也是如此。隨著時間的推移，會有不同的人對系統各個部分進行建構、變更、更新、優化和修正。整個相互關聯的各個部分，可能是不穩定的，對某個部分的任何變更，都可能破壞到一或多個其他部分。

## 高品質的系統較容易安全無虞地變更

即使是團隊的新手，只要深入研究一下，也能理解其中任何一個部分是如何運作的。變更所造成的影響，通常是顯而易見的。恰當的工具和測試，就可以馬上發現變更所引起的問題。

這樣的系統僅需要極少的技術文件。通常，團隊中大多數的成員都可以快速繪製出系統架構中與特定對話相關的部分。相關技術知識的新手，可以透過對話、探究程式碼、動手操作系統的方式，讓他們快速提升自己的能力。

## 透過程式碼來實現基礎架構的品質

將系統定義為「基礎架構即程式碼」並使用工具來建構它，並不會提高它的品質。最壞的情況是，這會使得事情複雜化。一堆不一致、維護不善的定義檔和工具，混雜著臨時的人工干預和特殊情況。其結果是一個脆弱的基礎架構，執行錯誤的工具，將導致災難性的破壞。

「基礎架構即程式碼」所做的是，將品質的重點轉移到定義檔和工具系統上。結構和管理的自動化非常重要，這樣才能具有高品質程式碼的優點：易於理解、易於變更、並能快速獲得問題的反饋。如果用於建構和變更基礎架構的工具和定義檔具有高的品質，那麼基礎架構本身的品質、可靠性和穩定性也應該是高的。

## 快速反饋

高品質系統的基石是對變化的快速反饋。當我在修改組態定義檔時出錯，我會希望盡快找出該錯誤。

進行變更與被通知出現問題之間的循環越短，則越容易找到原因。如果我知道自己在過去幾分鐘內所做的工作有誤，我可以很快找到它。如果問題在我花了幾週的時間進行了一系列大範圍的變更後出現，則會有相當多的程式碼需要修改。

理想的情況下，我希望在變更被應用到一個重要的系統之前，我會得到錯誤的通知，這就是 CI 和 CD 的主要目的。最壞的情況下，我希望在變更被應用之後，監控工具可以迅速標示出問題，這樣我和團隊的夥伴就可以在盡可能小的危害下解決問題。

## 以 VCS 管理基礎架構

如第 1 章所述，版本控制系統（VCS）是「基礎架構即程式碼」體系的核心部分。VCS 提供了變更的可追溯性（traceability）、回溯（rollback）、基礎架構中不同元素之間變更的關聯性（correlation）、可見性（visibility），並可用於自動觸發諸如測試之類的活動。本節將討論有關使用 VCS 的一些軟體工程實施方法。

### 在 VCS 中要管理什麼？

將建構和重建基礎架構元素所需要的一切全都放入版本控制中。理想情況下，如果你的整個基礎架構都消失了，但版本控制的內容除外，那麼你可以簽出（check out）所有內容，並執行一些命令來重建這一切，或許還可以根據需要來引入（pull in）備份資料檔。

VCS 中可以管理的事物包括：

- 組態定義檔（cookbooks、manifests、playbooks，等等）
- 組態檔和模板
- 測試程式碼
- CI 和 CD 任務定義檔
- 公用命令稿
- 經編譯之公用程式和應用程式的原始程式碼
- 說明文件

可能不需要在 VCS 中管理的事物包括以下項目[2]：

- 軟體產出物（software artifacts）應該存放在一個儲存庫中（例如，用於存放 Java 產出物的 Maven 儲存庫，還有 APT 或 YUM 儲存庫，等等）。這些儲存庫應該有備份，或者有可以重建他們的命令稿（放在 VCS 中）。
- 如果可以從原始碼可靠地重建，則不需要將「自身由 VCS 中已經存在的元素建構而成的軟體」和其他產出物添加到 VCS 中。
- 由應用程式、日誌檔等等所管理的資料不屬於 VCS。它們應該根據需要進行儲存、歸檔和 / 或備份。第 14 章將會介紹這些細節。
- 密碼和其他安全機密絕對不應該（永遠不應該！）存放在 VCS 中。在自動化基礎架構中，應該改用管理加密金鑰和密鑰之工具。

2 其中有些參考了第 6 章第 103 頁的〈伺服器上事物的類型〉。

# 持續整合（CI）

持續整合（*http://martinfowler.com/articles/continuousIntegration.html*）是指在系統開發的過程中，對系統的所有變更頻繁地進行整合和測試的實施方法。而 Bamboo（*https://www.atlassian.com/software/bamboo*）、Jenkins（*https://jenkins-ci.org*）、SnapCI（*https://snap-ci.com*）、TeamCity（*https://www.jetbrains.com/teamcity*）、TravisCI（*https://travis-ci.org*）等等 CI 工具的使用，可以促成這種實施方法。

然而，需要注意的是，持續整合（continuous integration）並不是使用 CI 工具的實施方法，而是在進行變更時頻繁地整合及測試所有變更的實施方法。團隊中所有的開發者都會把他們的變更提交到「基準程式碼」（codebase）的主幹（trunk）上。每次提交時，CI 工具都會建構「基準程式碼」並執行自動化測試集（automated test suite）。

當變更無法正確建構或者會因而導致測試失敗時，這會提供快速的反饋。因為測試是在每次提交時進行，所以馬上就知道是哪組變更導致了問題。開發人員提交得頻率越高，則變更集（changeset）就越小。變更集越小，則發現和修正問題就越快、越容易。

## 持續測試分支並非持續整合

許多開發團隊有使用 CI 工具，但沒有使用它來進行持續整合及測試變更。與在一天中每次提交就執行一次測試集（test suite）相比，按排程來執行測試集（例如，每晚或甚至每小時一次）所提供的反饋循環要慢一些。

許多開發團隊並沒有持續整合變更，而是將變更提交到其 VCS 中的不同分支。其目的通常是讓人們先花時間來完成一個大型的變更，然後再去擔心它如何與其他人正在進行的任何變更一起運作[3]。然而，如圖 10-1 所述，在沒有合併（merge）的情況下，有人在一個分支（branch）上做的變更越多，則合併、測試、除錯以及合併後修正變更所需之工作就越多[4]。

3 分支也被用來區隔變更，這樣就可以單獨發行個別的版本。然而，還有更有效的方法，如第 12 章中（第 232 頁的〈實施方法：為每個變更證明營運環境已準備就緒〉）所討論的那樣。

4 關於分支的問題，Paul Hammant 有一篇很棒的部落格貼文（*http://paulhammant.com/2013/04/05/what-is-trunk-based-development/*）可供參考。

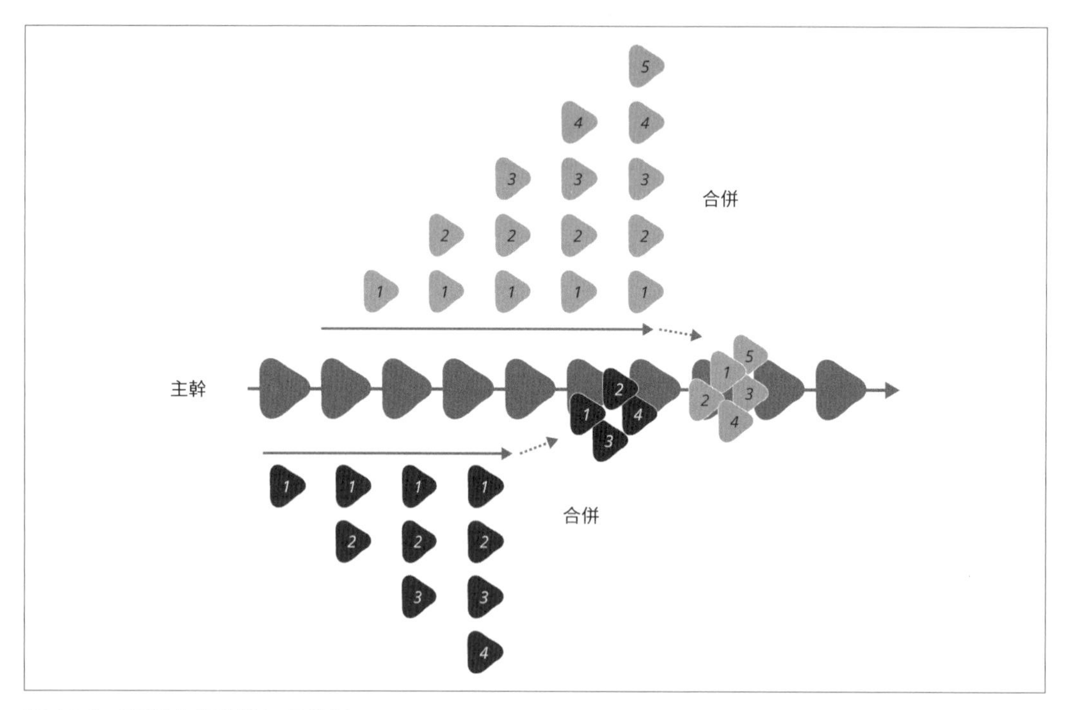


圖 10-1　延遲合併會增加工作量

雖然可以使用 CI 工具對每個獨立的分支進行自動化測試，但只有在分支合併時，才會對整合後之變更一起進行測試。有些團隊發現，這對他們來說很有效，一般是使分支維持短暫的時間。

另一方面，透過持續整合，每個人都會把自己的變更提交到同一個主幹上，並針對完全整合的基準程式碼（codebase）進行測試。變更一提交就會被發現衝突之處，這可以節省大量的工作。圖 10-2 顯示了這是如何運作的，而表 10-1 則概述了幾種常見的分支策略。

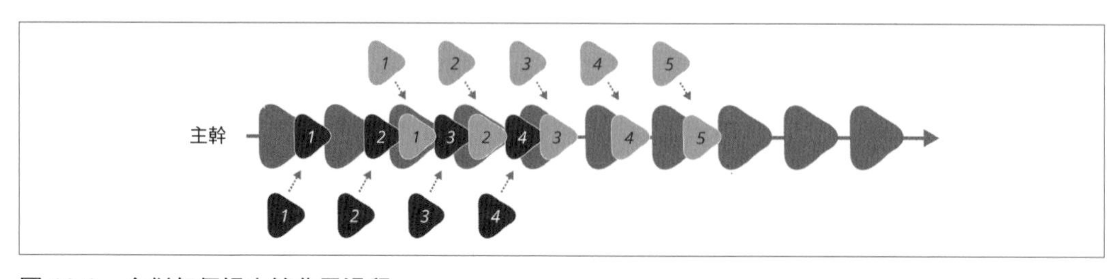


圖 10-2　合併每個提交簡化了過程

### 分支失敗

在一項專案中，我的兩位同事正在對一個系統的認證程式碼（authentication code）進行不同方面的努力，他們各自對一個分支進行修改。雖然他們實際上並沒有修改到相同的檔案，但是這些修改導致了不相容的結果。當他們倆個人都提交了自己的變更之後才發現了問題，就在他們打算部署新版系統的前幾天。要修正它，需要刪除並重寫這幾個星期所進行的修改。

如果同事將變更提交到主幹而不是分支，他們就會更早發現問題，並可節省大量的時間和精力。

對共享主幹（shared trunk）提交的變更越頻繁，變更就越小，所引發的衝突就越少，測試就會越容易，需要修正的問題就越少。

表 10-1　常見的分支策略

| 分支策略 | 說明 |
|---|---|
| 功能分支法 | 當有人或小群組開始對基準程式碼（codebase）進行變更時，他們可採用一條新分支，這樣他們就可以單獨進行變更。如此一來，他們所進行的工作就不太可能會對營運環境造成破壞。當變更完成時，團隊再將其分支合併回主幹。 |
| 發行分支法 | 當一個新版本要部署到營運環境中時，一條分支就會被建立，以反映營運環境中的當前版本。在發行分支（release branch）上進行的錯誤修正（bugfixes）會被合併到主幹上。而下一個版本的工作則是在主幹上完成的。 |
| 持續整合 | 所有工作一完成就提交到主幹。使用持續整合來確保每一個提交都經過充分的測試，並且可以使用一條持續交付流水線（continuous delivery pipeline）來確保只有在充分驗證後才會將變更應用到營運環境中。 |

## 誰搞砸了建構？

為了讓持續整合有效益，在 CI 系統上的任何建構或測試失敗，皆必須立即解決。當建構失敗時，忽視或沒有注意到，會讓錯誤累積起來，並在以後變得混亂，難以釐清。所以在 CI 工具上的一項變更失敗會觸發「stop the line」的情況。開發團隊將其稱為損壞的建構（broken build）或是紅色的建構（red build）[5]。

為了讓問題更容易解決，團隊中任何人都不應該提交任何變更，直到錯誤被修正為止。當提交被添加到已損壞的建構中時，將難以找出原本錯誤的原因，並且難以將其與後續的變更分離開來。

5　Martin Fowler 引用 Kent Beck（*http://martinfowler.com/articles/continuousIntegration.html#FixBrokenBuildsImmediately*）的話說：「沒有比修復建構還緊急優先的任務」。

引發失敗的變更提交者，應該優先修正它。如果變更不能迅速修正，那麼就應該在 VCS 中還原它，以便讓 CI 任務可再次運行，並期望回到綠色狀態（green status）。

**建構監視器**

團隊需要立即了解其 CI 任務的狀態。這通常是在團隊的工作區中使用資訊發送器（參見第 86 頁的〈資訊發送器是什麼？〉）以及能夠在建構失敗時彈出通知的桌面工具。電子郵件在這方面並不是很有效，因為它往往會被過濾及忽視。損壞的建構需要一則「紅色警報」（red alert），讓每個人都停止工作，直到他們知道誰正在努力修復它。

因為立即修復損壞的建構是如此的關鍵，所以要避免陷入忽略失敗測試的習慣。如果人們習慣於「紅色建構」（red build）時工作，那麼團隊便無法從 CI 得到任何益處。當有真正的問題出現時，就沒有人會注意它了，因此不會有迅速的反饋循環。

## 忽略失敗的測試

還有一個壞習慣是停用或註解掉「暫時的」失敗測試，只是為了讓事情有所進展。修復失敗的測試，才應該是你的當務之急。發行（release）一個特定的變更可能很重要，但你的測試集（test suite）才能夠賦予你快速發行的能力。如果你讓測試降級，等於是破壞你自己的交付（deliver）能力。

剔除不穩定的測試：此類測試經常是，這一次運行失敗，下一次運行時就合格了。測試隨機失敗的情況會導致團隊忽略「紅色建構」（red build）。人們會認為它總是「紅色的」（red），再執行一次就行了，合理的問題不會立即被注意到，在這之後，你需要仔細檢查各種提交（commit），以便找出真正的失敗來源[6]。

測試驅動開發（TDD）和自測試程式碼（self-testing code）對於 CI 至關重要。第 11 章將討論如何使用這些做法來開發測試程式，以及它們所要測試的程式碼和組態定義檔。總而言之，TDD 和 CI 是一道安全網，可以確保你在犯錯時能夠捕捉到錯誤，而不是在幾星期後被錯誤反噬。

6 如果適度使用，隔離不確定性測試可以是一個有用的策略。參見 Martin Fowler 的文章「消除測試中的不確定性」（*http://martinfowler.com/articles/nonDeterminism.html*）。

## 基礎架構下的 CI

CI 結合「基礎架構即程式碼」涉及到不斷測試對「定義檔、命令稿和其他為運行基礎架構而編寫和維護之工具和組態」所做的變更。其中每一項都應該在 VCS 中進行管理。團隊應該避免建立分支（branching），以避免累積越來越多之需要合併及測試的程式碼「債務」。每次提交（commit）都應該觸發某種級別的測試。

第 11 章中，我們將考量測試金字塔（test pyramid），這是為基礎架構和系統組建不同測試層的方法（請見第 194 頁的〈建構測試集：測試金字塔〉）。

# 持續交付（CD）

「持續整合」所處理的是在單一基準程式碼（codebase）上完成的工作。在同一程式碼上工作的多個開發者人員不斷地合併他們的工作成果，讓問題可立即浮現並得到解決。「持續交付」[7] 將這種持續整合的範圍擴展到整個系統，以及其所有的元件。

「持續交付」（CD）背後的理念是，讓所有可部署的元件、系統和基礎架構都能得到持續的驗證，以確保它們已經為營運做好準備。它被用於解決「整合階段」（integration phase）的問題。

## 整合階段的問題

透過整合階段，不同的人和 / 或團隊在隔離的情況下，各自處理專案的一部分。不同的應用和服務是分別建構的。最終的營運基礎架構（production infrastructure）是一個獨立的工作流（stream of work）。對於基礎架構的不同部分：資料庫、應用伺服器、網路等等，甚至可能有多個工作流。

專案的各個部分，只有在完成後，才會被放在一起，並進行適當的測試。這背後的想法是，各部分之間的介面只要定義得夠好，一切都將「正常運作」。而這個想法一次又一次被證明是錯誤的 [8]。

至關重要的是，在整個開發過程中，軟體要持續部署到「能夠準確反映其最終營運部署環境」的測試環境。這種部署，在每個環境中，應該以完全相同的方式進行，所有相同的限制都將適用於如同營運環境的測試環境。

7 由 Jez Humble 和 David Farley 所撰寫（Addison-Wesley 出版）的《Continuous Delivery》（*http://amzn.to/1p9XYv1*）是這方面經典的參考資源。

8 樂高整合遊戲（*http://tastycupcakes.org/2011/10/continuous-integration-with-lego/*）透過一種有趣的方式來呈現後期整合（late integration）和持續整合（continuous integration）之間的差異。

頻繁進行測試部署，確保部署過程得到充分證明。如果對應用程式做了任何變更，將會破壞營運環境上的部署，它們將首先破壞測試環境上的部署。這意味著它們可以被立即修正。嚴格遵循此做法，可以輕鬆進行部署到營運環境的事務。

### 為期 12 個月的持續交付專案

我在一間大型企業做過的一項專案，用了十二個月的時間，才首次發行營運的版本。我們堅持每週數次，頻繁地部署到受營運環境限制的「受控」（controlled）環境。我們建立了一個自動化的流程，該流程被認為適合於營運環境，包括需要人工手動輸入密碼，以確認它是否合適。

組織中有許多人抵制這種嚴格的流程。他們認為部署到限制較少的環境中就好了，在這樣的環境中，開發人員具有完全的根目錄存取權，可以對組態檔進行任何的變更，以使他們的程式碼順利運作。他們感到沮喪的是，我們中的一些人堅持停下來並修正受控環境中失敗的部署——當然，我們可以之後再擔心這個問題？

但我們的部署工作還是順利完成了。當發行階段（release phase）到來的時候，組織的發行管理團隊（release management team）安排了一個為期六週的過渡階段（transition phase），讓「程式碼完整」建構出準備好營運的版本。這計劃的第一步，要求營運支援團隊（production support team）先花兩週的時間，將軟體安裝到準營運環境（pre-production environment），這將能確定使軟體準備好可供營運使用所需之工作和修改。

支援團隊在幾小時（而不是兩週）內就部署了該軟體，並在準營運環境中工作。他們決定準備營運環境的工作也將可少於一天。他們很高興能夠節省五週的工作時間，更棒的是，上線後企業所需之修正和改進，可以在發行過程中完成，每個人都相信該軟體是堅如磐石的。

## 部署流水線和變更流水線

軟體的持續交付（continuous delivery）是利用部署流水線（deployment pipeline）來實現的。部署流水線是一個發行過程的自動化表現形式。它會建構應用程式碼，並在一系列環境中進行部署和測試，最後才允許部署到營運環境。

同樣的概念也適用於基礎架構的變更。談到基礎架構的流水線時，我會使用「變更流水線」（change pipeline）這個術語，以表明我所談的不僅僅是部署應用軟體。

流水線通常會進行越來越複雜的測試。早期階段的專注在較快、較簡單的測試，例如單元測試（unit tests）以及測試單一服務。而後期階段涵蓋了系統中更廣泛的部分，並經常會複製營運環境的更多複雜性，像是與其他服務整合。

重要的是，變更和部署軟體所涉及的環境、工具和流程在流水線的各個階段都要保持一致。這樣可以確保在營運環境中的潛在問題能夠及早發現。

測試環境應該像營運環境一樣被鎖定。在測試環境中允許營運環境上不允許的特權，只是在為失敗的營運環境部署鋪路。如果營運環境的限制，使得在測試環境中很難進行必要的修改，則要嘛找到在這些限制之下，容易進行的部署解決方案，要嘛找到滿足限制目標的更好方法。

我的故事裡（第 184 頁的〈為期 12 個月的持續交付專案〉）所提到的組織中，當部署到營運環境時，需要手動鍵入敏感的密碼。我們建立了一個機制，以便有人可以在「Jenkins 控制台中觸發部署任務」時輸入密碼。我們在不需要密碼的測試階段，自動執行此過程，但是該命令稿與任務所執行的命令稿完全相同。這使我們能夠用一個一致的、可重複的流程，來模擬營運環境上的限制。

這個故事說明，手動批准可以被合併到 CD 流程之中。在對敏感的基礎架構應用變更時，完全可以融合其需要人為介入的管控程序。關鍵是確保人為的介入，僅限於審查和觸發所要應用的變更。實際應用變更的流程，應該是自動化的，而且對每個環境的應用都應該是完全相同的。

## 持續交付不是持續部署

關於持續交付（continuous delivery）的一項誤解是，它意味著所提交的每項變更，都會在透過自動化測試後，立即應用到營運環境。雖然有些使用持續交付的組織，確實採取了這種持續部署（continuous deployment）的做法，但大多數組織並未如此做。持續交付的重點並不在於把每項變更立即應用到營運環境，而是確保每項變更皆已經做好營運的準備。

對於何時要將既定的變更推送或發行到營運環境，仍待決定。這個決定可由人來做，但隨後由工具來執行。甚至可以實現對決定流程的授權和審查。

持續交付最大的優點是，上線的決定變成了商業決策，而不是技術決定。因技術驗證已經完成：它發生在每次提交的時候[9]。

9 Jez Humble 曾寫過一篇與此有關的文章，題目為〈Continuous Delivery vs Continuous Deployment〉（*http://continuousdelivery.com/2010/08/continuous-delivery-vs-continuous-deployment/*）。

發布（roll out）變更到營運環境的行為，並非破壞性事件。它甚至不需要技術團隊暫停對下一組變更的工作。它不需要專案計劃、送交文件，或是維護聯繫窗口。只是碰巧，重複一個已經在測試環境中多次執行和驗證的流程。

對於基礎架構團隊來說，持續交付意味著，對基礎架構進行變更時，會得到全面性的驗證。使用者所需要的變更（例如，將新伺服器添加到一個營運環境中）可以不需要基礎架構團隊的參與，因為他們已經清楚知道，當有人點擊（click）按鈕以添加新的 web 伺服器時，到底會發生什麼事。

# 程式碼品質

隨著時間的推移，基礎架構的基準程式碼（codebase）會越來越大，而且會變得難以維護。同樣的事情亦發生在軟體的程式碼上，因此開發人員所採用的原則和做法，也可以被基礎架構團隊所採用。

## 乾淨的程式碼

在過去幾年中，人們重新關注了「乾淨的程式碼」（clean code）[10] 和軟體工藝，這對基礎架構撰碼人員和軟體開發人員同樣重要。許多人認為，實用主義（即把事情做完）和工程品質（即把事情做好）兩者之間存在著折衷方案，這是一種錯誤的二分法。

劣質的軟體和劣質的基礎架構，難以維護和改善。明明知道可能有問題，卻選擇快速丟掉某些東西，導致系統不穩定，問題難以發現和解決。在如「麵條式程式碼」（Spaghetti code，指結構複雜混亂，難以理解的程式）般的系統中新增或改善其功能也是很困難的，僅做一項本該很簡單的變更，通常會耗費驚人的時間，而且會造成更多的錯誤和不穩定性。

所謂「工藝」（craftsmanship）就是要確保你的建構工作正確無誤，並確保不留後遺症。也就是，建構出另一個專業人員可以快速、輕鬆理解的系統。當你對一個建構好的乾淨系統進行變更時，你有信心，你瞭解系統的哪些部分會受到變更的影響。

乾淨的程式碼和軟體工藝並非「過度設計」（over-engineering）的藉口。問題的關鍵不是讓事情變得有條不紊，以滿足對結構的強迫性需求。不必建構一個系統，使其能夠處理未來所有可能的情境或需求。

10 請見「Bob 大叔」 Robert Martin 的《Clean Code: A Handbook of Agile Software Craftsmanship》（*http://www.amazon.com/Clean-Code-Handbook-Software-Craftsmanship-ebook/dp/B001GSTOAM*）。

恰恰相反。一個「精心設計」（well-engineered）之系統的關鍵在於簡單。只建構你需要的東西，然後就會變得更容易確保你所建構的東西是正確的。如果重新組織程式碼會明顯增加價值的話——例如，當它能夠使你當前的工作更輕鬆、更安全時——就可以這樣做。找到「破損的窗戶」後，將其修復。

## 實施方法：管理技術債務

技術債務（technical debt）是對「系統中尚未解決之問題」的隱喻。與大多數金融債務一樣，你的系統也會對技術債務收取利息。為了維持事情的運作，你可能需要以「持續的手動解決方案」的形式來支付利息。你可能會花一些額外的時間來進行變更，而這些變更在較乾淨的架構中會較為簡單。否則，你支付的代價可能是，讓你的用戶面對不可靠或難以使用的服務。

軟體工藝（software craftsmanship）主要是為了避免技術債務。要養成邊發現問題和缺陷邊改正的習慣，這樣才是最好的，不要養成認為它現在已經是夠好了的壞習慣。

這是一個具爭議的觀點。有些人不喜歡把技術債務比喻為實作不佳的系統，因為它意味著一個深思熟慮、負責任的決定，就像借錢創業一樣。但有一種不同類型的債務值得深思。實作不佳的系統，就像是以高利貸（payday loan）來支付度假費用：這會使你有破產的嚴重風險[11]。

# 管理重大的基礎架構變更

本書中所建議的工程實施方法，是基於每次做一個小的改變（見第 16 頁的〈採用小變更而非批次的方式〉）。在交付可能會帶來破壞性的大型變更時，這可能具有挑戰性。

舉例來說，要如何來完全取代用戶目錄服務之類的基礎架構？要讓新的服務正常工作並通過完整測試，可能需幾週或甚至幾個月的時間。將舊服務換成無法正常使用的新服務，會對你的用戶和你自己造成嚴重的問題。

以敏捷的方式交付的複雜工作，關鍵是將其分解成小的變更。每項變更都應該具有潛在的用處，至少足以使人們嘗試一下並看到效果，即使它尚未準備好用在營運環境中。

我發現從功能上進行思考很有用。與其定義「為 SSH 實作監控檢查」之類的任務，我寧可試著用「確保當 SSHD 在伺服器上不可用時，我們會收到通知」這樣的術語來定義任務。對於較大的專案，團隊可以根據功能來定義進度。

11 Martin Fowler 談到了技術債務象限（*http://martinfowler.com/bliki/TechnicalDebtQuadrant.html*），其中區分了故意與無意的技術債務，以及莽撞與謹慎的技術債務。

對於營運系統上的重大變更，有一些循序漸進的技巧。其一是進行小規模、非破壞性的變更。慢慢地，一點一點地取代舊的功能。例如，第 8 章所討論之以漸進的方式來實作伺服器組態的自動設定。從你的伺服器中選擇的一個元素，然後撰寫 manifest（或 recipe、playbook，等等）來管理它。隨著時間的推移，你可以逐步添加更多的組態元素。

另一個技巧是對用戶隱藏變更。以替換用戶目錄服務為例，你可以著手建構新的服務，並將其部署到營運環境，但也要維持舊服務的運行。你可以選擇性地測試依賴它的服務。定義一個使用新「用戶目錄」（user directory）的伺服器角色（server role），並在營運環境中建立一些不會用於關鍵服務、但可供測試的伺服器。首先選擇一些可以遷移到新目錄的候選服務（candidate services），也許是基礎架構團隊使用但終端用戶不使用的服務。表 10-2 總結了一些隱藏「營運用程式碼」（production code）中未完成之變更的技巧。

表 10-2　將尚未準備好之變更部署到系統中的一些技巧

| 技巧 | 說明 |
|---|---|
| 功能隱藏法 | 部署變更後的程式碼，但不讓用戶或系統看到它。在許多情況下，這僅僅是不設定其他系統的組態以整合新功能的問題。 |
| 功能切換法 | 實作一項組態設定，以便在營運環境中關閉變更後的功能或程式碼。 |
| 抽象分支法 | 更換現有的元件之際，同時部署新的和舊的元件。利用組態檔，如同功能切換法，以便在營運環境中使用元件的舊版本，同時允許在相關的測試環境中使用新版的元件。 |

重點是要確保，在開發過程中，任何需要一段時間才能實現的變更，都將不斷地得到測試。

## 功能切換

功能切換[12]是一種對既有命令稿進行修改的測試技巧。新的變更添加了一些條件邏輯，因此只有當組態被設定為「切換」（toggled）時才會使用。對於使用組態註冊表（configuration registry）的軟體或工具，可以在測試環境中啟用該功能，以及在營運環境中停用該功能。

12　如何有效使用功能切換，是一個深入的議題。我的同事 Pete Hodgson 在一篇文章（*http://martinfowler.com/articles/feature-toggles.html*）中提到了此議題的多個面向。Ryan Breen 也曾寫過他的功能切換使用經驗（*http://lifeinvistaprint.com/techblog/configuration-management-git-consul/*）。

清除不再使用的切換器

使用功能切換（feature toggles）和類似技巧的一個常見問題，是它會使系統的基準程式碼（codebase）複雜化。隨著時間的流逝，這往往會累積大量的條件程式碼（conditional code）以及不再需要的組態選項。

認為移除「功能切換」是非必要的工作，或者說為了「預防萬一」將組態選項保留下來，這是一個陷阱。這些組態選項增加了複雜性，於是也增加了理解和除錯的時間。陷阱喜歡隱藏在人們認為不會被使用的程式碼中。

不再使用或已經停止開發的可選用功能便是技術債務（technical debt）。它應該被無情地修剪掉。即使你後來決定需要該程式碼，它也應該出現在 VCS 的歷史紀錄中。若將來你想回頭去使用它，則可以在版本控制的歷史紀錄中找到它。

# 結論

本章回顧了一些核心的軟體開發實施方法，以及它們與「基礎架構即程式碼」一起使用的關係。這些實施方法的基本主題是「品質」（quality）。為了確保系統和定義系統之程式碼的品質，品質必須是首先要顧慮的問題。

將系統的品質放在首位的團隊，透過獲得持續的反饋以及立即採取行動，可創造一個良性循環。他們有信心，定期地進行小的修正和調整，可以使他們的系統平穩運行。這讓他們有更多的時間去做更令人滿意、更高階的工作，而不是去救火。

下一章將探討自動化測試的更多細節。

第十一章

# 測試基礎架構的變更

前一章描述了如何透過「基礎架構即程式碼」來應用諸如 CI 和 CD 之類的軟體工程實施方法。該章的一個重要主題是「品質管理」(managing quality)。而本章則會深入介紹測試的細節，尤其是自動化測試(automated tests)。自動化測試對於能夠持續測試系統的變更而言至關重要。但是許多團隊發現建構和維護自動化測試集(test suite)難以持續。本章將討論那些設法建立和維持自動化測試制度之團隊所使用的方法。

測試的目的是在幫忙快速完成工作。可悲的是，在許多組織中，測試被認為會降低工作速度。人們存在普遍的誤解，即品質和交付速度(delivery speed)是相互牴觸的力量，必須權衡利弊得失。這種心態導致了一個想法，即自動化可以透過加快測試系統的速度來加快交付過程。

這些錯誤的觀念——測試是交付速度的敵人，而自動化是使測試更快進行的靈丹妙藥——會導致昂貴、失敗的自動化計劃。

實際上是，系統品質是交付速度的推動力，投入較少的時間去發現和修正問題，會導致一個脆弱的系統(fragile system)。脆弱的系統難以改變，所以變更起來既費時又有風險。

自動化測試的目標是幫助團隊，在錯誤發生後立即發現錯誤，以便立即修正，從而維持系統的品質。一個在持續測試和修正方面有著很強紀律的團隊，能夠快速而自信地進行變更。

一個強大、平衡的自動化測試機制將導致：

- 在營運環境中發現的錯誤更少
- 當錯誤被發現時可以更快地修正
- 頻繁地進行變更和改善的能力

換句話說，良好的測試可以帶來更快的交付速度和更高的品質。

## 以敏捷的做法來進行測試

許多組織會將工作流程分為實作（implementation）和測試（testing）兩個階段，通常由不同的團隊來完成。而敏捷流程（agile processes）則鼓勵團隊整合測試和實作以縮短反饋循環（圖 11-1）。隨著變更的進行，測試會不斷進行。這是由測試人員和開發人員密切合作並結合自動化測試來完成的。

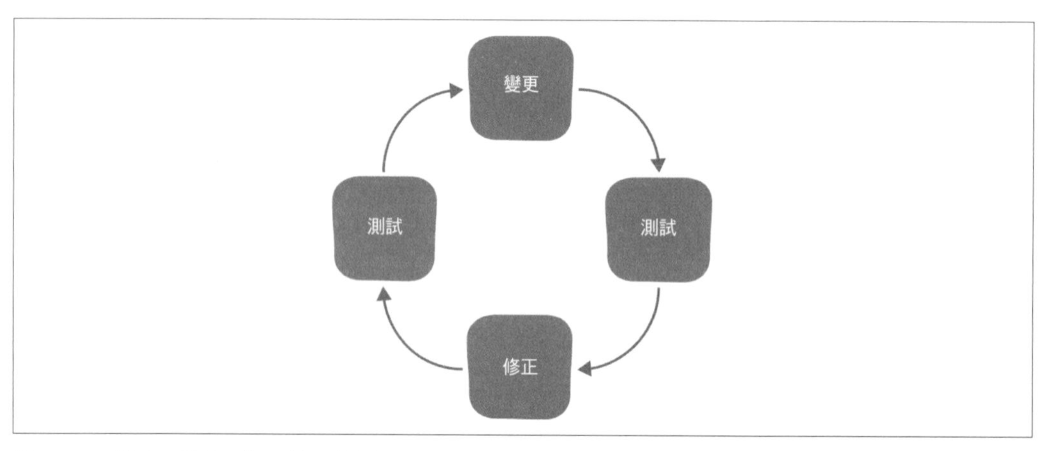


圖 11-1　變更 - 測試 - 修正的反饋循環

所以，測試自動化最有用的目標，不是縮短專案測試階段的時間，而是將測試和修正活動嵌入到核心工作流程之中。當有人在對系統進行變更時，無論是變更應用程式碼，還是變更基礎架構定義，他們都會持續進行測試。進行測試是為了確保他們的變更有按預期工作。進行測試是為了確保他們的變更不會破壞系統的其他部分。進行測試是為了確保他們沒有留下任何枝節，導致之後出現問題。

人們進行測試，以便在他們仍在進行變更時，可以立即解決每個問題。所有的事情，在他們的腦海中都還記憶猶新。因為變更的範圍非常小，問題很快就能找到並修正。

## 快速反饋的自動化測試

測試過程基於獨立之實作和測試階段的團隊，通常會嘗試透過自動化其測試階段來進行自動化。這經常是由 QA 團隊來掌控的專案，其目標在建立一個全面的回歸測試集（regression test suite），該測試集可以複製他們手動進行的操作。這些自動化工作往往令人失望的原因有幾個。

一個問題是，由單獨之測試團隊所建構的自動化測試集，往往側重於高層次的測試。這是因為售予測試團隊的工具往往以 UI 為中心，因為它們被視為取代了通過 UI 驅動的手動測試。

雖然 UI 層級的測試是自動化測試集的重要組成部分，但隨著所測試之系統的發展，它們的開發成本較高，運行速度較慢，並需要更多的工作來維護。所以測試集需要有良好的平衡性，本章後面將介紹的測試金字塔（test pyramid）為設計平衡性良好的測試集（test suite）提供了一個模型。

然而，成功進行自動化測試的關鍵是，讓整個團隊一同參與規劃、設計和實作，而不是讓一個孤立的小組負責。

**大規模測試（*Big Bang Test*）自動化專案的陷阱**

推行自動化測試的方案，往往會得不償失。這會導致難以跟上持續開發的步伐，因為系統是一個不斷移動和變化的目標。龐大的測試集還沒完成，系統就已經發生了變化。一旦測試集建構好後，系統馬上又會發生變化。因此測試會斷斷續續地，而完整測試集的目標永遠不可能實現。

以完整且完成的測試集為目標，是注定要失敗的。相反的，自動化計劃的目標應該是養成不斷編寫測試的習慣，並將其做為例行變更和推行工作的一部分。所以說，自動化測試計畫的成果不是一個完整的測試集，而是一套工作習慣和例行程序。

當一個團隊成功採用了自動化測試後，每當對系統進行變更，就會撰寫測試或更新程序。CI 和 CD 機制會對每個變更持續進行相關測試，如同第 10 章所討論的那樣。團隊會立即回應，以修正失敗的測試。

## 有組織地建構測試集

要想啟動一個「養成良好測試習慣的」計畫，方法並非試圖建構一個完成的測試集來涵蓋現有的功能。取而代之的是，針對每次出現的新變更編寫測試程序。發現錯誤後，編寫測試程序以暴露該錯誤，然後對其進行修正。當需要一個新功能或新能力時，就可以隨即開始進行測試，甚至可以使用測試驅動開發（TDD），如本章稍後所述。

將系統有組織地構建起來，做為例行性變更的一部分，迫使每個人都要學習持續進行測試的習慣和技能。還是那句話，要追求的結果不是「完成的」測試集，而是每次變更後的例行測試。這種做法將產生一個測試集，這幾乎是附帶產生的結果。有意思的是，所產生的「測試集」將集中在系統中最需要測試的領域：就是那些變動和／或破壞最多的領域。

# 建構測試集：測試金字塔

測試集（test suite）的管理具有挑戰性。測試應該執行起來迅速，維護起來輕易，並可幫助人們快速找出失敗的原因。測試金字塔（testing pyramid）是一種概念，用於思考如何平衡不同類型之測試以實現這些目標（圖 11-2）。

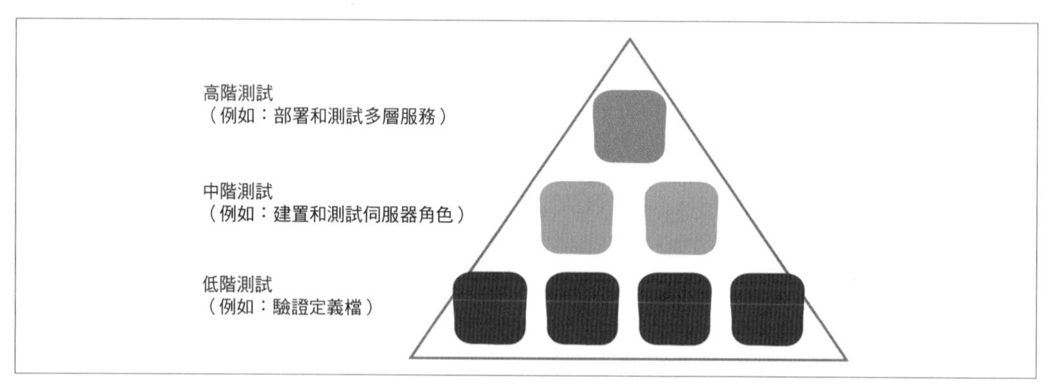


圖 11-2　測試金字塔

此金字塔將範圍更廣（broader scope）的測試往頂部放，而那些範圍較狹（narrow scope）的測試則往底部放。下層的低階測試用於驗證較小的個別事物；例如，定義檔和命令稿。中間層用於測試一些較低階的元素；例如，透過建立一個運行中的伺服器。最上層用於測試整個運作系統；例如，一項具有多個伺服器及其周遭基礎架構的服務。

在金字塔較低的層級要進行比較多的測試，而在頂部則比較少。因為較低層級的測試規模更小，且更具針對性，所以它們的執行非常快。層級越高的測試往往涉及到更多東西，需要花更長的時間來設置和執行，所以它們執行較慢。

## 避免不平衡的測試集

自動化測試集的一個常見問題是冰淇淋杯或稱倒置金字塔，如圖 11-3 所示。當與低階測試相比，高階測試太多便會發生這種情況。

頭重腳輕的測試集難以維護，執行速度慢，而且不能像較平衡的測試集那樣準確地指出錯誤。

高階的測試往往很脆弱。系統中的一個變更可能會破壞大量的測試，與原本的變更相比，可能需要花費更多的心力來解決。這將導致測試集落後於開發，也意味著它無法持續地運作。

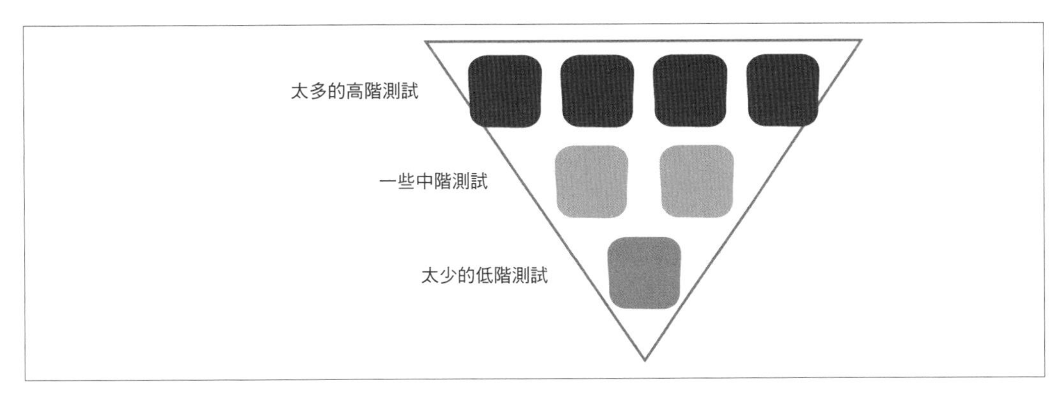


圖 11-3　倒置的測試金字塔

較高階測試的運行速度也比更具針對性之較低階測試要慢，這使得經常運行整套測試不切實際。並且因為較高階測試涵蓋大範圍的程式碼和元件，當測試失敗時，可能需要花些時間來追蹤和解決問題。

這通常發生在團隊，將基於 UI 的自動化測試工具，做為其測試自動化策略的核心時。當測試被視為與建構分離的功能時，往往會出現這種情況。不參與建構系統的測試人員，不會看到或參與堆疊中的各個層級。這使得他們無法開發較低階的測試並將其納入建構和變更流程。對於只以黑箱的方式來與系統互動的人來說，UI 是與它進行互動的最簡單做法。

### 長時間執行測試是測試集不平衡的警訊

為了讓 CI 和 CD 切實可行，每次有人提交變更，都應該執行完整的測試集。提交者（committer）應該能夠在幾分鐘內就看到其所做之變更的測試結果。速度緩慢的測試集使得這這一點難以做到，這往往導致團隊想要以定期的方式執行測試集：每幾小時一次，或甚至每晚一次。

如果每次提交，測試的執的速度太慢而不實用，那麼解決方案並非是減少測試的執行頻率，而是去修正這種情況，使得測試集的執行速度能夠更快。這通常包括重新平衡測試集，減少長時間執行測試的次數，以及增加較低階測試的覆蓋率。

反過來說，這可能需要重新架構被測試的系統，使其更模組化、耦合更鬆散，以便加快各個元件的測試速度。

## 實施方法：盡可能進行最低階的測試

應該盡量減少 UI 和其他高階測試，只有在較低階測試執行完畢後才可以執行。一個有效的測試集（test suite）將會執行少量的端對端（end-to-end）旅程測試（journey test），觸及系統的主要元件，並證明其整合運作正常。具體的特性和功能要在元件層級進行測試，或者透過單元測試來進行測試。

每當有較高階的測試，失敗或是被發現錯誤，要設法在最低階的測試中抓住問題。這樣可以確保錯誤更快被抓住，並且非常清楚發生在何處。如果不能在單元測試層次偵測到錯誤，則移動到堆疊的上一層，並嘗試在那裡捕捉到錯誤。本質上，單元測試之上任何層級的測試，都應該測試只有在該層級的元件被整合時才會發生的交互作用（interaction）。

因此，如果元件 A 內有問題，那麼針對該元件的測試就應該捉住這個問題，而不是在跨元件 A、B 和 C 執行整合測試時捉住這個問題。當測試 A、B 和 C 時，若發現 A、B 和 C 的協同工作方式有錯誤，測試應該就是失敗，即便當時每個元件本身都是正確的。

舉一個例子，假設你發現應用程式發生錯誤是由於 Chef 所管理的組態檔中的一項錯誤。與其測試該項錯誤是否出現在運行中的應用程式，不如為用於建構組態檔的 Chef recipe 撰寫一項測試。

測試 UI 中的錯誤將涉及啟動虛擬機，可能需要設置資料庫和其他服務，然後建構和部署建構好的應用程式。一項變更導致應用程式中出現問題，可能會導致數十項的測試失敗，這讓人很難理解到底出了什麼問題。

相反的，每當 Chef recipe 發生變動就撰寫一項測試來執行。測試可以使用像 ChefSpec（*https://docs.chef.io/chefspec.html*）這樣的工具，來模擬當 Chef 執行 recipe 時發生的情況，無須真的應用到伺服器上。這樣做的速度快多了，而當它失敗時，就可以在非常窄的區域中尋找原因。

ChefSpec 範例（範例 11-1）建立了一個 `Runner` 物件，該物件是一個用於執行 recipe 的模擬器。每個 `it ... do ... end` 區塊就是一項獨立的測試，用於檢查模板檔案是否已經建立，或者它是否具備正確的屬性[1]。

### 範例 *11-1 ChefSpec* 測試樣本

```
require 'chefspec'

describe 'creating the configuration file for login_service' do
  let(:chef_run) { ChefSpec::Runner.new.converge('login_service_recipe') }
```

1 注意，這個範例可能違反了本章之後的建議，不要撰寫反射測試（第 208 頁的〈反模式：反射測試〉）

```
    it 'creates the right file' do
      expect(chef_run).to create_template('/etc/login_service.yml')
    end

    it 'gives the file the right attributes' do
      expect(chef_run).to create_template('/etc/login_service.yml').with(
        user:  'loginservice',
        group: 'loginservice'
      )
    end

    it 'sets the no_crash option'
      expect(chef_run).to render_file('/etc/login_service.yml').
          with_content('no_crash: true')
    end
  end
```

## 實施方法：只實作所需要的層級

測試金字塔建議，每個元件都應該有多個整合層級（integration level）的測試。但哪些層級需要實作，將取決於特定系統和它的需要。重要的是，避免測試集過於複雜。

對於基礎架構基準程式碼（infrastructure codebase）應該使用哪種類型的測試，並沒有公式可用。最好是先從相當少量的測試開始，然後在有明確需求時，引入新的測試層級和類型。

## 實施方法：經常修剪測試集

維護自動化測試集可能是一個負擔。隨著團隊變得越來越有經驗，撰寫和調整測試變成例行工作，這將會變得越來越容易。但是測試集會有不斷增長的趨勢。撰寫新的測試變成一種習慣，所以團隊需要有相應的習慣，移除測試以維持測試集的可管理性。當然，避免一開始就進行不必要的測試，也是有幫助的。

## 實施方法：不斷審視測試的有效性

最有效的自動化測試機制，包括持續地審視和改進測試集。你可能需要不時地去檢查和修剪測試；移除整層或整組測試；添加新的測試層或測試類型；添加、移除或更換工具；改進管理測試的方式；諸如此類。

每當在營運環境中，或甚至是在測試環境中，出現重大問題時，請考慮進行無可指責的事後分析（*https://codeascraft.com/2012/05/22/blameless-postmortems/*）。始終應該考慮的緩解方案之一就是添加或修改測試，或甚至是刪除測試。

下面是你應該考慮修改你的測試的一些跡象：

- 你花在修正和維護某些測試的時間，是否比你花在避免它們被捉到問題的時間還多？
- 你是否經常在營運環境中發現問題？
- 你是否經常在流程後期才發現問題，例如在發布的時候？
- 你是否在高階測試中花費太多時間去除錯和追蹤失敗原因？

**基礎架構單元測試的程式碼覆蓋率**

避免為基礎架構單元測試（unit tests）的程式碼覆蓋率（code coverage）設定目標。因為組態定義檔往往相當簡單，所以一個基礎架構基準程式碼（infrastructure codebase）的單元測試數量，可能沒有軟體基準程式碼（software codebase）那麼多。為單元測試的覆蓋率來設定目標（這在軟體開發界是一種濫用的做法）會強迫團隊撰寫和維護無用的測試程式碼，這將使得維護良好的自動化測試更加困難。

# 實作一個平衡的測試集

有各式各樣的工具可用於實作自動化基礎架構測試。在許多情況下，為軟體測試設計的工具，可以直接用於基礎架構。其中一些工具的延伸還添加了基礎架構特有的功能。例如，Serverspec（*http://serverspec.org/*）的 RSpec（*http://rspec.info/*）延伸，是一個基於 Ruby 的測試工具，其功能在檢查伺服器的組態設定。

在金字塔的不同層級進行不同種類的測試，可能需要不同的工具。重要的是要避被工具糾纏不清。避免根據所選擇的工具來制定測試策略。取而代之的是，應該分析你的系統和元件，以決定你需要如何去測試它們。然後找到完成你的做法的工具。與基礎架構中的任何部分一樣，設想你會隨著時間推移，改變測試工具的某些部分。

圖 11-4 可以看到一個應用範例，LoginService，本章將會用它來解說如何實作平衡式測試集。LoginService 使用了兩種類型的伺服器：資料庫伺服器和應用伺服器。每種伺服器類型都有一個為其設定組態的 Puppet manifest，以及一個為其建構 AMI 的 Packer template。而 CloudFormation 定義檔則用於定義服務周遭的基礎架構。

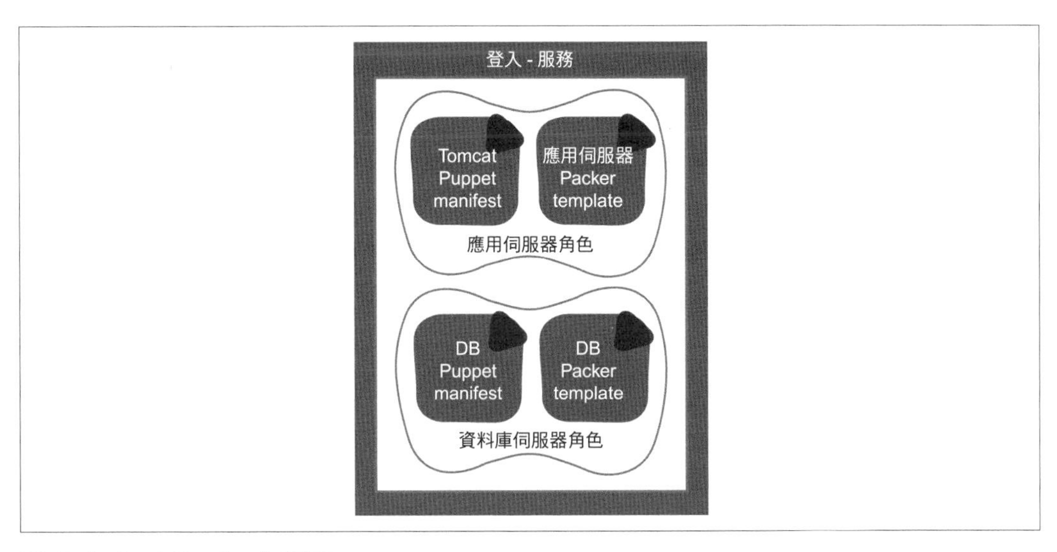


圖 11-4　LoginService 的架構

圖 11-5 可以看到 LoginService 的一個測試金字塔，其中粗略地介紹了可能適用的測試層級。

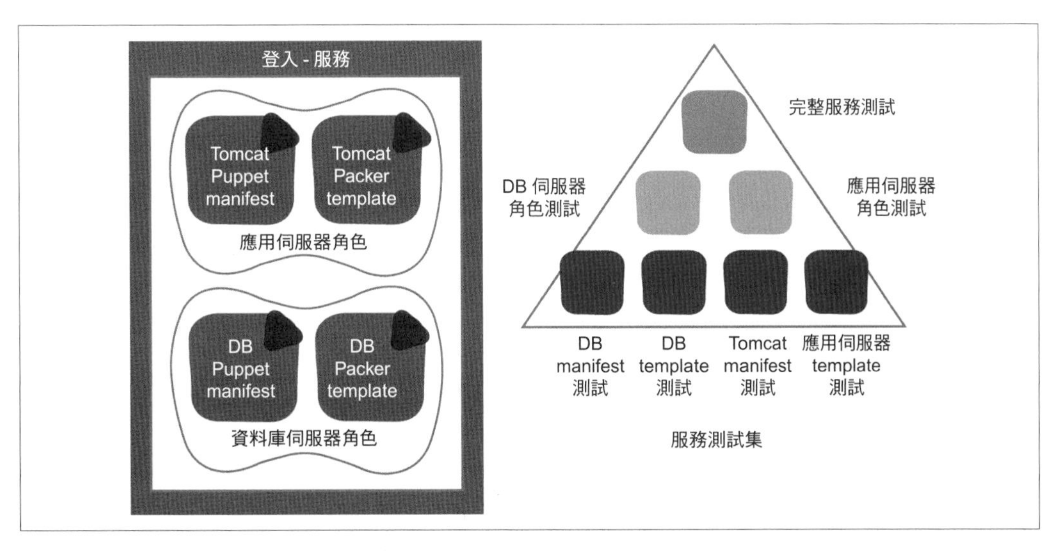


圖 11-5　一個服務案例及其測試金字塔

## 低階測試

以下檔案均在 VCS 中控管：

- 應用伺服器 Puppet manifest
- 資料庫伺服器 Puppet manifest
- 應用伺服器 Packer template
- 資料庫伺服器 Packer template
- CloudFormation 檔案

這些定義檔中的每一個均在 VCS 中控管，並可獨立測試。當一項變更提交後，CI 伺服器會從 VCS 中提取相關檔案，並對其執行一些驗證。

對任何一個 Puppe tmanifest 的變更，都會觸發對 manifest 的一些驗證：

- 語法檢查
- 靜態分析
- 單元測試

所有這些測試都可以快速運行，因為它們沒有複雜的設置要求。它們不需要實際建立（creating）一個伺服器以及應用（applying）manifest。它們往往會很快就會發現簡單的錯誤。

如果沒有這一層測試，一個簡單的語法錯誤，可能要花幾分鐘的時間建立虛擬機以及設定好它的組態後，才會被發現。到那時，要從一個問題追溯到具體的錯誤，可能需要一段時間。如果能夠快速檢查並立即告訴你錯誤的相關資訊，那就更好了。

## 語法檢查

許多使用組態定義檔的工具，包括 Puppet、Packer 和 CloudFormation，都具有語法檢查模式，可用來實作這種類型的檢查。在範例 11-2 中，可以看到 puppet 命令列工具，被用來驗證（validate）*appserver.pp* 檔案。

範例 *11-2*　進行 *Puppet* 的語法檢查

```
$ puppet parser validate appserver.pp
```

## 靜態程式碼分析

靜態程式碼分析工具的功能是，解析程式碼或定義檔案，而不執行它們。Lint（*https://en.wikipedia.org/wiki/Lint_(software)*）是靜態分析工具的原型，最初用於分析 C 語言程式碼。靜態程式碼分析工具可用於越來越多的基礎架構定義檔格式，像是 puppet-lint（*http://puppet-lint.com*）以及用於 Chef 的 Foodcritic（*http://www.foodcritic.io*）。

靜態分析可用來檢查常見的錯誤（common errors）和不良的習慣（bad habits），雖然它們在語法上是正確的，但可能會導致錯誤（bug）、安全漏洞、性能問題，或者只是難以理解的程式碼。

靜態分析工具所檢查的許多事情，看起來似乎很瑣碎或古怪。但最有效率的基礎架構和開發團隊，往往對良好的撰碼風格（coding hygiene）要求嚴格。強迫自己改變撰碼的習慣，以使定義檔和命令稿維持一致和乾淨，從而獲得更可靠的系統。而一些零亂的程式碼和瑣碎的錯誤，累積起來便會造成不可靠的基礎架構和服務。

## 單元測試

軟體程式碼中，單元測試會按照一或兩類的順序執行程式的一小部分，以確定它們的運行是否正確。大多數基礎架構工具，都具有某種的單元測試工具或框架，像是 rspec-puppet（*http://rspec-puppet.com/*） 和 ChefSpec（*https://docs.chef.io/chefspec.html*）。Saltstack 甚至還內建單元測試的支援（*https://docs.saltstack.com/en/latest/topics/tutorials/writing_tests.html*）。

這樣的工具允許運行特定的組態定義檔，而無須實際將其應用於（applying）伺服器。它們通常包括模擬系統其他部分的功能，足以檢查定義檔的行為是否正確。這需要確保你的每一個定義檔、命令稿和其他低階元素都能夠獨立執行。重新調整結構以便做到測試隔離，這有可能頗具挑戰性，但會得到一個更乾淨的設計。

單元測試的一個陷阱是，可能會導致反射測試（如第 208 頁所提到的〈反模式：反射測試〉）。請不要落入這樣的陷阱：認為你必須有涵蓋組態定義檔之每一列的單元測試。這種想法導致了大量脆弱的測試，這些測試維護起來很耗時，而且對於發現問題幾乎沒有價值。

## 中階測試

一旦運行了較快的驗證，就可以將不同的元件組裝在一起，並進行測試。對於稍早所提到的 LoginService 範例，這可能涉及使用 Packer template 和 Puppet manifest 來建構出一個應用伺服器模板。驗證過程將使用新模板來建立一個伺服器實例，然後針對它進行一些測試。圖 11-6 可以看到應用伺服器角色的中階測試如何映射到系統架構的該部分。

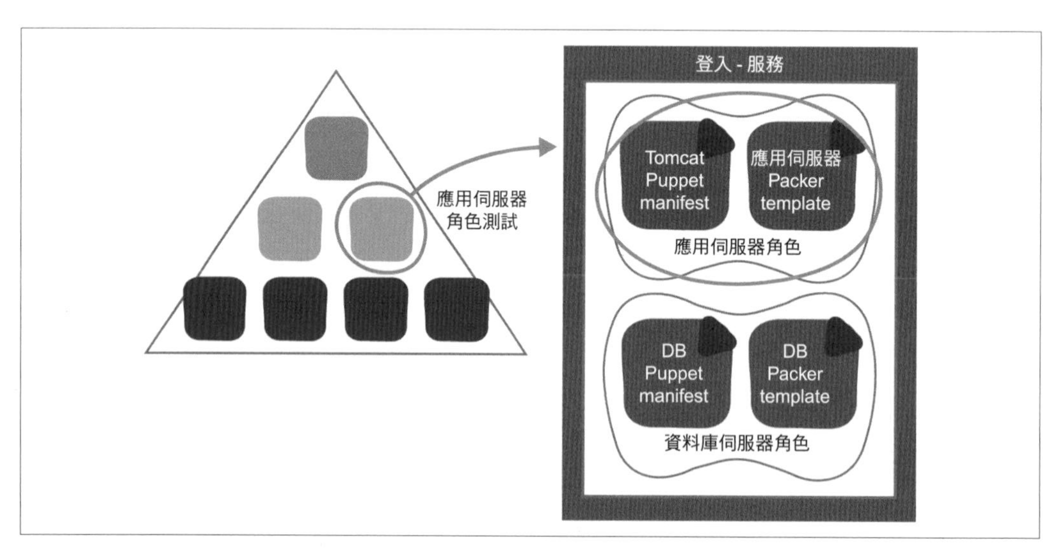


圖 11-6　應用伺服器測試所涵蓋的 LoginServer 元件

範例 11-3 可以看到 Serverspec 程式碼片段，用於測試一個名為 `login_service` 的服務是否正在運行。

*範例 11-3　以 Serverspec 來驗證登入服務是否正在運行*

```
describe service('login_service') do
  it { should be_running }
end
```

圖 11-7 中可以看到設置和運行此項測試（可能還有其他測試）的流程。至此，建構應用伺服器所涉及到的每一個部分，都已經被驗證過了。中階測試不應該是證明各個元件的正確性，而是應該去證明它們整合在一起時，能夠正常運作。

例如，Puppet manifest 可能會對基本作業系統中已安裝的套件做出假設。如果有人更新了模板中之作業系統的版本，則所安裝的套件可能會發生變化，而這可能會導致 Puppet manifest 出現問題。中階測試便是捕捉到此類錯誤的起點。

在此階段，你想要發現的其他問題是尚未發現的，因為系統當前正在使用真正的伺服器實例，而不是讓單元測試軟體來模擬 manifest 所應用的環境。

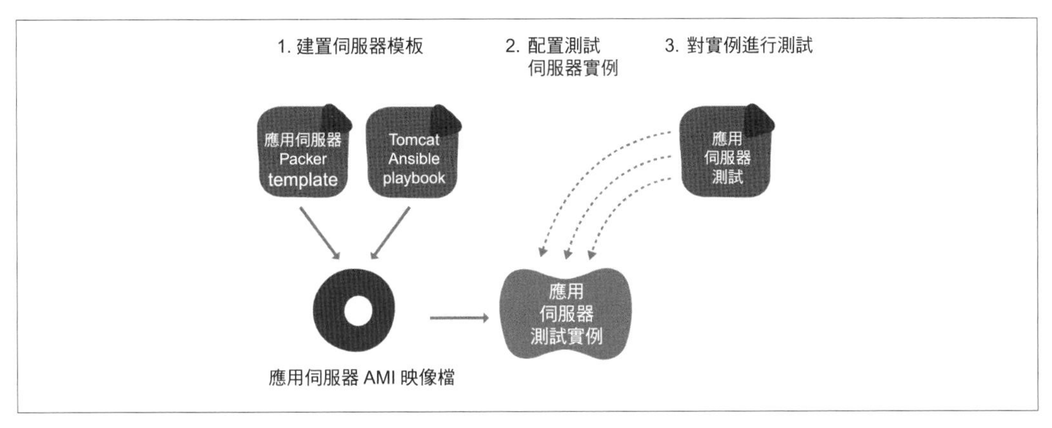


圖 11-7　用於測試 LoginService 應用伺服器的流程

## 建立測試基礎架構

這一層的測試需要去建立相關基礎架構的測試實例。對 LoginService 應用伺服器測試（appserver test）來說，這是一個測試伺服器（test server）。但其他測試可能需要去測試其他東西，比如網路組態或資料持久性等。管理網路組態的命令稿或定義檔，將需要至少具備模擬基礎架構的能力。

這應該以被測試對象所使用之基礎架構平台技術來完成。而雲端風格的基礎架構允許測試工具從資源池中提取資源，以便根據需要來啟動伺服器、網路元素…等等。對於使用有限資源（例如，一組專門用於專案的實際硬體）的團隊，這是必要的投資，以確保有足夠的能力來進行這種測試。

每次測試之前，應以測試基礎架構（test infrastructure）做為基準（baseline）。如果可能，應該從頭開始配置新的實例，使用與配置營運環境之基礎架構相同的定義檔、工具和流程。測試完成之後，接著釋放資源。這需要基礎架構的配置流程（provisioning process）能夠快速進行，以讓整個測試過程不會運行太長時間。

如果測試是在一組固定的基礎架構上進行的，則應該清除這些實例，並從頭開始對其設定組態。這可以避免在整個測試過程中堆積雜物，導致污染測試環境的情況。

## 本地虛擬化測試基礎架構

在較受限的環境中，或者只是為了優化測試時間，可以考慮在本地端虛擬化環境（像是 Vagrant）上進行測試，而不要在主要的基礎架構平台上進行測試，這樣往往非常有用。如果運行測試的 CI 代理程式是以支援「託管虛擬機」（hosting virtual machines）的方式來建構的，那麼它們就可啟動本地端虛擬機來驗證伺服器組態。

重要的標準是，這在實際快速捕捉問題上，有多大的用處。在許多情況下，運行相同作業系統、使用相同工具和定義檔所建構和配置的 Vagrant box，足以精確表示在營運環境上運行的虛擬機。

不要偏愛特定程式語言

團隊通常喜歡使用「其基礎架構管理命令稿及工具所使用的程式語言」來撰寫測試工具。當使用該工具的人必須以同一種程式語言來編寫測試程序時，這是明智的。它也可以用於撰寫延伸套件。例如，當使用基於 RSpec 的工具時，了解（或學習）Ruby 是有幫助的。

但是，當使用通過更抽象之 DSL 定義測試的工具時，實作語言就不那麼重要了。如果團隊對底層的語言接觸不多，那麼在選擇工具時，不用太在意底層的語言是什麼。

## 管理測試基礎架構的工具

為了達到測試的目的，有各式各樣的工具可以讓伺服器實例（server instances）或其他基礎架構環境（infrastructure context）的自動建立變得更容易。Test Kitchen（*http://kitchen.ci/*）用於簡化不同基礎架構上之測試伺服器的管理，以便應用和測試組態。它是專門為 Chef 而設計的，但也用於測試 Puppet 和其他工具。而 Kitchen Puppet（*https://github.com/neillturner/kitchen-puppet*）則用於支援透過 Test Kitchen 去測試 Puppet manifests。

# 更高階的測試

測試集（test suite）的更高階測試涉及，測試基礎架構中多個元素整合在一起時，是否能正常工作。如圖 11-8 所示。特定服務的「端對端測試」（end-to-end testing）整合了交付該服務所需要的所有元素。這可能也包括了整合外部的系統。

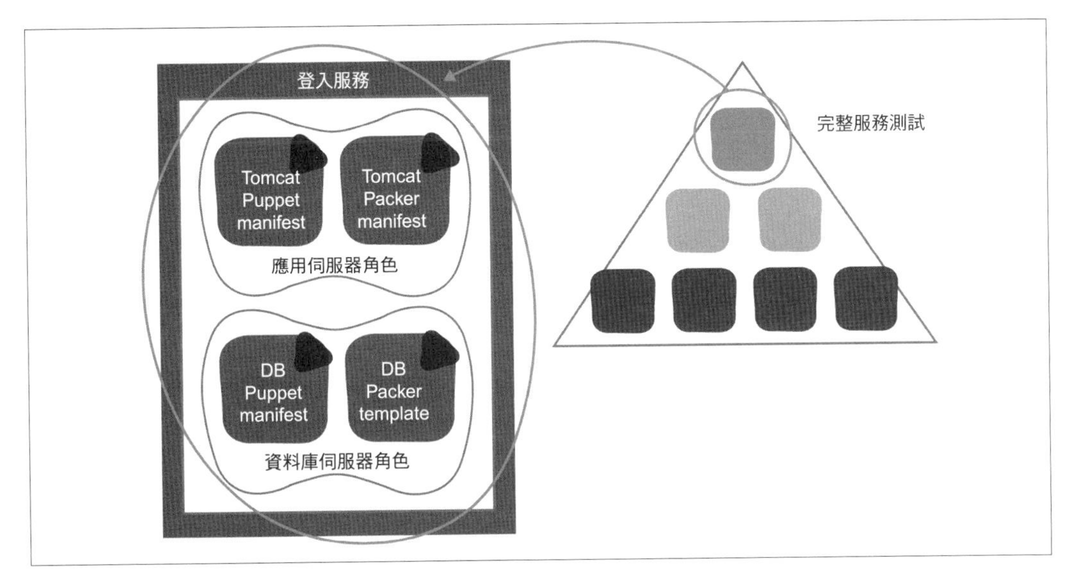


圖 11-8　高階測試所涵蓋的 LoginServer 元件

這一層測試的考量因素與中階的測試類似。舉例來說，在應用（applying）組態之前，需要配置相關基礎架構的測試實例，最後是從頭開始建構，或者至少穩當地將它設定為一個基準（baseline）。

對於更高階的基礎架構，如果不使用與與營運環境相同的基礎架構平台，那麼模擬基礎架構就會變得更加困難。在任何情況下，這通常是準確再現營運環境基礎架構的關鍵點，因為這可能是進行營運之前最後一個階段。

這一層測試往往不需要太多其他地方尚未使用的特殊工具。應使用與「營運環境基礎架構」（production infrastructure）相同的工具和定義檔來配置基礎架構。通常可以根據需要使用多種工具來進行測試。用於中階驗證的工具類型，像是 Serverspec，通常適用於此處。使用 `curl` 的簡單命令稿可以驗證連線的運作是否正常。

在某些情況下，使用通用的「行為驅動開發」（behavior-driven development，簡寫 BDD[2]）和 UI 測試工具，可能是有用的[3]。這種類型的測試對於測試「涉及 web UI 的複雜互動行為」特別有用。

因為這一層測試的設置和運行速度是最慢的，所以嚴格修剪測試是關鍵。這一層測試應該至少需要找到透過較低階測試無法找到的問題。

2　見「行為驅動開發」（*http://dannorth.net/introducing-bdd/*）。

3　例如 Selenium（*http://www.seleniumhq.org/*）。

範例 11-4 使用了將從應用伺服器端執行的 Serverspec。它證明了可以從應用伺服器來存取資料庫伺服器。這將會捕捉到防火牆規則組態的任何錯誤。

*範例 11-4 以 Serverspec 驗證連接性*

```
describe host('dbserver') do
  it { should be_reachable.with( :port => 5432 ) }
end
```

**安全地連接到伺服器以進行測試**

需要從遠端登入伺服器的自動化測試，對於實作的安全性可能是一個挑戰。這些測試要嘛需要一個寫死的密碼，要嘛需要一個 SSH 金鑰或類似的機制來授權無人參與的登入。

緩解此情況的一種做法，是讓測試在測試伺服器上進行，並將其結果推送到中央伺服器。這可以配合監控，以便伺服器能夠自我測試並在發生失敗時發出警示。

另一種做法，是在啟動（launching）伺服器以進行測試時，產生一次性認證憑證。這需要基礎架構平台的支援，例如：在建立伺服器實例時，能夠為其分配一個 SSH 金鑰。自動化測試命令稿將產生一個新的金鑰，以便在啟動（spinning up）測試伺服器時應用它，然後用它來登入並進行測試。這些憑證永遠不需要共享或存放，如果它們遭到破解，它們就不得再存取任何其他伺服器。

## 測試作業品質

管理專案以開發和部署軟體的人有許多需求，他們稱之為非功能性需求，或簡稱 NFRs（*https://en.wikipedia.org/wiki/Non-functional_requirement*）；這些需求有時也被稱為「跨功能需求」（cross-functional requirements，簡稱 CFRs）。性能、可用性和安全性，往往被歸入這一類需求。

為方便起見，與基礎架構相關的 NFRs 可以被標記為作業品質（operational qualities）。這些都是不容易以功能性描述的事情，例如：採取行動或查看結果。作業需求，只有在出現問題時，使用者和利害關係者才會察覺。如果系統運行緩慢、不穩定或遭到攻擊者破壞，人們就會注意到。

自動化測試對確保作業需求而言至關重要。每次對系統或其基礎架構進行變更時，重要的是去證明該變更不會引起作業問題。團隊應該定義可用於測試的目標和門檻值。

作業測試（operational testing）可以在測試金字塔（testing pyramid）的多個層級中進行，儘管最高層級的結果是最為重要的。當所有元件首尾相連時，這些測試可以衡量和驗證性能、安全性和系統的其他特性。因此，這也是一般設定作業目標（operational targets）的層級。

然而，在測試金字塔的較低層級進行作業品質測試，可能是有幫助的。注意，應避免以低價值的測試將「測試集」（test suite）複雜化。但是，當系統的某些部分往往是交付（delivering）作業品質之正確階層（right level）中的薄弱環節時，將測試推送到下方層級，可能是有幫助的。

例如，如果一個特定的應用程式往往是「端對端」（end-to-end）系統中最慢的部分，那麼將應用層級（application-level）的測試放在它的周圍，可能有用。與緩慢的應用結合的元件，可以被 mock 或 stub（如第 209 頁的〈隔離受測試元件的技術〉所述）這樣就可以自行量測應用程式的性能。

自動化安全測試可以採取靜態分析工具的形式，來尋找導致漏洞的常見編程錯誤。它們還可以檢查已知具安全漏洞之套件或程式庫的版本。有許多工具可用來掃描系統和基礎架構的安全問題[4]，其中有許多工具可以自動進行，並成為常規測試集的一部分。

**監控即測試**

監控與自動化測試之間有著密切的關係，兩者都是檢測系統問題的好方法。測試的目的，是在進行變更時先發現問題，再將變更應用到營運環境。而監控的目的，是在偵測運作中之系統上的問題。第 14 章會更詳細地探討將測試和監控結合起來的方法（如第 290 頁的〈透過流水線進行持續監控〉所述）。

# 管理測試程式碼

對於撰寫和進行測試的工具，應該視為與基礎架構中所有其他工具沒有兩樣。團隊成員需要運用同樣的時間、精力和紀律來維護高品質的測試程式碼和系統。

應該以一種可重複、可重現、通透的方式來為「測試代理程式」或「軟體」設定組態，並且具有「基礎架構即程式碼」所預期的其他品質。

4 類似的例子包括 BDD-Security（*http://www.continuumsecurity.net/bdd-intro.html*）、Burp Suite（*https://portswigger.net/burp/*）、Gauntlt（*http://gauntlt.org/*）、Vega（*https://subgraph.com/vega/*）和 ZAP（*https://www.owasp.org/index.php/OWASP_Zed_Attack_Proxy_Project*）。

如同基礎架構定義檔，第 15 頁的〈版本化所有事物〉也適用於測試。測試應該以能夠提交給 VCS 的外部格式存儲，而不是隱藏在一個專屬的黑箱工具中。這樣一來，對測試的變更就可以自動觸發 CI 中的測試，從而證明它是有效的。

## 實施方法：將測試程式碼與「其所測試的程式碼」放在一起

測試程式碼應該與其所測試的程式碼一起管理。也就是要把它們一起放入你的 VCS 中，並透過你的流水線一起提升它們，直到它們達到它們所要運行的階段。這樣就可以避免測試與程式碼出現不匹配的情況。

舉例來說，如果你撰寫一些測試來驗證 Chef cookbook，那麼當 cookbook 發生改變時，這些測試可能也需要改變。如果這些測試是分開存放的，則最終可能會針對 cookbook 的不同版本執行較舊或較新版的測試。這將導致混亂和不穩定的建構結果，因為不清楚 cookbook 中是否真的有錯誤，或者只是測試不匹配。

一種變通的做法是將它們放在同一個 VCS 中，但是分別進行封裝（package）和提升（promote）。版本編號可用來關聯測試。例如，若 playbook 被封裝為 *app-server-config-2.101.rpm*，則相對應的測試可以被封裝為 *app-server-tests-2.101.tgz*。這有助於確保測試總是使用正確的測試版本，而不需要在組態套件（configuration package）中內含測試命令稿。

## 反模式：反射測試

低階基礎架構測試的一個陷阱是，所撰寫的只是重新表述組態定義檔的內容。範例 11-5 是一個 Chef 片段，用於建立稍早測試範例的組態檔。

範例 *11-5* 用於測試的簡單定義檔

```
file '/etc/login_service.yml'
  owner ourapp
  group ourapp
end
```

範例 11-6 中的片段來自稍早的 ChefSpec 單元測試範例。

範例 *11-6* 測試定義檔是否建立了檔案

```
describe 'creating the configuration file for login_service' do
# ...
it 'gives the file the right attributes' do
  expect(chef_run).to create_template('/etc/login_service.yml').with(
    user:   'ourapp',
    group:  'ourapp'
  )
end
```

此測試僅重述了定義檔。它唯一能證明的是，Chef 開發人員是否正確實現了檔案資源的實作，而不是證明你自己所撰寫的東西有什麼用。如果你有撰寫這類測試的習慣，你最終會有不少的測試碼，你會耗費大量精力將每一個組態編輯兩次：一次為了定義，一次是為了測試。

通常，只有在需要驗證的邏輯有些複雜時，才編寫測試。對於組態檔的例子，如果有一些複雜的邏輯意味著檔案可能被建立或可能不被建立，那麼可能值得撰寫簡單的測試。

舉例來說，也許 `login_service` 在大多數環境中不需要組態檔，所以你只在少數需要覆寫組態預設值的環境中建立組態檔。在這樣的情況下，你可能有兩個單元測試：一個用於確保檔案在應該建立的時候被建立，另一個用於確保檔案在不應該建立的時候沒有被建立。

## 隔離受測試元件的技術

為了有效地測試一個元件，在測試過程中必須將任何依賴關係隔離開來。

假設測試一個 nginx web 伺服器的組態[5]。web 伺服器會將請求轉發到應用伺服器。但是，最好在不需要啟動應用伺服器的情況下測試 web 伺服器的組態，否則就需要將應用程式部署到應用伺服器上，而應用伺服器又需要一個資料庫伺服器，資料庫伺服器又需要資料綱要（data schema）和資料。所有這些不僅讓「設置測試以檢查 nginx 組態」變得很複雜，而且除了正在測試的組態之外，還有許多潛在的錯誤來源。

解決這個問題的辦法是，使用一個 stub（虛設）伺服器來代替應用伺服器。這是一個簡單的過程，它會監聽與應用程式相同的連接埠，而且會給予測試所需要的回應。這個 stub 伺服器可以是一個簡單的應用程式，只是為了測試之目的而部署，例如，一個用 Ruby 寫成的 Sinatra web 應用程式。它也可以是另一個 nginx 實例，或是由基礎架構團隊以最擅長的命令搞語言所寫成的一個簡單的 HTTP 伺服器。

5　這個例子的靈感來自 Philip Potter 之有關於 GDS（英國政府數位服務）測試 web 伺服器組態（*https://gdstechnology.blog.gov.uk/2015/03/25/test-driving-web-server-configuration/*）的部落格文章。

stub 伺服器必須易於維護和使用，這一點很重要。它只需要回傳特定於你所編寫之測試的回應。例如，有一項測試會檢查對 */ourapp/home* 的請求是否傳回 HTTP 200 回應，則 stub 伺服器將處理此路徑。另一個測試可能會檢查，當應用伺服器傳回 500 錯誤時，nginx 伺服器是否傳回正確的錯誤頁面。因此，stub 伺服器可能會回應一個特定的路徑，例如 */ourapp/500-error*，並帶有 500 錯誤。第三項測試可能會在應用伺服器完全關閉時檢查 nginx 是否正常工作，因此是在沒有 stub 伺服器的情況下進行此項測試的。

stub 伺服器所需要的基礎架構支援最少，應該可以快速啟動。這樣就可以使其成為一個更大的測試集之一部分，在完全隔離的情況下運行。

**測試替身**

mock、fake 和 stub 都是「測試替身」（test doubles）的類型。為了簡化測試，測試替身取代了被測試元件或服務所依賴的事物。這些術語往往被不同的人以不同的方式使用，但我發現 Gerard Meszaros 在他的《xUnit Test patterns》（*http://xunitpatterns.com/*）書中所使用的定義很有用[6]。

## 重構元件以使它們能夠被隔離

很多時候會遇到元件不容易被隔離的情況。可能是其所依賴的元件是寫死的程式碼（hardcoded）或是太過凌亂而無法分離。在設計和建構系統的同時撰寫測試，而不是後來撰寫測試的一個好處是，這會迫使你改善你自己的設計。一個元件若難以單獨測試，就代表設計有問題。一個設計良好的系統應該具備鬆耦合（loosely coupled）的元件。

所以當你遇到難以隔離的元件時，你應該修正設計。這可能不容易。元件可能需要完全重寫，程式庫、工具和應用程式可能皆需要更換。俗話說，這是功能而不是錯誤。為了讓系統可供測試，它需要一個乾淨的設計。

有許多重組系統（restructuring system）的策略。而重構（refactoring）[7] 是指在整個系統內部設計被重組的過程中，優先維持系統正常運作的方法。

6 Martin Fowler 的〈Mocks Aren't Stubs〉（*http://martinfowler.com/articles/mocksArentStubs.html*）是測試替身的有用參考文獻，也是我得知 Gerard Meszaros 這本書的地方。

7 Martin Fowler 曾寫過關於重構的文章（*http://martinfowler.com/books/refactoring.html*）以及其他改善系統架構的模式和技術。Strangler 應用程式（*http://martinfowler.com/bliki/StranglerApplication.html*）是我在許多專案中看到的一種流行做法。

## 管理外部依賴關係

依賴不是由自己團隊管理的服務是很常見的。有些基礎架構元素，例如 DNS、認證服務或電子郵件伺服器，可能由獨立的團隊或外部供應商所提供。這些對於自動化測試來說可能是一項挑戰，有以下幾項原因：

- 它們可能無法處理由持續測試所產生的負荷，更不用說性能測試了。
- 它們可能會出現可用性的問題，這會影響到你自己的測試。當供應商或團隊提供其服務的測試實例時，這種情況尤其常見。
- 可能會有成本或請求限制，使其無法用於持續測試。

「測試替身」可用來代替大多數測試的外部服務。你的測試集可以先使用測試替身來進行系統測試。只有在這些測試通過後，測試集才應該繼續測試與外部服務的整合。這樣一來，如果被整合的系統測試失敗，而你自己的程式碼的正確性已經得到驗證。所以，你可以確定失敗是由於其他服務的問題，或是與它整合的方式有問題。

你應該確保，如果外部服務確實發生了故障，你非常清楚這是問題所在。與第三方的任何整合，甚至是與你自己的服務之間的整合，都應該實作檢查和回報，以使其在出現問題時，能夠立即被看到。這應該透過所有環境的監控和資訊發送器來實現。在許多情況下，團隊會實作單獨的測試和監控檢查，以回報與上游服務的連接性。

**浪費時間**

還記得，我曾和一個團隊花了一個多星期的時間，對我們的應用程式和基礎架構程式碼進行了仔細研究，以診斷間歇性測試失敗。結果，我們在雲端廠商的 API 中達到了請求限制。在一些本來可以很快發現的事情上浪費這麼多時間，真是令人沮喪。

## 測試設置

現在你大概已經聽膩了一致性（consistency）、重現性（reproducibility）和可重複性（repeatability）的重要性。如果是這樣，請振作起來：這些東西對於自動化測試是不可或缺的。行為不一致的測試沒有任何價值。因此，自動化測試的關鍵部分是，確保環境和資料的設置是一致的。

對於需要設置基礎架構（例如，建構和驗證一個虛擬機）的測試，基礎架構自動化實際上有助於提高可重複性和一致性。挑戰來自於狀態（state）。某項測試對資料做了什麼假設？它對已經設定好組態的環境做了什麼假設？

自動化測試的一般原則是，每項測試應該獨立進行，並應確保其所需要的起始狀態（starting state）。應該可以按照任何順序進行測試，並且總是得到相同的結果。

因此，在所撰寫的一項測試中，假設另一項測試已經完成，並不是一個好主意。例如，範例 11-7 可以看到兩項測試，首先測試在 web 伺服器上安裝 nginx 的情況，其次測試首頁是否有載入預期的內容。

### 範例 *11-7*　耦合過緊的測試

```
describe 'install and configure web server' do
  let(:chef_run) { ChefSpec::SoloRunner.converge(nginx_configuration_recipe) }

  it 'installs nginx' do
    expect(chef_run).to install_package('nginx')
  end
end

describe 'home page is working' do
  let(:chef_run) { ChefSpec::SoloRunner.converge(home_page_deployment_recipe) }

  it 'loads correctly' do
    response = Net::HTTP.new('localhost',80).get('/')
    expect(response.body).to include('Welcome to the home page')
  end
end
```

這範例乍看之下很合理，但如果 `'home page is working'` 這項測試是單獨執行的，則它將會失敗，因為不會有 web 伺服器去回應請求。

你可以確保測試總是以相同的順序來進行，但這將會使得測試集過於脆弱。如果你改變 web 伺服器的安裝和組態設定方式，你可能需要對許多其他測試進行修改，這些測試在執行之前便會對將會發生的事情進行假設。就像範例 11-8 那樣，最好讓每一項測試皆獨立進行。

### 範例 *11-8*　去耦合測試

```
describe 'install and configure web server' do
  let(:chef_run) { ChefSpec::SoloRunner.converge(nginx_configuration_recipe) }

  it 'installs nginx' do
    expect(chef_run).to install_package('nginx')
  end
```

```
end

describe 'home page is working' do
  let(:chef_run) {
    ChefSpec::SoloRunner.converge(nginx_configuration_recipe,
                                  home_page_deployment_recipe)
  }

  it 'loads correctly' do
    response = Net::HTTP.new('localhost',80).get('/')
    expect(response.body).to include('Welcome to the home page')
  end
end
```

在這個例子中，第二則規範的依賴關係很明確；你可以看到它取決於 nginx 組態（nginx_configuration_recipe）。它也是自成一體的（self-contained），這些測試中的任何一個都可以單獨進行，或者以任何順序進行，每次皆會得到相同的結果。

## 管理測試資料

有些測試依賴著資料，尤其是那些測試應用程式或服務的資料。例如，為了測試監控服務，可以建立一個監控伺服器的測試實例。不同的測試可以對實例添加和刪除警示，並模擬觸發警示的狀況，這需要深思熟慮，確保測試能夠以任何順序重複進行。

例如，你可以撰寫一項測試，添加一則警示，然後驗證它在系統中的狀況。如果該測試在相同的測試實例中運行兩次，它可能會嘗試第二次添加相同的警示。根據監控服務的不同，添加重複警示的嘗試可能會失敗。或者，測試可能會失敗，因為它發現兩個警示具有相同名稱。或著，第二次嘗試添加警示可能無法實際運作，但驗證發現了第一次添加的警示，所以並沒有告訴你失敗的事情。

所以針對測試資料有一些規則：

- 每項測試應該建立它所需要的資料。
- 每項測試都應該事後清理其資料，否則每次進行的時候都需要建立特有的資料。
- 測試永遠不應該假設當它開始時哪些資料存在或不存在。

持久的測試環境往往會隨著時間而偏移，因此它們不再與營運環境一致。不可變伺服器（如第 141 頁的〈不可變伺服器之模式與實施方法〉所述）有助於確保每次測試進行時，都會有乾淨和一致的測試環境可用。

# 測試的角色和工作流程

基礎架構團隊往往會覺得測試是一項挑戰。典型的系統管理員之 QA 流程如下：

1. 進行變更
2. 進行一些臨時的測試（如果有時間的話）
3. 之後要觀察一段時間

反過來說，沒有多少測試人員非常瞭解基礎架構。因此，大多數基礎架構測試都趨於膚淺。

敏捷軟體開發的一大勝利，就是打破開發人員和測試人員之間的隔閡。不是讓品管成為單獨團隊的責任，而是讓開發人員和測試人員共同分攤責任。敏捷團隊（agile team）不是在系統快完成的時候才分配大量時間來對系統進行測試，而是在著手撰寫程式碼的時候就開始進行測試。

對於品管分析師（QA）或測試人員的角色應該是什麼，即便是在敏捷團隊中也仍然存在爭議。有些團隊認為，因為開發人員自行撰寫自動化測試，所以不需要單獨的角色。就個人而言，我發現，即便是在能力強大的團隊中，QA 也會帶來有價值的觀點、專業的知識，以及發現建構結果之差距和漏洞的天賦。

對於要如何與團隊一起管理測試，有一些準則。

## 原則：人們應該為其所建構的東西撰寫測試

讓獨立的人員或團隊來撰寫自動化測試，有幾個負面影響。首先是，交付經過測試的工作，需要更長的時間。程式碼的交付會有延遲，然後是一個循環，在此同時測試人員會嘗試瞭解，測試失敗是因為他們把測試弄錯了，還是因為程式碼中有錯誤，或者是工作的定義方式有問題。如果開發人員已經轉移到另一個任務，這將會導持續不斷的中斷。

如果一個團隊確實有專門撰寫自動化測試的人員，他們應該與開發人員一起來撰寫測試。他們可以在工作的測試階段與開發人員結隊[8]，因此開發人員不會著手進行其他工作，而會持續工作，直到測試寫好而且程式碼正確為止。但如果他們能夠在開發過程中就合作，一邊撰寫程式碼一邊進行測試，那還是比較好的。

8 欲瞭解更多關於「結對程式設計」（pair programming）的資訊，請見 XP 網站（*http://www.extremeprogramming.org/rules/pair.html*）。Martin Fowler 也在他的文章〈結對程式設計的誤解〉（*http://martinfowler.com/bliki/PairProgrammingMisconceptions.html*）中寫到了這一主題。

目標應該是協助開發人員變得自給自足，能夠自行撰寫自動化測試。專家可能會繼續與團隊合作，審查測試程式碼，幫助尋找和改善測試工具，並廣泛提倡良好的實施方法。或者他們可以繼續幫助其他團隊。

## 撰寫測試的習慣

許多團隊都在努力讓撰寫測試成為一種日常習慣。這很像運動，因為當你不習慣的時候，做起來很不愉快。很容易找到藉口不做，並向自己保證，以後會補上。但如果你逼著自己去做，久而久之就會變得容易。最終，這個習慣會變得根深蒂固，以至於當你撰寫程式碼或設定系統組態時若沒有撰寫測試，就會感到不自在。

## 原則：每個人都應該可以使用測試工具

有些自動化測試工具有昂貴之依用戶數的計價模式。通常，這意味著只有某幾個人能夠使用該工具來撰寫並執行測試，因為替團隊每個人購買授權許可太過昂貴。這樣做的問題是，它會產生更長的反饋循環。

如果撰寫和修正程式碼的人不能自己執行和觀察測試，它需要更多時間來再現和排除錯誤。工程師必須在無法執行失敗測試的情況下，盲目地重現和修正錯誤。這會導致幾輪這樣的循環：「修好了」、「還是不行」、「那現在呢？」、「又搞壞了其他東西」，諸如此類。

有許多功能強大的自動化測試工具，具有免費的大型社群和商業支援，這些工具要嘛免費，要嘛便宜，使用起來不會讓交付過程出現浪費和痛苦的情況[9]。

## 品質分析師的價值

一個對品質保證有深厚專業知識和熱情的人，是任何工程團隊的巨大資產。他們經常充當測試實施方法的擁護者。他們可以幫助人們思考正在計畫或討論的工作。

團隊成員應該思考如何定義每項任務，以便清楚地了解任務在什麼地方開始，在什麼地方結束，並且了解如何讓它正確完成。令人驚訝的是，很多時候，只要在開始工作之前進行這樣的對話（conversation），就可以節省大量的時間和避免浪費精力。

有些品質工程師具備自動化測試工具的專業知識。透過教學、指導和支援其他團隊成員使用這些工具，可以好好地發揮他們的技能。重要的是避免讓專家獨自負責撰寫測試的所有工作。這有可能成為一個測試孤島（test silo），使得團隊脫離自身的工作。

9 類似的例子包括 Cucumber（*https://cucumber.io/*）、RSpec（*http://rspec.info/*）和 Selenium（*http://docs.seleniumhq.org/*）。

另一項優勢是，許多測試人員具有探索性測試（exploratory testing）的才能。這些人可以採用任何系統，並立即找出差距和漏洞。

### 三伙伴對話

許多敏捷團隊發現，在開始一項工作之前，進行「三伙伴對話」（amigos conversations）[10] 是有幫助的。這涉及到實際進行這項工作的人、要求進行這項工作的利害關係人（敏捷的說法是「產品擁有者」）以及進行測試的人。這是確保每個人都明白工作的期望並澄清任何疑問的有用方式。這項工作完成後，該小組還將召開會議，對其進行審查，確定任何需要調整或修正的地方，然後簽字。

重要的是，這是對話，而不是文件紀錄或是一項事件通報（ticket request）。文件紀錄和事件通報只是形式上的手續，而不是有意義的人際互動。

還需要注意的是，三伙伴對話的範圍很小（開發人員稱之為「故事」），這頂多花幾天時間來完成。較大的工作也需要對話，但是三伙伴對話是特定且有針對性的。

## 測試驅動開發（TDD）

測試驅動開發，或稱 TDD（*http://martinfowler.com/bliki/TestDrivenDevelopment.html*），是極限編程（Extreme Programming）的核心實施方法 [11]。這樣做的想法是，由於撰寫測試可以改進所建構程式的設計，所以在你撰寫程式碼之前就應該先撰寫測試。典型的工作節奏是，紅 - 綠 - 重構（red-green-refactor）[12]。

紅（*Red*）

為下一個你想要做的變更撰寫一項測試，執行測試，看它是否失敗。

綠（*Green*）

實作和測試定義檔直到通過測試。

重構（*Refactor*）

改善新的和舊的定義檔，使其結構更完善。

---

10 關於三伙伴模式（three Amigos pattern）的進一步資訊可以在 George Dinwiddie 的談話（*http://www.infoq.com/interviews/george-dinwiddie-three-amigos*）中找到。

11 極限編程（*http://www.extremeprogramming.org/*），有時簡稱為 XP，是比較流行的敏捷開發方法之一。它著重於讓系統的用户參與建構的過程，以及持續進行測試和審查工作。從它的名稱可知，由於測試和用户參與很有用，所以與之前的方法相比，它們應該做得更深。

12 請參考〈Red-Green-Refactor〉（*http://www.jamesshore.com/Blog/Red-Green-Refactor.html*）。

撰寫測試，首先會迫使你思考，將要撰寫的程式碼。它應該做些什麼？你怎麼知道它是有用的？輸入和輸出分別是什麼？會發生什麼錯誤，應該要如何處理？一旦你已經有了明確的測試，進行變更來讓測試通過，應該很容易。

在撰寫程式碼之前進行測試，可以證明這是一個有效的測試。如果測試通過的時間在你進行變更之前，那麼顯然你需要重新考慮你的測試。

「重構」是在不改變行為的情況下，對現有的程式碼進行改善。這是提高程式碼品質的一項重要技術，而且自動化測試是一道安全網，可以確保你不會意外破壞可用的程式碼。

**一次只做一項測試**

我曾經遇過一個團隊，他們開始使用 TDD 時很吃力，因為他們認為在著手撰寫系統本身的程式碼之前，需要為元件撰寫所有測試。TDD 並不是要去切換瀑布式階層的各個階段，而是將測試和程式碼撰寫在一起，一次一小塊。

# 結論

自動化測試可能是「基礎架構即程式碼」最具挑戰性的部分，同時也是支援可靠和適應性強之基礎架構的最重要因素。團隊應該將測試習慣納入他們的日常工作中。下一章將介紹如何建立「變更管理流水線」來支援些習慣。

第十二章

# 基礎架構的變更管理流水線

前幾章已經討論過使用持續整合（CI）來自動測試「對命令稿、工具和組態定義檔所做的變更」，就好像它們被提交到版本控制系統中那樣。前面還提到了持續交付（CD），以此為基礎可保證變更後系統的所有元素都能正常運作。

本章將介紹如何透過建構一個「變更管理流水線」（change management pipeline）來實現基礎架構的持續交付。

只要基準程式碼（codebase）發生變更，CD 中就會使用部署流水線（deployment pipeline）[1] 來管理軟體的部署和測試，以進行一系列的驗證階段。這些驗證確保了「基準程式碼」已做好了營運的準備，並能正確、可靠地進行部署。在每個環境中，包括營運環境，使用相同的自動化流程來為軟體進行部署和組態設定，以防止因為不一致和手動過程而產生典型的「測試時可運作；但上線就失敗」的問題。

CD 和軟體部署流水線的重點在於，讓變更以持續的方式交付，而不是以大量批次的方式交付。變更可以得到更徹底的驗證，這不僅是因為變更是透過自動化流程進行的，而且還是因為變更很少量的時候就進行了測試，並且在提交後立即進行了測試。這樣做的結果，就可以更頻繁、更快速、更可靠地進行變更。

1 Jez Humble 和 David Farley 在他們的《*Continuous Delivery*》（*http://www.amazon.com/Continuous-Delivery-Deployment-Automation-Addison-Wesley/dp/0321601912*）（Addison-Wesley 出版）一書中，根據 ThoughtWorks 用户專案（*http://blog.magpiebrain.com/2009/12/13/a-brief-and-incomplete-history-of-build-pipelines/*）的經驗，解釋了部署流水線（*http://martinfowler.com/bliki/DeploymentPipeline.html*）的概念。Humble 將部署流水線定義為「從版本控制取得軟體並放到你的用户手中之流程的自動化表現」（*http://www.informit.com/articles/article.aspx?p=1621865&seqNum=2*）。

## 持續變更管理

基礎架構的持續交付，可以被描述成，持續變更管理或持續配置（*http://www.heavywater.io/blog/2015/02/17/continuous-provisioning/*）。其重點是要建立一個經過優化的流程，以便快速並嚴格地驗證持續不斷的小變更[2]。

基礎架構變更管理流水線（infrastructure change management pipeline）與軟體開發流水線（software deployment pipeline）並沒有什麼不同。許多人使用「部署流水線」（deployment pipeline）來形容應用「基礎架構變更」的流水線。而我則喜歡使用「變更管理流水線」（change management pipeline），但只是為了強調其與基礎架構的相關性。軟體部署流水線已被描述為軟體發佈過程的自動化呈現（automated manifestation）[3]。變更管理流水線可以被描述為基礎架構變更管理過程的自動化呈現。

變更管理流水線的工作方式如下：

- 立即並徹底測試每項變更，以證明其是否已做好營運的準備。
- 逐步測試受變更影響的系統元素。這與上一章討論的測試金字塔一致。
- 啟用手動驗證活動，例如探索性測試（exploratory testing）、用戶接受度測試（UAT）以及酌情批准（approvals, where appropriate）。
- 輕鬆、迅速、低風險和低影響地將變更應用到營運系統。透過確保應用變更的過程是完全自動化的，並且在所有環境中以相同的方式運作，就會發生這種情況。

### 有人監督的流水線

許多人認為，由於每當將變更提交到基準程式碼（codebase）都會觸發自動化流水線（automated pipeline），因此變更將自動部署到營運環境，而無須人為介入。雖然有些組織確實以這種方式實作其流水線，但大多數組織的流水線中至少有一個階段是手動觸發的。通常，在應用到營運環境之前，會在流水線中提交並驗證多個變更。

2 第 15 章（第 316 頁的〈透過持續變更管理進行治理〉）將進一步探討持續變更管理的理念，及其與治理和控制的關係。

3 轉述自 Jez Humble 的《Continuous Delivery: Anatomy of the Deployment Pipeline》（持續交付：部署流水線剖析）（*http://www.informit.com/articles/article.aspx?p=1621865&seqNum=2*）。

## 變更管理流水線的好處

團隊若以流水線來做為管理其「基礎架構變更」的方法，會發現以下好處：

- 他們的基礎架構管理工具和基準程式碼始終處於做好營運準備的狀態。從來就不存在需要額外工作（例如：合併（merging）、回歸測試（regression testing）和「強化」（hardening））才能上線的情況。
- 交付變更幾乎是容易的事情。一旦變更已經通過了流水線上的「技術驗證階段」，除非出現問題，否則它應該不需要技術上的關注，即可應用到營運環境。沒有必要就如何將變更應用到營運環境做出技術決策。因為這些決策已經在早期階段做過、實作過和測試過。
- 透過流水線進行變更，會比其他任何方式更容易。手動進行變更（除非是要啟動一個已關閉的系統）比只是透過流水線推送變更，更麻煩、更令人恐懼。
- 合乎規定和治理很容易。用於進行變更的命令稿、工具和組態，對審查者是透明的。可以對日誌進行審核，以證明進行了哪些變更，何時以及由何人進行了變更。透過自動化的「變更管理流水線」（change management pipeline），團隊可以證明每次和每項變更，都遵循了什麼流程。這往往比聽信別人的話，說總是遵循「記錄在案」（documented）之手動流程（manual processes），要強。
- 變更管理流程可以更加輕便。否則可能需要討論和檢查每項變更的人員，將其需求建構到自動化工具和測試中。他們可以定期檢討流水線的實作和日誌，並根據需要進行改善。他們的時間和精力都放在流程和工具上，而不是逐一檢視每項變更。

## 流水線設計準則

設計有效的「變更管理流水線」（change management pipeline）有一些指導原則。

### 確保各階段的一致性

環境、工具和流程，在各個階段應在本質上保持一致。

例如，伺服器的作業系統版本和組態，在不同的環境中應該保持一致。這可以透過使用伺服器模板（server templates）並使用流水線（pipeline）在環境之間對它們進行變更來輕鬆完成。

每當有問題的變更被應用到下游系統（尤其是營運系統）時，請考慮是否可以變更上游系統，以便更準確地模擬導致失敗的狀況。要時刻尋找機會，在流水線的早期捕捉錯誤。

## 一致的環境並不意味著相同的環境

讓測試環境與營運環境保持一致的一個障礙是費用。在擁有數百或數千個伺服器或非常昂貴之硬體的組織中，於流水線的每個階段，或甚至是任何階段，重複這樣做是不切實際的。

然而，問題的關鍵並不是要讓每個環境中都有相同數量或甚至相同大小的伺服器。這裡有一些指導原則：

- 確保基本特徵是相同的。作業系統和版本應該始終是相同的。如果營運環境使用的是較昂貴的作業系統版本（例如，「企業」版），那麼你要嘛需要硬著頭皮，至少在早期的環境中使用它，要嘛就優先考慮全面使用你的組織負擔得起的作業系統。
- 複製足夠的營運環境特徵，以便找出潛在的問題。你無須為測試環境在一個負載平衡池（load balancing pool）中運行 50 個伺服器。但是你至少應該在一個類似的負載平衡器之後運行 2 個伺服器，並進行充分的測試以發現狀態管理（state management）的潛在問題。
- 在早期階段，至少有一個環境應該複製營運環境的複雜性。但不需要每一個環境都要這樣做。舉例來說，在簡單的流水線中，前面所描述的自動化部署測試環境，可能具有伺服器的負載平衡池，並部署應用程式到不同的伺服器上，如同它們在營運環境中。但即便是 QA（Quality Assurance [ 品質保證 ]）和 UAT（User Acceptance Test [ 用戶驗收測試 ]）這樣的後期階段，也可能會在單一伺服器上執行所有的應用程式。這需要仔細考量，以確保你可以暴露由於營運環境的架構而引起的潛在風險。

**當在測試環境中複製成本過高時**

通常，難以複製基本營運環境特徵的原因，是它涉及昂貴的設備。如果你的組織正在努力證明，購買額外的裝置以進行測試是合理的，那麼認真考慮其優先順序是很重要的。擁有一個無法在營運環境之外進行適當測試的重要系統是不明智的。此時，你要嘛為一個可靠的變更管理流程花費所需要的錢，要嘛去找到組織負擔得起的解決方案。

## 每次變更都能取得即時反饋

確保流水線快速運行，這樣你就能夠在每個變更被提交時，得到即時反饋。流水線應該是將快速修正（quick fix）納入營運環境的最簡單方法。如果人們覺得有必要跳過流水線來進行變更，這就是表示需要改善流水線。

流水線應該在其輸入材料（input materials）發生任何變化後立即運行。這意味著，當有多個不同的團隊做出不同的變更時，這些變更將在流水線中持續運行。

如果這讓流水線花費的時間太長而不切實際時，團隊可能會想要按時間排程（即每小時、每晚，等等）運行流水線或流水線的一部分。與其這樣做，不如投入精力來改善流水線，直到流水線可以持續運行。這對於確保變更的快速和持續反饋至關重要[4]。

## 在手動階段之前運行自動化階段

一旦你擁有了可以用無人監督的方式將變更應用到系統上的自動化，那麼針對它運行一套自動化測試，就會比讓熟練的人花時間去測試它更便宜、更快速。因此在你將系統交給人類之前，先運行你所有的自動化測試是有意義的。

首先運行所有的自動化測試階段，確保基本問題已經被先找出來。當變更交給人類測試時，他們可以將精力集中在更棘手的問題上，而不會被瑣碎的錯誤纏住。

## 儘早接觸與營運相似的環境

在傳統的發行過程中（release process），在發行版被應用到營運環境之前，軟體只會在與營運環境最相似的環境中進行測試。準營運環境（preproduction 或 staging）是上線之前的最後檢查階段。但是最後一分鐘才被發現的錯誤或問題是最難修正的。幸運的是，自動化變更管理流水線可以扭轉這種局面。

理想的流水線會在每個和每次變更被提交時，自動將其應用到最精確的測試環境。此時的測試可確保在將變更交給人類以決定是否合適人類使用之前，已證明該變更在技術上已經做好了營運的準備。

這樣做似乎違反常理。將全面測試留到最後階段進行是有意義的，因為這樣做是一個昂貴、耗時的人工過程。但當部署變更毫不費力時，那麼在每項變更被做出後就進行全面測試，這與其他流水線的設計原則一致，比如在讓人類花時間測試一項變更之前，先運行自動化階段，並在每項變更被做出後立即提供完整回饋。

---

4 縮短流水線的運行時間，可能需要改變系統的架構。參見本章後面第 240 頁的〈流水線、架構和團隊：康威定律〉。

**DevOops**

我透過艱辛的方式（hard way）學到了使用流水線（pipeline）來管理「基礎架構變更」（infrastructure changes）的價值，並曾幫助一個開發團隊自動化其基礎架構，以便用於測試和託管一個對外的 web 應用程式。

該團隊擁有一個複雜的「持續交付流水線」（CD pipeline），可自動將應用程式一次部署到一個階段，只有當前一個階段過關，才會部署到下一個階段。然而，我們用來設定伺服器組態的 Chef cookbooks 在所有測試環境中都應用到了我們所有的伺服器。

我們已經決定讓 Chef 來管理伺服器上的 */etc/hosts* 檔案，以便它可以自動添加和更新主機名稱映射（hostname mappings），而不是去運行一個私有的 DNS 伺服器。

你大概能明白這是怎麼回事。

我對 cookbook 做了調整，以便建構 */etc/hosts* 檔案，並將它推送到我們的 Chef 伺服器。不幸的是，它有一個簡單的錯誤，使得該檔案完全無效。一旦我的有問題的 cookbook 被應用到我們的伺服器，所有伺服器無法解析 Chef 伺服器本身的主機名稱。儘管我修正了所犯的錯誤，並將新版的 cookbook 推送到 Chef 伺服器，但所有伺服器都無法獲得更新過的 cookbook。

開發團隊的工作陷入了停頓，因為他們所有的測試環境都被破壞了。幸運的是，我們仍未上線，所以對客戶沒有影響。但我不得不一邊忍受著隊友們的目光，一邊逐一登入每個伺服器，以解決這個問題[5]。

我的同事 Chris Bird 將其描述為 DevOops；同時為許多機器自動設定組態的能力，讓我們能夠同時自動破壞許多機器。

自從這次意外事件後，當自動化組態遭到變更，都會先自動應用到測試環境中，然後再將其應用到任何其他人所倚賴的重要環境。

# 基本流水線設計

圖 12-1 可以看到一個簡單之變更管理流水線的樣貌。每項變更都會在自動化階段被逐步測試，然後可供手動測試和簽署。

5 事實上，我能夠使用 Chef 的 knife 工具，在我們的伺服器上快速進行修正。但我也意識到這很容易適得其反。

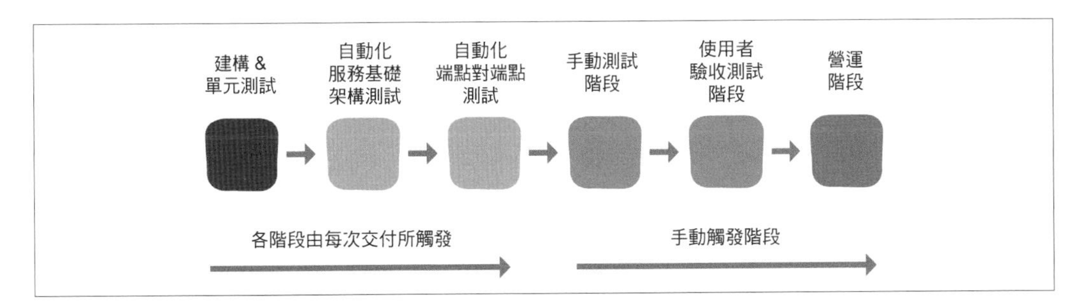


圖 12-1　基本的變更管理流水線

接下來的章節將深入探討在不同類型的流水線階段通常會發生哪些情況。

## 本地端開發階段

基礎架構開發人員在本地端簽出（check out）了定義檔和其他檔案的最新版，進行變更並運行測試。他們可能會使用本地端虛擬化技術，或是基於雲端的沙箱來進行測試[6]。當他們對變更感到滿意時，便會將其提交給 VCS。

## 建構階段

建構階段（有時也稱為 CI 階段）[7] 是在變更提交到 VCS 後被觸發的第一個階段。它運行在一個「建構代理程式」（build agent）上，這個代理程式是由 CI 或 CD 系統所管理的一個伺服器實例。此代理程式首先會從 VCS 中簽出（check out）相關的檔案集（file set）到本地端檔案系統。然後對該程式碼進行驗證，預先做好使用的準備好，最後使其可用於其他環境。

發生在建構階段的活動，可能包括以下這些：

- 語法檢查和靜態分析（這些活動的細節，參見第 11 章，第 200 頁的〈低階測試〉）。
- 編譯相關的程式碼。
- 單元測試。

6　請參閱第 13 章（第 258 頁的〈使用本地端沙箱〉）以了解更多關於開發人員如何在提交前對基礎架構進行變更。

7　建構階段之所以被稱為 CI 階段，是因為它包含了持續整合（continuous integration）的早期做法。這些工作往往集中在編譯軟體程式碼和建立「建構產出物」（build artifact）上。持續交付（continuous delivery）將 CI 概念擴展到部署和測試軟體，一直到營運環境。也就是說，添加額外的階段，並在流水線中將它們串接起來。許多用於實作 CD 流水線的工具最初是為 CI 的單階段用法而設計的。

- 本地端執行測試。對於軟體元件和服務來說，即使它目前不是處於完整的開發環境，也可能適合運行和測試它。這通常會使用測試替身（如第 210 頁的〈測試替身〉中所描述），而不會與其他系統或基礎架構元素整合，以維持此階段的獨立性。在某些情況下，容器化（例如 Docker）可能對此有所幫助。
- 產生和發布報告，例如程式碼變更報告、測試結果、所產生的文件以及程式碼覆蓋率報告。
- 將程式碼封裝成可分發和可部署的格式。

與流水線的任何階段一樣，如果這些活動中有一項失敗，那麼該階段應該變成紅燈，並拒絕繼續進行下游的變更。無論是哪種方式，都應該讓結果（例如，測試報告）易於使用，以便將其用於診斷問題。

這個階段的輸出是，無論正在測試的是什麼（例如，命令稿、程式庫、應用程式、組態定義檔，或組態檔），現在都具有將其應用於營運環境所需的格式。

## 發布組態產出物

在成功的「建構階段運行」（build stage run）結束後，組態產出物（configuration artifact）將被封裝及發布。也就是說，得先準備材料並使其可在流水線的後續階段使用。其中涉及的內容取決於基礎架構要素的性質。舉例如下：

- 建構一個系統或程式語言安裝套件檔（RPM、*.deb*、*.gem* 等等）並上傳到儲存庫
- 將一組定義檔（Puppet 模組、Ansible playbook、Chef cookbook 等等）上傳到組態儲存庫
- 在基礎架構平台中建立模板伺服器映像檔（VM 模板、AMI 等等）

經典的應用程式產出物（application artifact）係將一切事物綑綁到單一檔案中，但是基礎架構產出物（infrastructure artifacts）不一定是這種情況。大多數伺服器組態工具會使用一組檔案做為一個單元（例如 Chef cookbook）來進行分組和版本控制，但它們往往不會被封裝到單一的可分發檔案（distributable file）中。它們可能會被上傳到一個理解其格式和版本的組態儲存庫（configuration repository）。有些團隊避開了這個功能，並將檔案封裝成系統套件或是通用的歸檔格式（archive format），特別是在使用「無主控伺服器之組態管理模型」（masterless configuration management model）的時候。

重要的是在概念上要如何對待產出物。組態產出物（configuration artifact）是配置（provision）和 / 或設定（configure）系統元件之材料不可分割的、版本化的集合。一個產出物必須：

不可分割

將一組材料當作一個單元來進行組裝、測試和應用。

具可攜性

可以透過流水線來進行，並且可以將不同的版本應用於不同的環境或實例。

版本化

能夠可靠並重複地應用於任何環境，因此任何特定的環境皆具有一個明確的元件版本。

具完整性

所提供之產出物應該具備配置或設定相關元件所需的一切。不應該假定之前已經應用了「元件產出物」（component artifacts）的先前版本。

具一致性

將產出物應用於任兩個元件實例（component instances）的結果，應該是相同的。

## 使用組態主控伺服器的產出物

當使用組態主控伺服器（例如，Chef Server、Puppet Master 或 Ansible Tower）時，產出物就是定義檔（例如，cookbooks、modules 或 playbooks）。建構階段將透過把它們發布至主控伺服器來完成，以便能夠透過伺服器組態工具或代理程式將它們應用到伺服器。

主控伺服器應該能夠以版本編號來標記定義檔。它可能還有一個功能，比如 Chef 的 Environments，可用來將定義檔的特定版本指定給一個環境。此功能可用來管理定義檔在流水線各個階段的進度。當定義檔的每個既定的版本通過一個流水線階段時，可以透過把它們指定給主控伺服器的下一個環境，來將它們提升到下一階段。

這種安排的另一種選擇是使用多個主控伺服器實例。流水線的每個階段或一組階段都可以有自己的主控伺服器。定義檔在流水線中進行時，會上傳到相關的主控伺服器。

## 使用無主控之組態管理的產出物

使用無主控的組態管理（如第 137 頁的〈模式：無主控的組態管理〉所述）時，組態定義檔存放在通用的檔案管理系統中，而不是一個專門的組態伺服器。這可能是一個檔案伺服器、靜態 web 伺服器、物件儲存器（例如 AWS S3）、系統套件儲存庫（例如 APT 或 YUM）或甚至是 VCS。

採用這種模型的圖隊通常會將定義檔封裝到一個版本化的封存檔（例如 *.tgz*、*.rpm* 或 *.deb* 等檔案）。流水線的建構階段（build stage）係透過建構此封存檔（archive）並將其上傳到中央檔案儲存器（central file store）來完成。在後續的階段中，此檔案會下載到被設定的伺服器上，藉此來應用它們。而版本化可能是檔案儲存中固有的（例如 YUM 儲存庫中的 RPM 檔），也可能只是利用檔案名稱來表示（例如 *appserver-config-1.3.21.tgz*）。

## 使用不可變伺服器模型的產出物

使用不可變伺服器（如第 141 頁的〈不可變伺服器之模式與實施方法〉所述）時，產出物是伺服器模板映像檔。其建構階段會檢查伺服器模板定義檔，例如 Packer 模板，或是從 VCS 取出命令稿，建構伺服器模板映像檔，並透過使其在基礎架構平台中可供使用來發布它。例如，在 AWS 中，這會產生一個 AMI 映像檔。

一般來說，基礎架構平台會充當產出物的存儲庫。在某些情況下，模板可能被封裝成某個檔案格式，像是 OVF 檔案（*https://en.wikipedia.org/wiki/Open_Virtualization_Format*）或是 Vagrant 的 *.box* 檔案，然後上傳到某種類型的檔案儲存庫。這對於在多個基礎架構平台或實例上提供單一伺服器模板特別有用。

# 自動化測試階段

一旦透過了建構階段並發布了定義檔，就可以在更逼真的環境中應用和測試它們。具體細節取決於所測試的項目。

自動化測試可以在多個流水線階段進行。當不同的測試案例需要不同的設置類型時，這可能是有幫助的。例如，一個階段可能會獨自測試一個應用伺服器角色。此測試將不會使用資料庫（資料庫可以是假造或模擬的，如第 210 頁的〈測試替身〉所述）或應用伺服器以外的任何東西。接下來的測試階段可以測試應用伺服器與其他基礎架構元素（包括資料庫伺服器）之整合性。

多個階段應涉及逐步擴大被測試之基礎架構和系統的範圍。如圖 12-2 所示，這是按照測試金字塔（test pyramid）進行的。

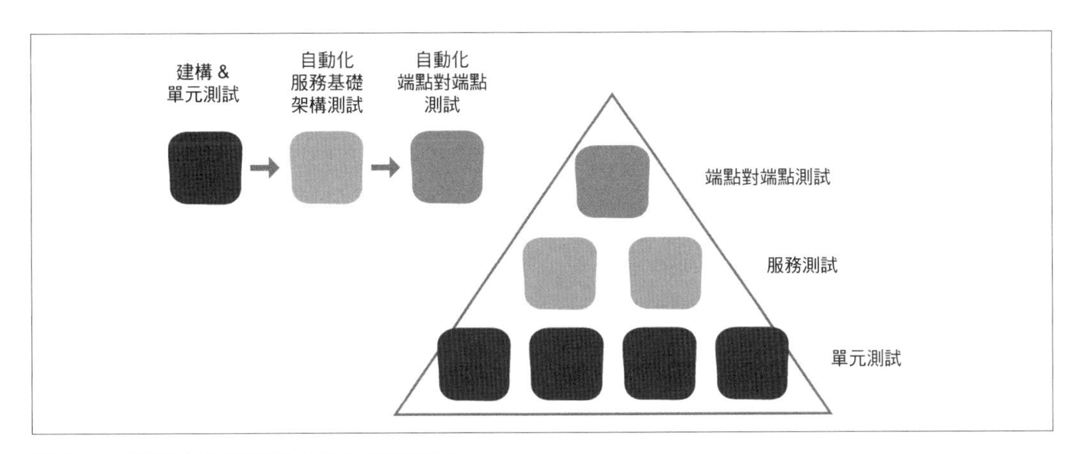


圖 12-2　測試金字塔和流水線之間的關係

以這種方式擴展測試範圍有一些好處。首先，範圍更廣的測試通常需要較長的時間來進行，因為有更多東西要設置，測試往往需要耗費更長的時間來進行。因此，如果能更早、更快執行到測試失敗，則流水線會停止並更快提供有關錯誤的反饋，而不用等待時間較長的測試先進行。

其次，在範圍較窄的測試中更容易找到失敗的原因。如果在範圍較廣的測試集（test suite）中測試失敗，可能有更多的因素導致失敗。如果測試應用伺服器本身的階段通過了，則你可以確信它的建構是正確的。如果在下一個階段，當應用伺服器與資料庫和其他元素整合時，測試失敗，那麼你可以猜測問題是由元件的整合引起的，而不是元件本身造成的[8]。

## 手動驗證階段

一旦自動化測試階段全都進行完畢，定義檔就可以用於手動測試階段。這些階段是手動觸發的，通常是透過 CD 或 CI 工具的 UI 介面。但它所觸發的配置（provisioning）和組態（configuration）是由前面階段所使用之自動化工具和定義檔來進行的。

與自動化測試階段不同的是，手動階段的順序往往會是基於組織的作業程序。一般情況下，品質保證的測試發生在最早期的手動階段。演示（demonstration）、用戶驗收測試（UAT）、批准（approval）等活動發生在後期的階段。有一些階段還可能要部署到外部的可見環境（visible environment）；例如，beta 測試或封閉式預覽（closed preview）。

8　當然，這是以所有其他元件本身皆已測試過為前提，如在第 234 頁的〈模式：扇入流水線〉所述。

### 維持流水線的暢通

不要讓工作因為共享環境或階段而陷入瓶頸。通常團隊會嘗試使用單一測試環境來進行 QA 和向相關人員演示。這通常會導致 QA 工作必須在精心準備環境的過程中停下來，然後在演示之前凍結。新的變更不能被部署到測試中，可能一連幾天都不能部署，因為擔心在演示前不久會有什麼東西破壞系統。

在這種情況下，把環境分開來會必較好。QA 工作應該至少有一個環境，這取決於有多少測試人員會同時工作。演示應該要有自己的環境。這是使用「基礎架構即程式碼」動態配置一致環境的巨大好處。在許多情況下，可以根據需要為演示或測試練習配置環境，然後便可銷毀。

## 上線應用

流水線的最後階段通常是「營運環境部署」（production deployment）階段。這應該是一項瑣碎的任務，因為它所進行的活動與上游階段多次使用的工具和程序完全相同。所以，此階段的任何重大風險和不確定性，在上游階段應該已被建模和處理。

發行到營運環境（release to production）的流水線階段可能涉及治理控制（governance control）。例如，在某些情況下，因為法律或履約，需要特定的個人或多個個人被授權來變更營運系統。營運階段可以使用身分驗證和授權控制來強制進行這些要求。

能夠以「零停機」（zero downtime）來應用變更（apply changes）和部署系統（deploy systems），對於確保可以快速且例行地進行和發布（roll out）變更至關重要。破壞性的變更流程鼓勵批次（batching）和不頻繁（infrequent）的發行。反過來說，這會增加發行的規模、複雜性和風險。

確保在至少在一個「上游流水線階段」（最好是自動測試階段）中使用和測試零停機變更流程[9]（例如，blue-green deployment（藍綠部署）、phoenix deployment（鳳凰部署）和 canary releases（金絲雀釋出））是很有用的。

**持續改善流水線**

在手動測試——以及營運環境——中發現的每一個問題，可能是一個詢問自動化測試是否會更早發現類似錯誤的機會。

9 零停機時間變更流程，將在第 14 章（第 276 頁的〈零停機變更〉）中說明。

## 流水線的節奏

假設一項提交（commit）不會在任何階段失敗，那麼它將通過流水線的所有自動化階段（automated stages）。手動階段（manual stages）往往不會經常運行。圖 12-3 可以看到由流水線管理之元件的一系列典型提交。

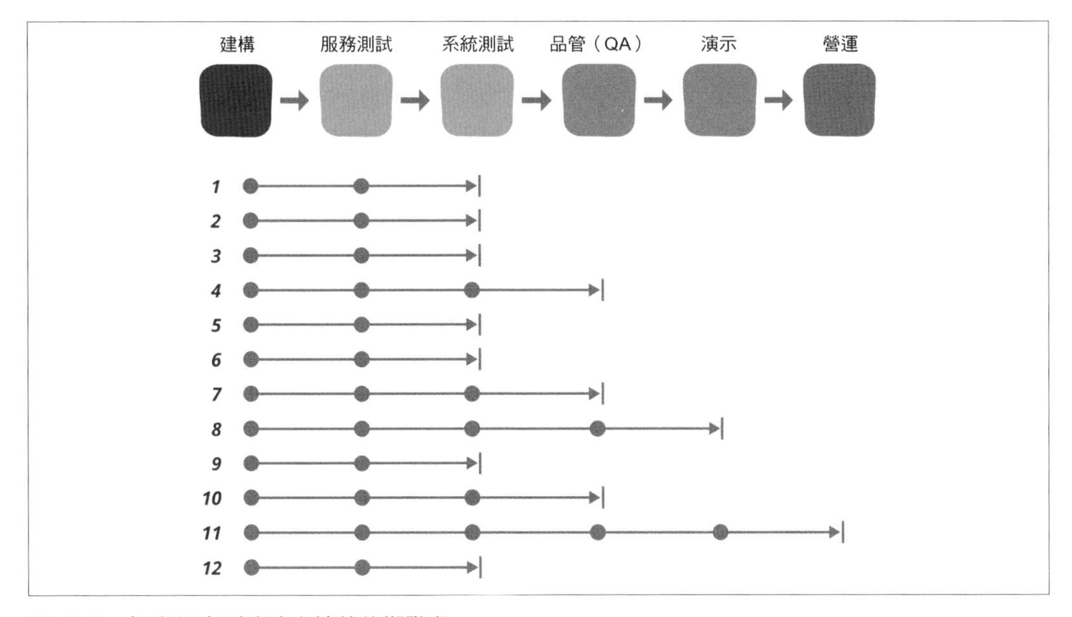


圖 12-3　提交很少到達流水線的後期階段

有幾次提交（第 1、2 和 3 次）在沒有經過手動測試（manually tested）的情況下通過自動化階段（automated stages）。當測試人員準備就緒，她會觸發 QA 階段，將最新的變更（第 4 次提交）應用到 QA 環境。這個版本包括了第 1-4 次提交的所有變更，所以她可以測試到此為止的所有內容。

同時，團隊還會提交一些變更（第 5 和 6 次）。測試人員可能會回報問題，然後提交修正程式（7）。此修正程式會通過流水線，而測試人員會將其部署到 QA 環境。測試之後，會在提交一個變更（8），由測試人員來測試，然後部署到演示環境（demo environment）。同樣，這包括了之前所有的變更。

這個循環又重複了幾次，第 9 到第 12 次提交都是在自動化階段進行的。第 10 到 11 次變更是在 QA 階段進行測試，而第 11 次變更會進入演示階段，並且最後會到達營運環境。

由這個例子可以看出，流水線的早期階段會比後期階段進行得頻繁。這說明了，並不是每一個變更，即使是通過測試和演示的變更，也不一定會立即部署到營運環境。

## 使用流水線的實施方法

上一節對流水線做了基本的介紹。下一節將把它擴展到更複雜的情況。然而，在此之前，對於使用流水線的團隊來說，考慮一些關鍵的實施方法，是很有用的。

### 實施方法：為每個變更證明營運環境已準備就緒

每當你提交到 VCS 時，都假定如果變更通過自動化檢查，便可以直接放置到營運環境。不要認為你將可以完成它、清理它或進行任何額外的修改。因此，不要做出你可能會在營運環造成問題的變更。

這可能是一個問題，因為在同一時期，可能會有多個人對 VCS 中的相同元件進行變更。可能會有人提交一項變更，而他們知道該項變更需要額外進行一些工作才能投入營運環境。在此同時，可能有其他人做出一項變更，並將前者未完成的工作直接送到營運環境。

管理這種情況的典型技巧是讓人們在不同分支上工作，並在每個分支準備好後將其合併到主幹上。然而，這並不符合隨時維持基準程式碼（codebase）都處於準備營運（production ready）的標準：它儲存了以後要進行的合併和測試工作。

在單一基準程式碼（codebase）中管理「並行工作流」（concurrent workstreams）的替代技巧包括：功能隱藏（feature hiding）、功能切換（feature toggles）和抽象分支（branch by abstraction）[10]。人們可以使用這些技巧將變更提交到基準程式碼，因為知道即使將變更實際部署到營運環境，變更也不會處於活動狀態。

### 實施方法：從流水線的一開始就著手進行每項變更

偶爾，當一項變更在下游階段失敗了，會很想直接在該處修正問題，或甚至想在「產出物儲存庫」（artifact repository）中編輯檔案。然而，這是一個危險的做法，因為新的編輯結果將不會在上游階段進行測試，所以可能會有一些問題，直到發現時，為時已晚。此外，在後期的環境中進行手動修正成為習慣後，要嘛被遺忘，要嘛被加到手動步驟的檢查清單中，這會削弱自動化的效果。

10 這些技巧在第 10 章（第 179 頁的〈持續整合（CI）〉）中有詳細的說明，其中還介紹了優先使用持續整合而非功能分支法（feature branching）的情況。

相反地，修正應該在源頭中進行，並將其提交到 VCS。應該從頭開始運行流水線，全面測試修正程序。同樣的規則也適用於因為工具的使用或應用變更流程而導致問題的情況。修正工具或流程，提交必要的變更，並從頭開始運行流水線。如果你的流水線速度夠快，這應該不會很痛苦。

## 實施方法：有任何問題就停止流水線

如果某個階段失敗了，則從該階段向上游元件提交變更的每個人，都應該停止提交。否則，新的變更就會堆積到出問題的環境上，從而難以釐清問題所在。

因此，只要有問題就停止流水線。確保你知道誰正在努力修正它，且如果他們需要的話，就支援他們。如果你不能立即提供一個修正方案，那就回溯變更，讓流水線再次變為綠色狀態。

### 緊急修正

緊急修正（mergency fix）應始終使用流水線來進行。如果流水線不夠快或不夠可靠，那麼就持續改進它，直到達成目的為止。

發生嚴重問題時，可能需要透過直接在營運環境上工作來找出解決辦法。但是，一旦確定了修正程序，則應在 VCS 中進行修正，並立即通過流水線來發布（roll out）。如果你忽略了透過適當的方式推送（push）修正程序，那麼當將來的變更係基於原始的、未修正的原始碼通過流水線時，你所做的修正很可能會被還原（reverted）。

# 為更複雜的系統擴展流水線

在本章到目前為止所描述的流水線設計都是針對單一元件。實際上，大多數系統涉及多個元件，這些元件可以單獨提交和建構，然後被部署及整合在一起。

通常，一個元件（比如，一項服務）是由幾個較小的、單獨建構的元件所構成。例如，一個應用伺服器可能會使用一個由 Packer、Puppet manifests、Dropwizard 應用程式（*http://www.dropwizard.io/*）建構而成的 AMI 伺服器模板，並可能使用 CloudFormation 模板來定義網路組態。其中的每一個都可能有自己的 VCS 儲存庫，並觸發其自身的構建階段（build stage）以分別進行測試和發布。

在某些情況下，元件甚至可以獨立部署和管理，但有執行時期依賴性的問題，這對於在「發布到營運環境」之前進行測試可能有幫助。例如，應用程式可能會與由不同團隊管理和部署的應用服務整合在一起，它們之間也許會使用「訊息匯流排」（message bus）之類的服務來溝通。

有一些設計模式（design patterns）可用來為這些較複雜的情境建構流水線。要採用哪種模式取決於流水線所管理的系統和元件。

## 模式：扇入流水線

扇入模式（fan-in pattern）是一種常見的模式，此模式對於建構由多個元件所構成的系統很有用。每個元件一開始都有自己的流水線，以便單獨進行建構和測試。然後將元件的流水線接合在一起，好讓元件能夠一起被測試。具有多層元件的系統，可能需要進行多次接合。

舉個例子，讓我們思考第 9 章所描述的各種環境，如圖 9-3。而圖 12-4 對其進行了複製和簡化。

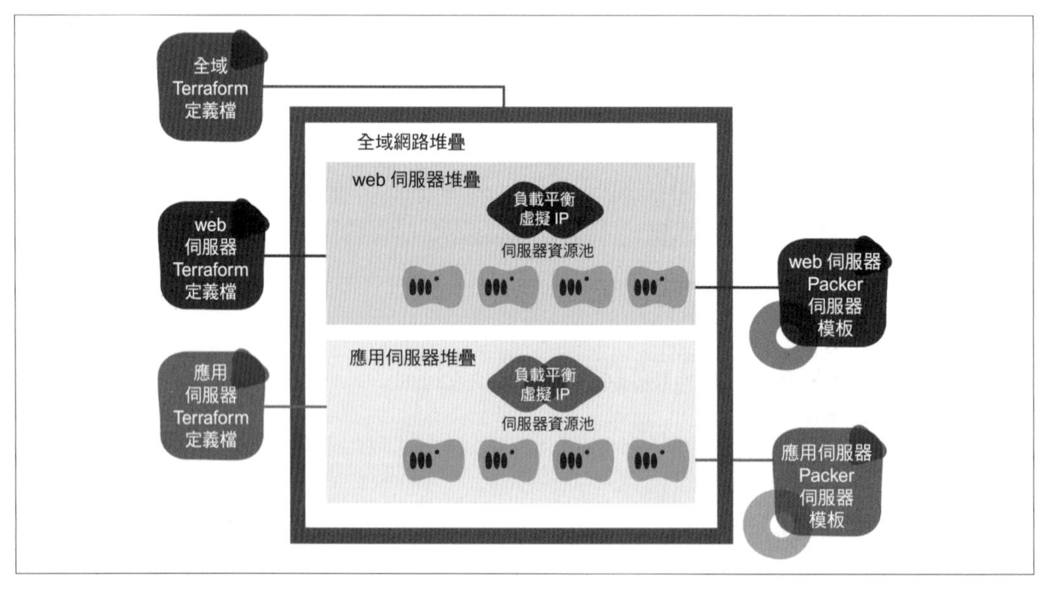


圖 12-4　一個環境範例及其元件

這個環境由幾個元件構成。包括三個基礎架構堆疊（infrastructure stack），每個堆疊皆定義在一個 Terraform 定義檔中：一個用於整體基礎架構，其他各自用於 web 伺服器和應用伺服器基礎架構[11]。還有兩個不同的伺服器模板，一個用於 web 伺服器，一個用於應用伺服器，每個皆在 Packer 模板中定義。

服務推疊（service stack）的完整流水線如圖 12-5 所示。它具有五項輸入材料，每一項皆有其自己的 VCS 儲存庫：

- web 伺服器模板（web server template）的 Packer 模板和命令稿
- web 伺服器基礎架構堆疊（web server infrastructure stack）的 Terraform 定義檔
- 應用伺服器模板（application server template）的 Packer 模板和命令稿
- 應用伺服器基礎架構堆疊（application server infrastructure stack）的 Terraform 定義檔
- 整體基礎架構堆疊（global infrastructure stack）的 Terraform 定義檔

這些材料每一項都可以啟動它自己的饋入分支（feeder branch）。

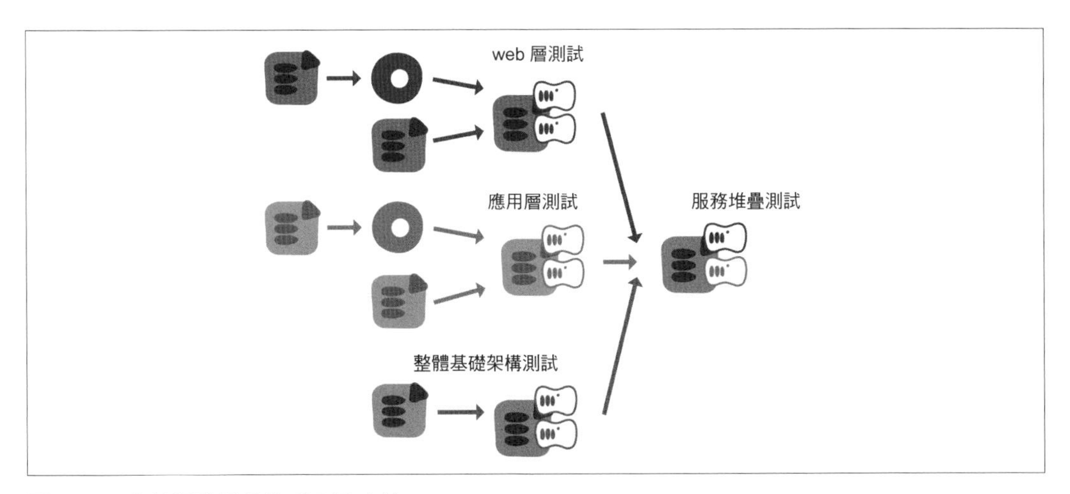


圖 12-5　完整服務堆疊的扇入流水線

## 饋入分支

饋入分支（feeder branch）是流水線中運行了若干階段的某部分，然後與其他饋入分支接合在一起。圖 12-6 可以看到 web 伺服器堆疊的饋入分支。此饋入分支本身加入了兩條較小的饋入分支，一個針對 web 伺服器模板，另一個針對 web 伺服器基礎架構。

11　該設計背後的想法，可參考第 9 章第 156 頁的〈組建基礎架構〉。

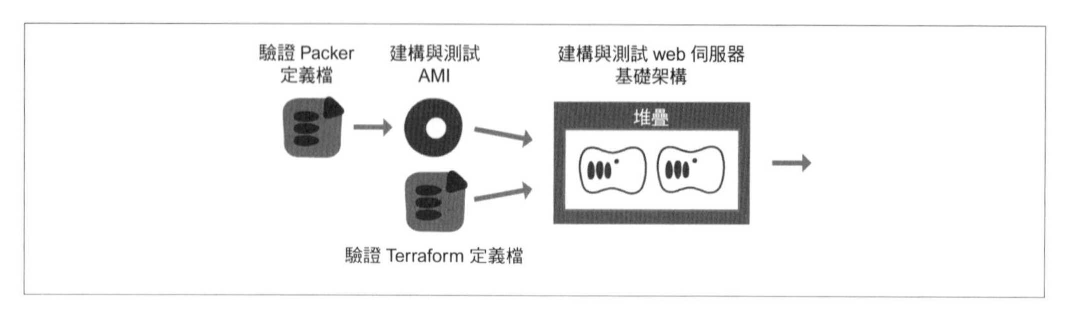


圖 12-6　針對 web 伺服器基礎架構元件的饋入分支

第一條分支從 Packer 定義檔來建構 web 伺服器模板，第二條分支則使用 Terraform 定義檔來驗證 web 伺服器基礎架構堆疊。對 VCS 中任何一個輸入元件（Packer 定義檔或 Terraform 定義檔）中進行變更，都會觸發該元件的分支。

對 Packer 定義檔的變更會開始（kick off）「驗證 Packer 定義檔」階段。這將會從 VCS 中簽出（check out）Packer 模板，並進行靜態分析檢查。如果這些檢查都通過了，就會觸發「建構和測試 AMI」階段。這將會對定義檔執行 Packer，建構出 AMI 映像檔。

## 接合階段

接合階段（join stage）會將兩條或多條饋入分支的輸出聚集在一起。當其中一條饋入分支執行成功時，將會觸發接合階段，該階段會使用觸發它之饋入分支的新產出物。接合階段會使用最後一個成功執行之分支的產出物。這意味著，只有一個新的產出物會被使用和測試。如果接合階段的測試失敗，馬上就可以知道這是哪個輸入導致的失敗，因為自從上一次執行以來，只有這一個輸入被改變。

圖 12-6 中被標記為「建構與測試 web 伺服器基礎架構」的接合階段，具有兩條可以觸發它的饋入分支。它會執行 Terraform 工具，使用「驗證 Terraform 定義檔」階段中的 Terraform 定義來建構一個基礎架構堆疊，並使用「建構與測試 AMI」階段所建構的 AMI 來建立一個伺服器資源池。

然後接合階段會執行自動化測試，以確保 web 伺服器堆疊能夠建構並可正常運作。它可能會使用 Serverspec 來驗證 web 伺服器的組態是否正確。並使用 HTTP 客戶端測試工具來檢查 web 伺服器是否正在運作，並正確提供測試內容。

## 扇入和測試金字塔

圖 12-7 說明了具有扇入模式（fan-in pattern）的變更管理流水線（change management pipelin）所實作的測試金字塔模型。

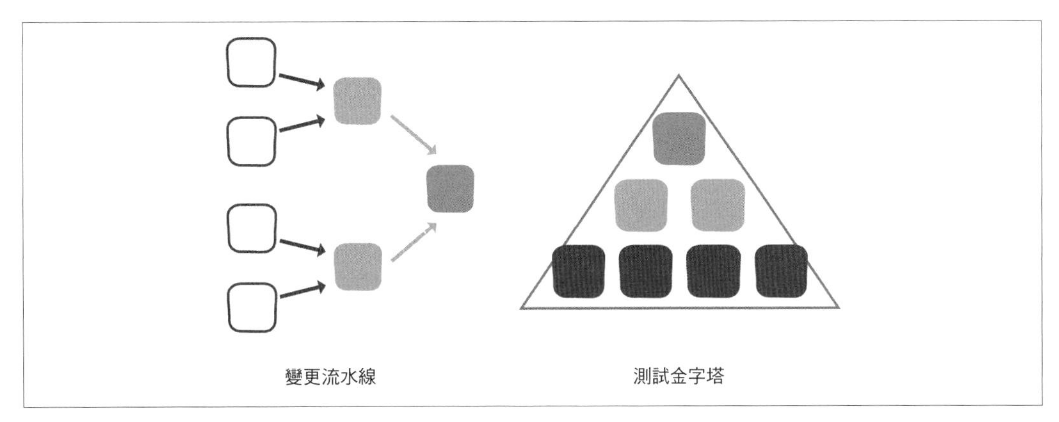


圖 12-7 扇入式流水線可用於實作測試金字塔

## 扇入式流水線的限制

隨著系統規模的擴大，以及在其上工作的人員數量的增加，扇入式流水線會帶來挑戰。隨著輸入數量的增加，接合階段將成為瓶頸，因為來自「饋入流水線」（feeder pipelines）的變更會排隊等待運行。可能需要更多的協調，以避免不同元件的變更之間發生衝突，這就需要增加流程、會議和團隊角色來管理日程和溝通。

團隊應該把建立手動流程和禮節的壓力，視為一種徵兆，即其系統、流水線和 / 或組織的設計，無法因應規模的成長。增加手動流程來解決這些限制，並未解決真正的問題，而且增加了不必要的開銷。

在某些情況下，團隊可以改良扇入模型的設計和實作，使其能夠在不限制吞吐量的情況下處理規模的成長[12]。然而，在其他情況下，從扇入模型走出來反而是有幫助的。可以說，這些替代方案類似於決定：是透過增加更多的硬體和優化其所執行的軟體來擴大伺服器的規模，還是透過將系統分布在多個伺服器上來擴大規模。

12 有一種優化可能是允許接合階段（join stage）的多個實例同時執行（run concurrently），並對其輸入產出物進行不同的組合。我不知道有哪些 CI 或 CD 工具，能夠以原生方式支援這一點，不過它聽起來很酷。

### 度量流水線的有效性：週期時間

與提高系統性能的任何努力一樣，起點是度量現有的性能水平。「變更管理流水線」的最有效度量是週期時間（cycle time）。週期時間是指從「決定需要變更」到「在營運環境中看到該變更」之間所花的時間。

重要的是，週期時間的起點（starting point）要夠早，以反映變更管理流程的全部影響。提交變更以觸發流水線時，週期時間仍不會開始。流水線只是「變更管理流程」的一部分，而對其進行單獨的度量很可能會導致次優化（suboptimize）[13]。

舉例來說，如果變更因為與其他元件的變更發生衝突，而導致流水線中的變更經常失敗，那麼你可以強制進行一項策略：一次只有一項變更可以被提交及在流水線中運行。這讓你得以調整流水線的實作，使其運行得非常快。但這也會造成大量堆積的變更，等著被提交到流水中。從需要變更之用戶的角度來看，如果一開始就需要花一週以上的時間，才能將一項變更放入流水線，那麼就算 99% 的時間，流水線都會在五分鐘內完成，並無濟於事。

這並不是說，度量流水線本身之「端到端運行時間」（end-to-end run time）不重要，而是改善變更的整個「端到端週期時間」（end-to-end cycle time）才是最重要的目標。

## 實施方法：縮短流水線

流水線越長，變更要花的時間就越長。盡可能縮短流水線，有助於讓變更順暢地進行。

最好先從最小的流水線開始，而不是從你認為以後可能需要的更複雜的設計開始。只有在發現需要解決的實際問題時，才將階段（stages）和分支（branches）添加到流水線中。總是留意是否有機會刪除不再相關聯的部分。

## 實施方法：解耦流水線

當不同的團隊建構一個系統中的不同元件（比如，微服務）時，將這些元件的流水線分支（pipeline branches）與扇入模式（fan-in pattern）接合在一起，可能會造成瓶頸。這些團隊需要花費更多的精力來協調他們處理發行、測試和修正的方式。這對於少數緊密合作的團隊可能是可行的，但開銷將隨著團隊數量的增加而呈指數級成長。

13 有關週期時間的更多資訊，參見第 15 章第 307 頁的〈追蹤及改善週期時間〉。

解耦流水線（decoupling pipelines）涉及到對流水線進行結構化，以便能夠獨立發行針對每個元件的變更。這些元件之間可能仍然存在依賴關係，因此可能需要對它們進行整合測試。但是，與其要求所有元件在「大爆炸」（big bang）形式的部署中被一起發行到營運環境，不如在第二個元件的變更被發行之前，讓前一個元件之變更可以繼續發行到營運環境上。

解耦「已整合元件的發行」，說起來容易做起來難。顯然，僅是將變更推送到營運環境，會有弄壞營運環境的風險。有一些技術和模式可在測試、發行和流水線設計上提供協助。這些將在之後的章節中討論。

## 整合模型

用於測試系統和基礎架構元素如何整合之流水線的設計和實作，取決於它們之間的關係，以及負責它們的團隊之間的關係。有以下幾種典型的情況：

單一團隊
: 一個團隊擁有系統的所有元素，並且全權負責管理它們的變更。在這樣的情況下，一條單獨的流水線，根據需要加入扇入模式，通常就足夠了。

團隊群組
: 一群團隊會在具有多個服務和 / 或基礎架構元素的單一系統上協同工作。不同的團隊各自擁有系統的不同部分，這些部分都被整合在一起。在這樣的情況下，單一的扇入式流水線可能會在一定程式度上發揮作用，但隨著群組的規模和其系統的增長，解耦（decoupling）可能變成是必要的。

協調性高的獨立團隊
: 每個團隊（其本身可能是一群團隊）皆擁有一個系統，該系統可以與其他團隊擁有的系統整合在一起。一個系統可以跟多個系統整合。每個團隊都會有自己的流水線，並獨立管理其發行。但他們可能具有密切的關係，其中一個團隊願意客製化其系統和發行，以支援另一個團隊的需求。這種情況經常出現在一個大公司的不同群組和密切的供應商關係中。

協調性低的獨立團隊
: 與前一種情況一樣，只是其中一個團隊，是一個擁有許多其他客戶的供應商。他們的發行流程（release process）是為了滿足許多團隊的需求，很少或根本沒有針對個別客戶團隊的需求進行客製化。提供日誌紀錄、基礎架構、web 分析等等功能的「X 即服務」（X as a Service）供應商，往往會採用這種模型。

與任何模型一樣，這只是一個粗略的估計。如圖 12-8 所示，大多數團隊將會有各式各樣的整合模型。

顯然，根據團隊之間協調的緊密程度，需要採用不同的方法來測試和發行「跨整合元件」（across integrated components）的變更。當整合測試（integration testing）成為「變更之週期時間」（cycle time for changes）的瓶頸時，值得考慮轉移至不同的模型。

解耦元件（decouple components）的方法就是解耦團隊（decouple teams）。在如何建構、測試和發行方面，給予各個團隊更多的自主權，使他們能夠變得更有效率。

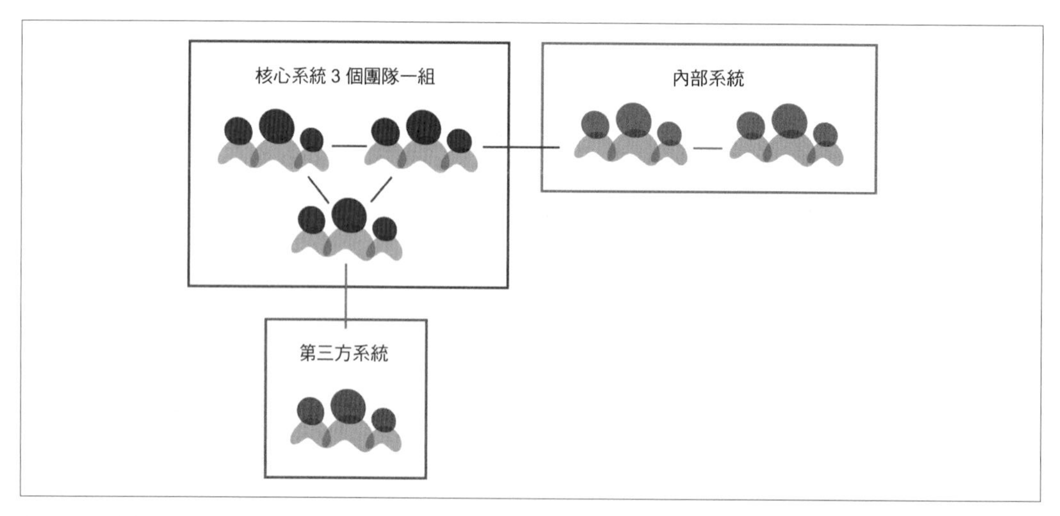


圖 12-8　整合多個系統

## 流水線、架構和團隊：康威定律

你的「變更管理流水線」（change management pipelines）之設計，是你的系統之架構的一種體現。這兩者同時是你的團隊結構的一種體現。康威定律（*https://www.thoughtworks.com/insights/blog/demystifying-conways-law*）描述了一個組織的結構與其系統之間的關係：

> 任何設計系統（這裡的定義更廣泛，而不僅僅是資訊系統）的組織，都不可避免地產生一種設計，其結構是組織之通信結構（communication structure）的副本。

組織可以利用這一點來塑造自己的團隊、系統和流水線，以便優化他們想要的結果。這有時被稱為「逆康威操縱」（*https://www.thoughtworks.com/radar/techniques/inverse-conway-maneuver*）。確保將特定的變更交付到營運環境所需之人員都屬於同一個團隊。這可能涉及到重新組建團隊，但也可以透過改變系統的設計來完成。它通常可以透過改變服務模型（service model）來實現，這其實就是自助式服務系統（self-service systems）的目標。

需要記住的一點是，設計總是會不斷發展。設計一個新的系統、團隊結構和流水線，並不是一次性的活動。在將設計付諸實施時，你會發現新的限制、問題和機會，並且需要不斷修正和調整，以便滿足它們。

# 元件之間依賴關係的處理技術

有一些技術可以確保一個元件（component）與非同一個流水線管理的另一個元件（another component）整合時能夠正常運作。這個問題有兩個面向。兩個既定之被整合的元件，一個提供服務，另一個消費服務。供應者元件（provider component）需要測試它是否有正確地為消費者提供服務。而消費者元件（consumer component）則需要測試它是否有正確地消費供應者的服務。

例如，一個團隊可能管理一個監控服務，而該服務由多個應用團隊所使用。監控團隊是供應者，而應用團隊是消費者。供應者團隊（provider teams）的其他例子包括：

- 共享基礎架構團隊，負責定義和管理多個團隊使用網路結構
- 基礎架構平台團隊，提供虛擬化、雲端或自動化硬體配置工具集，以及其他團隊使用的 API
- 資料庫服務團隊，負責管理應用團隊用於對資料庫實例進行配置、組態設定和支援的 API 驅動服務

## 模式：程式庫依賴性

有一種方法可以讓一個元件提供功能給另一個元件，其運作方式就像是一個程式庫（library）。消費者通常在流水線的建構階段（build stage）選取供應者的一個版本，並將其合併到自己的產出物（artifact）中。例如，可以由一個團隊來維護一個用於對 nginx web 伺服器進行安裝和組態設定的 Ansible playbook。而其他團隊則可以使用（consume）它，將它應用到自己的 web 伺服器實例。

重要的特點是，那些程式庫元件是版本化的，並且消費者可以選擇使用哪一個版本。如果有一個更新的版本被發行，消費者可以選擇立即拉取它，然後對其進行測試。當然，也可以選擇「鎖定」（pin）在某個舊版的程式庫。

這使得消費者團隊（consumer team）即使還沒有將新的、不相容的變更納入其供應者程式庫（provider library）中，也能靈活地發行變更。但這會造成重要的變更（例如，安全修補程式）不能及時整合的風險。這是 IT 系統安全漏洞的一個主要來源。

對於供應者來說，這種模式可以自由發行新變更，而不必等待所有消費者團隊更新他們的元件。但這可能導致在營運環境中具有許多不同版本的元件，從而增加了支援的時間和麻煩。在圖 12-9 中可以看到，一個團隊為了 nginx web 伺服器的安裝和組態設定提供了一個 Ansible playbook。另一個團隊擁有一個應用微服務（application microservice），並使用該 playbook 在其應用伺服器上安裝 nginx。

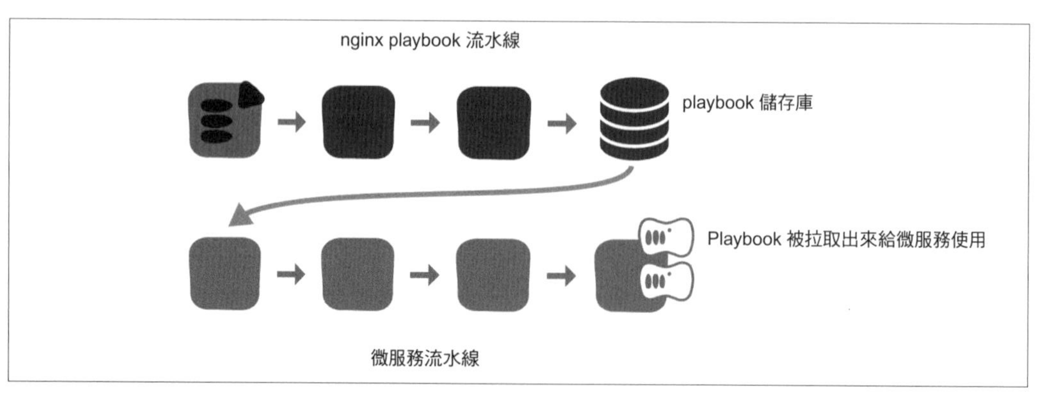


**圖 12-9　去耦合式供應者和消費者流水線**

這種模式通常用於共享跨團隊的標準伺服器模板。一個團隊可以為組織建立一個標準的 Linux 虛擬機模板映像檔（VM template image）。這將會有一個 Linux 發行版（distribution）的標準版本，該版本具有共享認證、網路組態、監控和安全強化等方面的通用組態和套件。然後其他團隊可以拉取（pull）這映像檔的最新版本，來建構他們的伺服器，或者以它們為基礎來建構自己的分層式模板（如第 7 章第 127 頁的〈模式：分層式模板〉）。

### 儲存庫即產出物

在流水線階段（pipeline stages）之間提升套件版本集（sets of package versions）的另一種方法是在儲存庫端（repository side）使用「儲存庫即產出物」（repository as an artifact）模式[14]。使用這種方法的團隊會為每個環境設置一個單獨的套件儲存庫鏡像（repository mirror）。上游階段從公共儲存庫（public repositories）更新套件，並觸發測試。當每個流水線階段通過測試時，套件會被複製到下一個階段的儲存庫鏡像。這確保了整套依賴關係的一致性。

「儲存庫即產出物」可以使用 Spacewalk channels 之類的系統來實作，或者使用更簡單的東西來實作，像是 reposync（*http://linux.die.net/man/1/reposync*）或甚至是 rsync。

## 模式：自配置服務實例

程式庫模式（library pattern）適用於完整的服務。一個著名的例子是 AWS 提供的關聯式資料庫服務（Relational Database Service）或稱為 RDS（*https://aws.amazon.com/rds/*）。一個團隊可以為自己配置完整的工作用資料庫實例，可以在流水線中將其用於使用資料庫的元件。

身為供應者，當 Amazon 發行新的資料庫版本，同時仍然要讓較舊的版本可供使用，例如「上一代資料庫執行個體」（previous generation DB instances）（*https://aws.amazon.com/rds/previous-generation/*）。這和程式庫模式具有相同的效果，即供應者可以發行新的版本，而無須等待消費者團隊去升級自己的元件。

因為是服務而不是程式庫，供應者能夠在不之不覺中（transparently）發行服務的次要更新（minor updates）。Amazon 可以為其 RDS 產品進行安全的修補，而消費者團隊建立的新實例將會自動使用更新過的版本。

關鍵是供應者要密切關注介面契約（interface contract），以確保更新完成之後，服務的行為與預期一致。介面契約則在第 250 頁的〈實施方法：以契約測試來測驗供應者〉中有更詳細的討論。改變預期行為的更新，應該被提供為服務的新版本，可以由消費者團隊明確選擇。

14 我從我的同事 Inny So 那裡得知了這個模式（*https://twitter.com/mini_inny*）。

這種模式對於基礎架構和平台服務（例如，監控、資料庫和儀表板）通常很有用。消費者團隊可以讓他們的流水線自動起動一個服務實例來進行測試，然後在測試階段完成後再將其拆除。

## 提供預發行的程式庫建構

提供程式庫的團隊通常會發現，提供預發行建構（pre-release build）給消費者團隊測試，是很有用的。Beta 版、快照（snapshots）和早期版本（early releases）讓消費者有機會去開發和測試即將可以使用的功能。這給了供應者關於其變更的反饋，並允許消費者在新功能發行之前，預先做好準備。

預發行建構應該由一個流水線階段來產生。這可能是某個 inline 階段，亦即為每個經過特定階段的建構，產生一個「預發行建構」，如圖 12-10 所示。也可能是一個分支，由某個人選擇並發布一個「預發行建構」，如圖 12-11 所示。

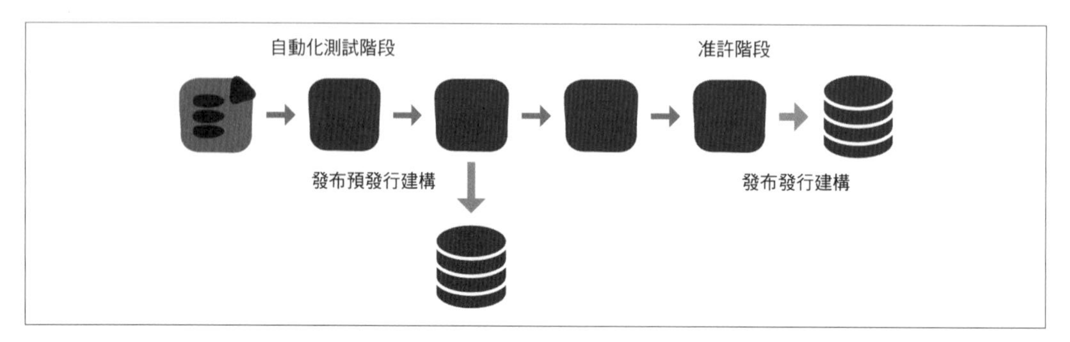


圖 12-10　在某個 inline 階段發布準預發行的建構

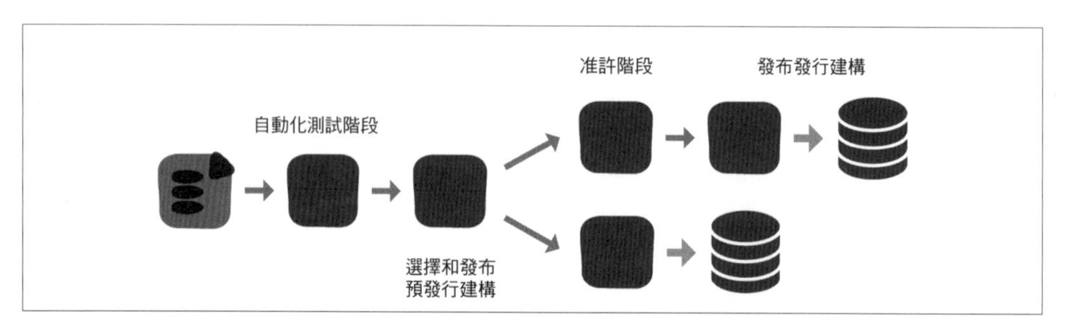


圖 12-11　由分支流水線來發布預發行建構

在圖 12-10 中，每個達到「預發行」（pre-release）階段的建構（build）都會被發布（published）。在流水線的最後，做為完整版本（full release）發布的建構（build），也將會是一個預發行建構（pre-release build）。另一方面，從圖 12-11 所示之分支流水線（forked pipeline）發布為完整版本的建構，不一定會在之前被選中為發布為「預發行建構」。

## 向消費者提供服務的測試實例

託管服務（hosted service）的供應者需要為消費者提供支援，以便開發和測試他們與服務的整合。這對消費者來說有許多用途：

- 學習如何正確整合到服務中
- 測試消費者系統在變更之後，整合是否仍然有效
- 測試消費者系統在變更供應者（provider）之後，是否仍能運作
- 在發行新的供應者功能之前，根據該功能進行測試和開發
- 重現營運環境上的問題，以進行問題排除
- 在不會影響營運環境資料的情況下，進行消費者系統的演示

對供應者來說，支援這些的一種有效方法是，提供自配置的（self-provisioned）服務實例。如果消費者可以按需要建立實例並為其設定組態，那麼他們可以輕鬆處理自己的測試和演示需求。

例如，較大型組織中的資料庫服務團隊，可以讓其他團隊啟動（spin up）和管理自己的資料庫伺服器實例。消費者團隊可以使用這種能力來實驗新的組態選項，而不會污染到他們的營運資料庫。

供應者可以透過讓消費者配置（provision）其服務的預發行建構（pre-release builds）來補充測試實例。這跟預發行程式庫（pre-release library）是相同的概念，但以託管服務的形式提供。

對於服務的測試實例（test instances）來說，資料和組態管理是一項挑戰。重要的是，消費者團隊能夠自動將適當的資料和組態載入到服務實例（service instance）中。這可以是人工建置的測試資料，以實現自動化測試。或者，也可以是營運環境資料的快照（snapshot），對於重現營運環境問題或演示功能很有用。服務供應者團隊可能需要開發 API、工具或其他機制，以協助消費者團隊輕鬆地做到這一點。

多用戶測試系統甚至有可能更為混亂，團隊最好是將他們的系統轉移到單用戶，並提供自行調配能力給他們的消費者。

對於無法自行配置（self-provisioned）的服務，運行測試實例較具挑戰性。在長期運行之測試實例中，組態和資料可能會隨著時間的推移變得過時，並且很容易飄移，從而與營運環境狀態變得不一致。這使得測試較不準確。多戶型（multitenancy）測試系統更容易變得混亂。團隊在這種情況下最好將系統向單戶型（single-tenancy）方向發展，並向消費者提供自配置的（self-provisioning）功能。

## 如同消費者來使用服務的測試實例

消費（或使用）另一個團隊所提供之服務的團隊，可以在其流水線中包括部署和測試「與供應者之測試實例整合的」階段。

例如，如果一個應用團隊使用來自中央監控服務團隊的監控服務，他們可以有一個測試階段，由監控伺服器的測試實例進行監控。他們可以用這個來測試對監控組態（monitoring configuration）的變更。他們也可以進行自動監控測試，人為地導致他們自己的應用程式出現問題，以證明會觸發正確的監控警報。這可以捕捉到因為變更應用程式而讓現有的監控檢查失效的問題。

通常，在模擬了供應者的測試之後[15]，針對供應者之測試實例的自動化測試將在流水線的自動化階段（automated stages）結束時進行。如圖 12-12 所示。

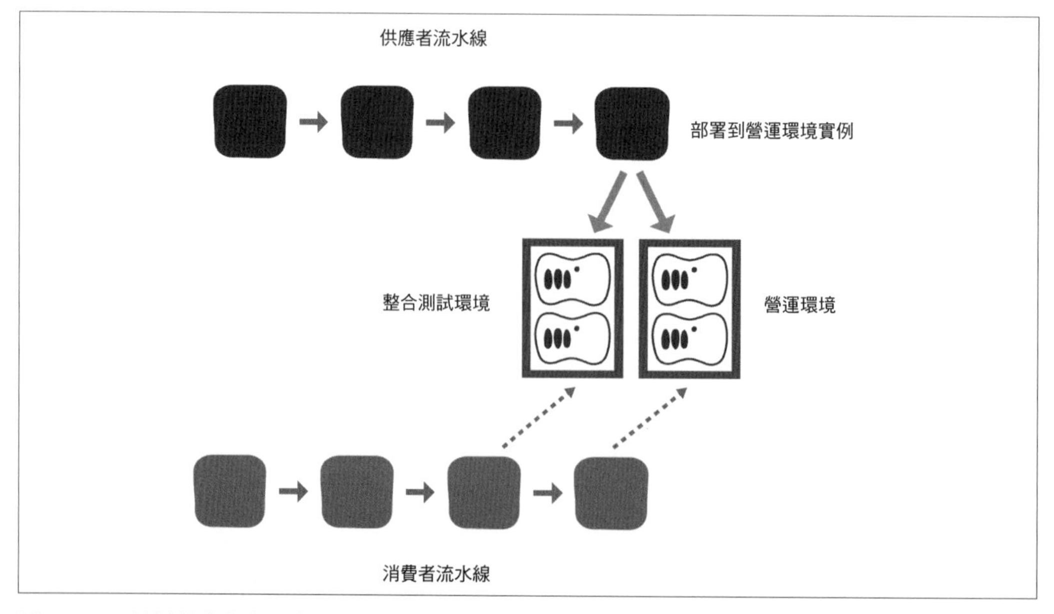


圖 12-12　針對供應者實例進行自動化測試

15 如第 11 章第 209 頁的〈隔離受測試元件的技術〉中所述。

如果供應者也將其服務的預發行建構（pre-release builds）部署到測試實例中，那麼消費者團隊也可以使用它。擁有一個與預發行建構整合的流水線階段，有助於發現供應者即將發行之版本的潛在問題。這與版本容差（version tolerance）（稍後會介紹）結合起來效果很好，可以確保消費者元件（consumer component）能夠輕鬆地與供應者的新版本或舊版本一起運作。這使得消費者團隊不必擔心供應者的發行時間表（release schedule）。

正如前面提到的，在測試實例中管理資料是具有挑戰性的。長時間運行的測試實例，可能會被舊的測試資料所污染。這會使自動化測試變得複雜，並可能導致測試系統中的結果，不能很好地代表營運環境實例。

自動化測試集（automated test suites）應該在運行時設置它們所需要的測試資料。它也許可以載入營運資料的快照。但是，自動化測試不應該對它們沒有明確建造的資料做出假設；否則就不能保證它們能夠穩定運行。

在某些情況下，它有可能會針對第三方系統的營運環境實例進行測試。當消費者不去改變其他系統中的資料時，這顯然是可行的。例如，當你有一個提供查找的外部服務（例如 DNS）時，就不太需要去整合一個專門的測試伺服器。

當來自消費者的資料可以被輕易隔離，與營運系統整合時的測試也可以運作。例如，對於監控服務，消費者的測試實例可以被標記成一個獨立的環境，該環境的組態會被設定為關鍵環境。這樣就可以明確隔離營運系統的監控資料與測試系統的資料。

# 管理「元件間介面」的實施方法

可獨立部署元件的基礎是鬆散耦合（loose coupling）。理想情況下，變更系統的一個部分將不會對系統的其他部分產生任何影響。方法是以介面（interface）來整合元件。

介面可以是一個正式的 API。伺服器配置命令稿（provisioning script）可以使用監控伺服器的 REST 介面來添加和移除伺服器的檢查。它也可能是較不正式的，例如在 Bash 命令稿中執行之命令列工具程式所接受的引數。或者它可能是一個檔案系統位置的問題，命令稿或工具程式預期可以在何處找到可執行檔、程式庫或組態檔。

流水線最重要的工作之一是確保對這些介面的一側（或兩側！）進行變更時，一切仍正常運作。如果將流水線解耦，以使介面每一側的元件都能獨自發行，那麼這些介面之間的整合問題將只會在營運環境中被發現。

顯然，這很不好。但有一些技術可以用獨立的流水線來捕捉整合錯誤。

## 實施方法：確保介面的向下相容性

供應者應努力避免做出破壞現有介面的變更。一旦發布新的版本並投入使用，新的版本不應改變消費者所使用的介面。

在不破壞介面的情況下添加新功能通常是很容易的。命令列工具可以在不改變現有引數行為的情況下添加新的引數。

當對這些現有引數的工作方式進行改善時，結果應該和之前一樣。這對錯誤修正來說可能很棘手。理想情況下，修正不正確的行為應該只會讓消費者感到滿意，但通常人們在有缺陷的東西上進行建構時，可能會依賴不正確的行為。供應者應對此做出決定。在某些情況下，供應者實際上會維護不正確的行為，以避免破壞其用戶的系統。

如果需要對現有介面進行大刀闊斧的修改，通常最好是建立一個新的介面，保留舊的介面。舊的介面可以被廢棄不用，並警告用戶應該轉而使用新的版本。這給予了消費者在轉換之前開發和測試新介面的時間，這反過來又給了供應者發行和迭代新功能的靈活性，而不必等待所有消費者轉換到新功能。

例如，一個團隊可能會在不同的檔案系統路徑上安裝新版的程式庫或命令列工具。而用戶可能會在他們的命令稿中變更環境變數或路徑，以便在他們準備好後使用新的版本。

## 實施方法：解除部署與發行的關係

許多營運非常大規模系統的組織發現，在預發行環境（pre-release environments）中測試變更的價值很低。在營運環境中運行之元件的數量、複雜性和版本可能很大，而且不斷變化。這使得難以用有意義的方式重現營運環境的狀況。

困難的不僅僅是成本，還有時間、精力和機會成本。為了使預發行環境中的測試，對於問題的捕捉可行性較高，需要保持緩慢的變更步調。對於一個依靠 IT 來保持競爭力的企業來說，限制 IT 變革的步伐可能是非常危險的。

因此，一種常見的技術是將變更部署到營運環境，而不必將它們發行給最終用戶使用。將新版本的元件放入營運環境，並以不影響正常作業的方式整合其他元件。這樣就可以在真正的營運環境條件下對它們進行測試，然後再將它們投入使用。它們甚至能夠以點滴的方式（drip-feed fashion）投入使用，衡量它們的性能和影響，然後再推廣到所有用戶群。

這樣做的技術包括那些用於在基準程式碼（codebase）中隱藏未完成變更的技術，例如功能切換（feature toggles），以及零停機替換模式[16]。

16 請參閱第 14 章第 276 頁的〈零停機變更〉，以及第 10 章第 187 頁的〈管理重大的基礎架構變更〉。

## 實施方法：使用版本容忍度

對供應者維持向下相容性（backward compatibility）的另一面是消費者要確保版本容忍度（version tolerance）。如果可能的話，消費者團隊應該確保他們系統的單一建構版本，可以輕易地與他們所整合之供應者的不同版本協同工作。

能夠進行版本偵測和動態切換，並根據偵測的版本使用相應的選項和參數，是一件好事。shell 命令稿可以檢查系統上可用的是執行檔的哪個版本，並相應地調整其行為。而配置命令稿（provisioning script）可以在查詢 API 版本後，改變它所假設的監控伺服器之 REST API 的版本。

但在某些情況下，能夠控制使用供應者的哪個版本是很有用的。舉例來說，消費者團隊可能希望繼續在營運環境上使用以前版本的 API，直到最新的版本穩定下來。

有些團隊會訴諸於為他們的消費者系統或元件建構不同的版本，以便與供應者的不同版本整合。但這存在讓基準程式碼（codebase）多樣化的風險，進而降低了持續整合的有效性。

另一種選擇是使用功能切換（feature toggle）來明確設定上游供應者介面的版本號，以便在不同的環境中使用。

## 實施方法：提供測試替身

團隊所負責的系統若與另一個團隊提供之服務整合，有時會發現供應者實例（provider instance）會導致測試出問題。這種情況在測試實例（test instances）時尤其常見，因為它可能會很慢、不可靠或或支援性不佳。這可能會令人沮喪，因為它使得團隊很難獲得有關其自身系統變更的反饋。

測試替身（test doubles）[17] 提供了一種解決這些情況的方法。流水線的早期階段可以配置一個系統，並與一個 mock [譯註]服務整合，mock 服務用於模擬（emulate）供應者服務（provider service）。mock 服務是讓消費者系統（consumer system）得以運行和被測試的虛擬元件。這些階段驗證了消費者系統自身的功能，所以測試失敗便代表了團隊本身的程式碼有問題，而非供應者服務。

流水線的後期階段（例如，一系列自動化階段末尾的階段）可以部署及整合供應者服務實例（provider service instance）並進行測試以確保整合是正確無誤的。

17 參見第 11 章第 210 頁的〈測試替身〉。

譯註 mock 的細節可參考 *https://julianchu.net/2018/08/16-test.html* 的說明。

供應者可能會考慮為他們的系統建立 stub[譯註]或其他類型的測試替身，供消費者在自己的測試中使用。有些基礎架構平台的 API 程式庫（例如，*fog.io*）包括 mock，以便開發人員撰寫命令稿來使用基礎架構供應者的 API 時，可以在不配置真實基礎架構的狀況下，測試他們的系統。

## 實施方法：以契約測試來測驗供應者

契約測試（contract tests）是自動化測試，用於檢查供應者介面的行為是否符合消費者的預期。這是比完整的功能測試小很多的一組測試，只專注於服務已承諾要提供給消費者之 API。

透過在他們自己的流水線中執行契約測試，如果供應者團隊不小心做出違反契約的變更，則他們就會被警示。

撰寫這些測試可以幫助供應者思考並明確定義消費者可以從他們的介面中得到什麼。這是測試驅動開發（TDD）如何協助改善設計的一個例子。測試本身也可以成為消費者瞭解如何使用系統的說明文件。

## 實施方法：以參考消費者進行測試

契約測試（contract testing）的一個變化是由供應者團隊（provider team）維護消費者應用程式（consumer application）的一個簡單範例。例如，管理基礎架構平台（infrastructure platform）的團隊可以為應用堆疊（application stack）撰寫一個 Terraform 定義檔的範例。每當他們對平台進行變更時，他們的流水線都會使用此定義檔來配置參考應用堆疊（reference application stack）的一個實例，並執行一些自動化測試，以確保一切如預期，仍可正常工作。

這個參考消費者（reference consumer）也可以做為一個例子提供給消費者團隊。這類例子在積極使用和不斷測試時效果最好。這樣可以確保它們是最新的，並且與供應者的最新版本相關。

## 實施方法：煙霧測試供應者之介面

在某些情況下，這可以協助建構和運行消費者系統的團隊，自動驗證由其他團隊所提供之元件和系統的介面。由於涉及的兩個團隊之間關係不太緊密，因此這樣做的價值往往更高。消費者團隊可以檢查供應者的新版本是否符合其行為方式的假設。

---

譯註 stub 的細節可參考 *https://julianchu.net/2018/08/16-test.html* 的說明。

當供應者是一個託管服務（hosted service）時，消費者可能無法看到對其進行變更的時間，因此可能希望更頻繁地去進行這些測試。舉例來說，每當他們對自己的系統部署變更時，他們可能會這樣做。消費者團隊甚至可以考慮從監控伺服器來進行這些測試，這樣當供應者的變更會破壞他們自己的系統時，消費者團隊會因而收到警示。

## 實施方法：執行消費者驅動契約（CDC）測試

前面這些實施方法的一個變化是，由供應者來進行消費者團隊所提供的測試。編寫這些測試是為了使消費者對供應者之介面的期望正式化。供應者會在自己的流水線的某個階段進行這些測試，如果有任何建構失敗的情況，便表示無法通過這些測試。

CDC 測試的失敗是在告訴供應者，他們需要調查期望失敗的性質。在某些情況下，供應者將會意識到他們犯了一個錯誤，所以他們可以更正它。在其他情況下，他們可能會看到消費者的期望是不正確的，這樣他們就可以讓消費者知道如何更改自己的程式碼。

或者問題可能不是那麼簡單，在這種情況下，測試失敗會促使供應者與消費者團隊進行對話，以便找出最佳的解決方案。

# 結論

為基礎架構實作「變更管理流水線」可以改變 IT 系統的管理方式。如果做得好，人們花在個別變更（規劃、設計、排程、實作、測試、驗證和修正它們）上的時間和精神就會減少。反之，可將注意力轉移到進行和測試變更的流程及工具。

這種轉變有助於團隊專注於改善他們的工作流程。他們的目標變成能夠快速且可靠地進行變更，以使服務適應組織的需求和面臨的機會。但這也是人們在基礎架構上工作方式的重大變革。下一章將以「基礎架構即程式碼」來探討團隊的工作流程。

第十三章

# 基礎架構團隊的工作流程

對大多數 IT 維運人員來說，管理「基礎架構即程式碼」(infrastructure as code) 是一種完全不同的工作方式。本章旨在說明 IT 維運團隊如何在這樣的環境中完成工作，並提供一些指導原則，以使這過程運作良好。

最大的轉變是從直接在伺服器和基礎架構上工作，改為間接工作。基礎架構工程師不再只是登入伺服器進行變更。取而代之的是，他們會對工具和定義檔進行變更，然後允許「變更管理流水線」(change management pipeline) 將變更發布到伺服器上。

這在一開始可能會令人沮喪。感覺就像是用一種更慢、更複雜的方式來做一些簡單的事情。但是，將正確的工具和工作流程放在適當的位置，意味著人們在日常的重複性任務上花費的時間更少。取而代之的是，他們會將精力集中在處理異常和問題上，並進行改善和變更，使異常和問題變得不那麼常見。

一個好的「基礎架構即程式碼」工作流程，可以讓我們很容易地以這種方式間接地在伺服器上工作。但要使工作流程正確並維持這種狀態，可能頗具挑戰性。如果工具和流程不容易使用，那麼團隊成員們將經常發現，他們需要跳轉到伺服器或組態用戶介面 (configuration UI) 上，並在自動化工具之外進行快速的變更。在轉換到「基礎架構即程式碼」的初期，可能有必要這樣做，但應該優先解決任何使其成為必要的缺點。

一個良好之自動化工作流的主要特點是速度 (speed) 和可靠性 (reliability)。它必須儘快完成對系統的變更，以使其成為處理緊急情況的有效方法。做出改變的人必須有信心，相信改變會按照預期方式進行，並知道是否會產生新的問題。

# 自動化任何變動

有效率的基礎架構撰碼人員（infrastructure coder）最重要的習慣是盡可能將任務自動化。你可以第一次用人工去執行任務，以便了解它是如何運作的。但不斷執行相同的任務就會覺得很無聊。

懶惰的美德

Larry Wall 將懶惰描述為程式開發者三大美德之首。他將其這定義為「這才能讓你發揮出偉大成果，降低整體能量的耗費。它驅使你寫出省力的程式，別人會覺得很有用，並把你所寫的東西記錄下來，這樣你就不用回答那麼多關於它的問題了。」[1]

隨時注意那些反覆出現之用戶的請求、問題或任務，並找到避免這樣做的方法。可以採用的技術有層次之分，從最優先的技術開始：

1. 重新設計或重新設定組態，因此根本不需要執行此任務。
2. 實現自動化，不知不覺中處理任務，不需要任何人注意。
3. 實作自助服務工具，讓人們（最好是需要完成此操作的用戶或人員）不需要知道細節就可以快速完成此任務。
4. 撰寫文件，讓用戶可以輕易地自行執行任務。

顯然，文件或自助服務工具需要適合用戶使用。很少有銷售經理想要登入 Linux 伺服器來執行 shell 命令稿以產生報告。但大多數人都會對基於瀏覽器的儀表板感到滿意。

基本目標是將系統管理員，從完成任務的流程中移除。系統管理員的職責是建立自動化、預防及處理問題，並加以改進。以裝配線（assembly line）為例，你不會希望工人在每個零件通過裝配線時處理它；相反地，你會希望他們以機器人裝置來處理零件。即使你將注意力轉向其他任務，裝配線仍應該持續運作。

讓我們考慮一下 IT 維運團隊中的系統管理員，可以在其 web 伺服器上進行組態變更的不同方式。舉例來說，系統管理員發現了一個 web 伺服器的組態設定，可使得伺服器更加安全，於是決定應用它。

1　你可在 c2 維基百科閱讀關於三種美德的內容（*http://c2.com/cgi/wiki?LazinessImpatienceHubris*），或是參考 Larry Wall、Tom Christiansen 和 Randal Schwarz 所寫的《Perl 學習手冊》（歐萊禮出版）。

## 手動進行變更

進行組態變更的最快、最簡單方法是登入 web 伺服器並編輯組態檔[2]。如果團隊有很多 web 伺服器，這將會很繁瑣。更糟糕的是，團隊中其他人不會看到該變化。但有人可能會注意到該變化，認為這是一個錯誤，然後撤銷（undo）它。或者其他人可能會在沒有使用改進過之組態的情況下，設置了一個新的 web 伺服器，導致組態設定不一致的伺服器。

即便其他團隊成員知道這個變更，他們可能不知道如何在設置新伺服器的時候來實作它。例如，他們可能沒有意識到這個變更，需要安裝一個新的 web 伺服器模組。當 web 伺服器啟動失敗時，他們會意識到自己的錯誤，但卻浪費了時間。然後，他們可能會使用與第一個人不同的方式來解決這個問題，這又會導致不一致的情況。

## 臨時自動化

如果團隊有非常多的 web 伺服器，系統管理員可能會撰寫一支命令稿來進行變更，從而避免一次在一個伺服器上，手動進行相同變更的繁瑣工作。

因此，系統管理員撰寫了一支命令稿，該命令稿可以在所有 web 伺服器上執行，以及對每個伺服器上的組態檔進行變更。該命令稿可以直接將一個新的 web 伺服器組態檔，複製到適當的位置。或者，如果組態檔因伺服器而異，則命令稿可能會進行搜尋和替換。這只會改變檔案的相關列，或者只是在檔案中新增幾列。該命令稿還可以安裝模組並重新載入伺服器行程，甚至可以進行一個簡單的煙霧測試，讓系統管理員知道，它是否由於某些原因而失敗。

團隊通常會採用遠端命令執行工具[3]，以便在多個伺服器上撰寫和執行命令稿。

這比手動進行變更要好。團隊的其他成員可以看到變更是如何應用的，並且可能會在其他 web 伺服器上再次使用該命令稿。

但這種方法存在幾個問題。一是不能保證組態的變更會被應用到新的 web 伺服器上。其他團隊成員可能會記得去執行它，或者他們可能會從現有的伺服器上複製組態，但無法保證。

而且很有可能對 web 伺服器的組態進行了其他變更，從而破壞了命令稿的運作方式。沒有人可能回過頭來修正該命令稿，直到他們後來嘗試執行該命令稿，發現它壞了。這會促使人們不想要費力地去修正和重用該命令稿，而是去撰寫一個新的命令稿。

---

2　顯然是使用 *vi*。

3　請參考第 4 章第 65 頁的〈於伺服器上執行命令的工具〉。

如圖 13-1 所示，臨時執行各種命令稿會產生不可預期的結果和不一致的基礎架構。這就是自動化恐懼螺旋的根源[4]。

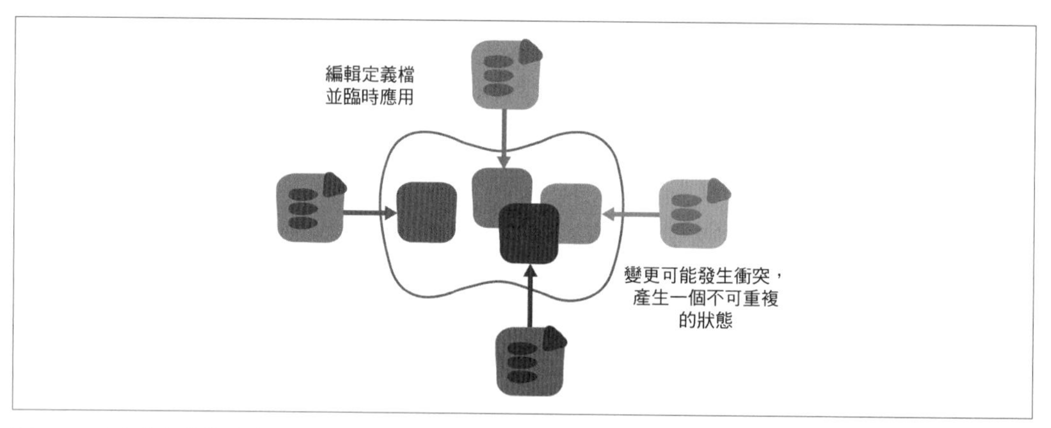


圖 13-1　臨時自動化命令稿具不可預知的結果

# 自主式自動化

為了確保即使沒有人考慮也可以應用正確的組態，團隊可以建立一支命令稿或一整組命令稿，以便在每次建立新伺服器時執行。理想情況下，他們會定期執行這些命令稿，以確保組態維持在他們想要的方式。這為他們提供了持續的組態同步（如第 4 章所述）。

這樣做目的是為了擁有可自主運作的基礎架構管理系統。在生理學上，自主神經功能的運作是無意識的自主控制（例如，呼吸或心率）。你或許可以去覆蓋掉其中的某些功能（例如，自行掌控你的呼吸）。但是，你通常不需要考慮這樣做。

自主式自動化（autonomic automation）是讓「基礎架構即程式碼」得以可靠運作的秘密。當團隊發現一個可以提高 web 伺服器安全性的新組態選項，便會將其嵌入到他們的自動化工具中。他們知道，它將被應用到所有相關的伺服器上，不管是現在還是未來，任何人都不必再去想它。

團隊還知道自動化是不斷重複應用的。因此，如果進行任何會破壞自動化的變更，則會立即發現並立即修正它。基礎架構始終保持一致，自動化便總是可以運作。

像 Chef 或 Puppet 這樣的組態工具，是為了自主工作而設計的。它們具有宣告性語法（declarative syntax）和冪等操作（idempotent operation）[5]。但這並不是讓基礎架構自主運作的工具。幾十年來，系統管理員一直在撰寫命令稿來自主執行任務。

4　自動化恐懼螺旋在第 1 章第 9 頁的〈自動化恐懼〉有介紹。

5　如第 3 章第 42 頁的〈為基礎架構即程式碼選擇工具〉所述。

另一方面，有一些 IT 維運團隊會使用 Ansible、Puppet 和 Chef 之類的工具來進行臨時（ad hoc）自動化（automation）。當他們要進行變更時，他們會撰寫一個組態定義檔，但只能作為一次性異動來運行該工具。對於那些不熟悉基礎架構即程式碼的團隊來說，這是很常見的，因為這是使用舊習慣和新工具進行工作的一種方式。但這卻無法協助團隊把工作量轉移到工具上。臨時使用手動方式執行自動化工具，會降低它正常工作的可能性。所以日常任務仍需要人們密切參與。

**工具與自動化**

在《*The Practice of Cloud System Administration*》(Addison-Wesley 出版）一書中，Limoncelli、Chalup 和 Hogan 對工具建構（tool building）與自動化（automation）做了比較。工具建構就是撰寫命令稿或工具，使得手動任務變得更容易。而自動化則是消除以人來執行任務之必要性。這好比是「汽車工廠工人使用高功率噴漆機給汽車門噴漆」與「一個無人看守的機器人噴漆系統」的差異。

## 自主式自動化工作流程

使用「基礎架構即程式碼」，當工程師們需要進行變更時，他們首先會從 VCS 中簽出（checking out）相關檔案。他們可能在本地端工作站上進行此操作，也可能在遠端電腦上的 home 區域中進行此操作。其中通常包括組態定義檔、命令稿、組態檔以及各種其他檔案。

在一個簡單的工作流程中，工程師對他們的本地檔案進行變更，然後將修改過的檔案提交回 VCS。該提交會觸發變更管理流水線，正如上一章所述。根據團隊設計其流水線的方式，如果流水線階段通過（pass），變更可能會自動應用到目標環境中。或者，流水線可能有一或多個批准階段（approval stage），會有人審查測試結果，然後再將測試結果推送至營運環境基礎架構。

這個過程可能需要一段時間。例如，如果組態代理程式在伺服器上運行，固定每小時拉取（pull）並應用（apply）最新組態一次，那麼將變更發布（roll out）到所有伺服器可能需要超過一個小時。即使是在測試伺服器上要檢查變更是否正常運作，也可能需要幾分鐘的時間。

這可能是一種非常緩慢的循環：編輯檔案、提交、等待、看到紅色建構（red build）、閱讀日誌紀錄，編輯檔案，再重複一次。一個習慣於只登入到伺服上編輯檔案並查看其是否有效的人，可能會認為通過流水線來推送變更是一種荒謬的工作方式。幸運的是，還有更好的方法，像是使用本地端沙箱（local sandbox）來處理變更。

## 使用本地端沙箱

沙箱（sandbox）是一個環境，在這個環境中，團隊成員在將變更提交到流水線之前，可以先試用這些變更。它可以使用虛擬化在本地端工作站上運行，也可以在虛擬化平台上運行。本章後面將對這兩種選項做更詳細的解釋。

理想情況下，團隊成員可以在沙箱中重現其基礎架構上的關鍵元素，並針對它們執行自動化測試。這使他們在提交之前就能獲得正確的變更。圖 13-2 顯示了如何將其融入流水線的流程中，在提交之前檢查變更，可以減少失誤和流水線中的紅色建構，從而提高團隊的整體生產力。

測試提交前變更（pre-commit changes）的工具需要易於設置和維護，否則人們會避免使用它。這是良好習慣導致良性循環的另一種做法。經常使用它，立即修正問題，並刪除任何讓它使用起來不方便的東西。放任不管讓人們不願意使用工具集，這將使它變得過時，使用起來也不太愉快。

讓沙箱環境發揮作用的關鍵原則之一是一致性（consistency）。沙箱需要完美呈現真實的基礎架構，使得每個人都確信，在一處可運作的變更，在另一處也將可運作。

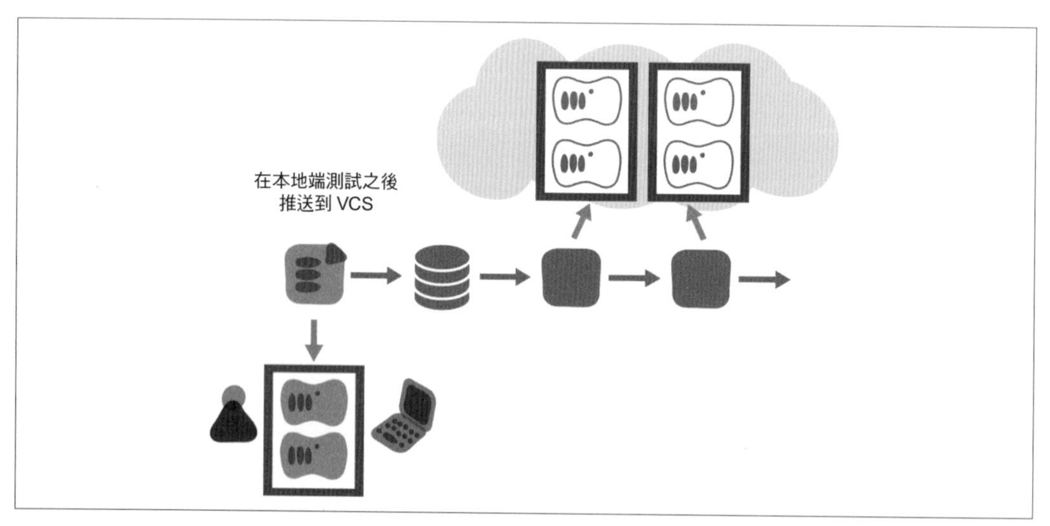


**圖 13-2　提交到流水線之前，先在本地端沙箱中進行測試**

實現此目標的最可靠的方法，是在沙箱和真實基礎架構中，盡可能使用相同的工具和組態。應該全面使用相同的作業系統建構、伺服器組態工具和定義，甚至是相關的網路組態。

這應該是自然而然地發生的；本地端沙箱的全部目的是去開發和測試基礎架構組態。一般情況下，團隊成員在不使用沙箱的時候，會定期銷毀他們的沙箱。當他們坐下來做一些工作時，會從頭開始重建沙箱。這樣可以保持沙箱在最新狀態，並保證自動化工作的正確性。

## 對沙箱使用本地端虛擬化

本地端開發和測試伺服器組態定義檔，需要在本地端運行虛擬機（VM）。有許多虛擬化產品是為在桌機和筆電上運行 VM 而設計的，包括 Oracle 的 VirtualBox、Parallels、VMware Workstation、VMware Fusion 以及微軟的 Hyper-V。運行 Linux 的人們也可以使用 Xen 和 KVM 之類的虛擬機監視器（hypervisors）。

理想情況下，人們應該能夠以「實際基礎架構中用於啟動伺服器的相同伺服器模板」來啟動本地端的 VM。第 7 章有介紹使用 Packer 工具來建構伺服器模板。Packer 可以使用單一定義檔來為多個虛擬化平台（包括本地端虛擬化系統）產生模板映像檔。

使用流水線自動產生伺服器映像檔的基礎架構團隊，通常會在產生基礎架構映像檔的同時，產生本地端可用的映像檔。這樣確保了人們總是擁有最新的、一致建構的映像檔，可供開發和測試。

Vagrant（*https://www.vagrantup.com/*）[6] 是管理本地端沙箱的寶貴工具。Vagrant 本質上是一個基礎架構定義工具，就像第 3 章所描述的那樣，不過是設計給本地端虛擬化使用的。Vagrant 為你提供了一個桌面上的 IaaS 雲端平台。

Vagrant 會使用定義檔來為一個環境定義運算（一或多個 VM）、網路和儲存等能力，這個環境可以用本地端虛擬化工具來建立和運行。由於定義是在一個外部化的檔案中，就像任何定義為程式碼的基礎架構一樣，Vagrant 環境是可重製的。整個環境可以被拆掉，然後用一條命令重建 [7]。

團隊可以為其本地端沙箱環（local sandbox environment）境建立一個 Vagrant 定義檔，並將它提交到 VCS。然後，團隊中的任何成員可以使用這定義檔輕鬆地啟動自己的沙箱實例，以便進行開發和測試。新的團隊成員可以很快上手。可以對定義檔進行改善，並分享給整個團隊。任何人都可以重現同事看到的問題。

6 無獨有偶，開發 Vagrant 的公司，HashiCorp，也是開發 Packer 的公司。

7 這一條命令是 `vagrant destroy -f ; vagrant up`。我承認這是有一點取巧作弊。

Vagrant 有為包括 Ansible、Chef 和 Puppet 在內的伺服器組態工具提供掛勾（hooks），這使得它能夠很容易地以「在真實基礎架構中配置機器的方式」來配置（provision）機器，並測試它們的變化。你可以透過各種方式來調整 Vagrant 設定——例如，只測試配置程序的特定部分，以便簡化並加速測試過程。

範例 13-1 所示為一個 Vagrant 檔案，團隊可以用它來測試他們的 Jenkins CI 系統的組態。它會從一個內部的 web 伺服器下載伺服器模板，大概和營運環境的伺服器模板一樣。然後它定義了兩個虛擬機實例，一個用於 Jenkins 伺服器，一個用於 Jenkins 代理程式。這些虛擬機的組態都是透過 Ansible playbook 來設定的。*jenkins-server.yml* 和 *jenkins-agent.yml* 等 playbooks，與用於為營運環境之 Jenkins 伺服器和代理程式設定組態的 playbooks 是一樣的。

### 範例 *13-1　Vagrantfile* 樣本

```
Vagrant.configure('2') do |config|

  # 使用標準的基礎映像檔來建構新機器
  config.vm.box = "centos-6.5"
  config.vm.box_url =
  'http://repo.local/images/vagrant/centos65-x86_64-20141002140211.box'

  # 定義 Jenkins 伺服器
  config.vm.define :jenkins_server do |server|
    server.vm.hostname = 'jenkins_server'

    # 設定 IP 位址，讓代理程式可以找到它
    server.vm.network :private_network, ip: '192.1.1.101'

    # 我可以使用 http://localhost:8080 來存取伺服器
    server.vm.network "forwarded_port", guest: 80, host: 8080

    # 執行 Ansible，使用 "jenkins_server" 角色
    server.vm.provision "ansible" do |ansible|
      ansible.playbook = "jenkins-server.yml"
      ansible.sudo = true
      ansible.groups = {
        "jenkins_server" => ["jenkins_server"]
      }
    end
  end

  # 定義 Jenkins 代理程式
  config.vm.define :jenkins_agent do |agent|
    agent.vm.hostname = 'agent'
    agent.vm.network :private_network, ip: '192.1.1.102'

    # 執行 Ansible，使用 "jenkins_agent" 角色
```

```
    agent.vm.provision "ansible" do |ansible|
      ansible.playbook = "jenkins-agent.yml"
      ansible.sudo = true
      ansible.groups = {
        "agent" => ["jenkins_agent"]
      }
    end
  end
end
```

## 本地端測試的工作流程範例

使用帶有範例 13-1 中之 Vagrant 定義的本地端沙箱來進行變更時，你的工作流程可能會像這樣：

1. 從 VCS 中簽出（check out）最新版本的 Vagrantfile、Ansible playbook 和測試命令稿。
2. 建構本地端虛擬機（`vagrant up`）。
3. 執行自動化測試命令稿，以確保一切正常。
4. 為你計畫進行的變更，撰寫自動化測試。
5. 編輯 Ansible playbook 以實作變更。
6. 將變更應用到本地端虛擬機（`vagrant provision`）。
7. 執行測試，看看它們是否能運作。重複步驟 4 到步驟 7，直到滿意為止。
8. 再次更新 VCS 中的檔案，合併自你在第 1 驟步中簽出檔案後，其他人所做的任何變更。
9. 銷毀並重建本地端虛擬機（`vagrant destroy -f ; vagrant up`），並再次執行測試，以確保合併後一切仍然有效。
10. 將你的變更提交到 VCS。
11. 驗證變更是否成功通過流水線的自動化階段。
12. 一旦變更到達營運環境，驗證一切都按照你想要的方式運作。

實務上，對此工作流程具有經驗的人，喜歡進行最小的變更，並在此工作流程中運行它。當你保持良好的節奏時，你可能至少每小時提交一次變更。

就個人而言，我偶爾會脫離這樣的節奏，在提交之前先在本地端進行大量的變更。當發現我已建構出未提交的本地端變更時，我無法避免會受到影響。其他人已完成的變更，也經常被我所做出動作而影響到，迫使我要回頭去收拾。已建構的變更，時間拖得越長（一天、好幾天）狀況就會越糟。

使整個變更／提交週期保持在較短的狀況，需要一些關於如何建構變更的習慣，這樣即使在整個任務沒有完成的情況下也不會破壞營運環境。第 12 章有提到功能切換（feature toggle）和類似的技巧（第 232 頁的〈實施方法：為每個變更證明營運環境已準備就緒〉）可以提供協助。

以這種方式運作的好處是，你的變更會持續不斷地與其他正在做的所有事情進行整合和測試。其他人可以看見你正在進行的事情，如果你必須停下來處理其他更優先的事情，他們可以很容易地接手你的任務。

## 為沙箱使用虛擬化平台

在某些情況下，本地端基礎架構開發環境要嘛不可行，要嘛無法有意義地表示真實的基礎架構平台。舉例來說，一個團隊的基礎架構可能會廣泛地使用雲端平台所提供的服務，以至於在本地端 VM 上複製（duplicating）或仿製（mocking）這些服務的工作量太大。

在這種情況下，團隊的成員可以在主要基礎架構平台上運作沙箱環境。不是使用 Vagrant 之類的工具在本地端運行基礎架構，而是由一位團隊成員在雲端平台上啟動自己的相關基礎架構副本，如圖 13-3 所示。團隊成員使用與管理測試環境和營運環境相同的工具、命令稿和定義檔，在本地端處理基礎架構定義檔，並將其應用到被託管的沙箱環境。一旦對變更感到滿意，他們會將自己的變更提交到 VCS，這會觸發流水線將變更發布出去。

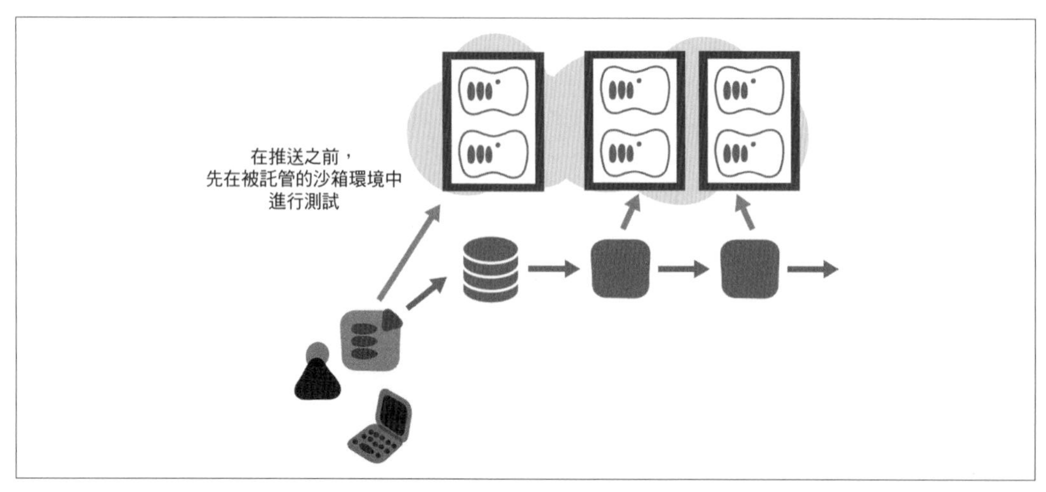
在推送之前，
先在被託管的沙箱環境中
進行測試

圖 13-3　推送到流水線之前，先在被託管的沙箱中進行測試

# 基準程式碼的組織模式

對於採用「基礎架構即程式碼」的團隊來說，所面臨的挑戰之一是，如何找出一個好辦法來組織他們的定義檔、命令稿和組態檔之基準程式碼（codebase）。一個好的結構可以讓多個團隊成員輕鬆地完成不同的任務，而不會被彼此絆倒。對於較大的團隊來說，基準程式碼的組織尤為重要，它可以讓團隊獨立工作，而不需要複雜的流程、工具和角色來協調團隊之間的變更。

第 156 頁的〈組建基礎架構〉討論了組建基礎架構（organizing infrastructure）以維持鬆散耦合的方法。正如在第 240 頁的 < 流水線、架構和團隊：康威定律〉所述，系統架構、團隊結構和變更管理流水線的設計之間存在直接關係。當這三項元素很好地結合在一起時，便可證明在工作流程中：人員和團隊能夠輕鬆完成工作，幾乎沒有協調的問題。當它們不一致時，就會在工作流程中顯示出來。

有三種用於組建較大型基準程式碼的主要模式（pattern）：分支、每個元件一個主幹，以及單一主幹[8]。

## 反模式：以分支為基礎的基準程式碼

分支（branch）可以用於短期的戰術性目的。然而，它不能有效地組織跨多個團隊的工作。這一點在本書（第 179 頁的〈持續整合（CI）〉）以及其他書籍都有詳細的闡述，但這是有爭議的，因為它是如此被廣泛接受。

與其在這裡重申這些論點，倒不如對使用分支的團隊提出建議。本章稍後將詳細討論如何量測週期時間（cycle time）的以及分析單一變更的價值流（value stream）。思考有多少的週期時間被花費在合併（merging）和合併後（post-merging）的測試活動。

轉向本章討論的任何一種基於主幹的方法，都應該可以完全消除對這些活動的需要。如果你的團隊使用的是短期分支（short-lived branches），並且在合併後很少或根本不花時間進行合併和測試，那麼切換（switching）就不會有太多好處。但大多數使用分支的團隊會在合併後例行性地花費幾天或幾週的時間來整理基準程式碼，然後才會把它們投入營運環境。

8 了解其他組織如何管理他們的工作流程將很有幫助。像是 Jon Cowie 發表的〈工作流程設計：從雜訊中萃取信號 - 2015 年 ChefConf 會議〉（*https://www.youtube.com/watch?v=lsupJuAkfwQ*），以及 Chef 的人所建立的一個 RFC，記錄了一些工作流程（*https://github.com/chef/chef-rfc/blob/master/rfc019-chef-workflows.md*）。

### 合併猴子

「猴子」（Monkey）的角色經常出現在團隊中，負責處理那些不直接為團隊增加價值的例行任務。許多軟體開發團隊過去都有一個「建構猴子」（build monkey）來確保軟體正確編譯。更好的自動化實施方法已經使這個特殊的角色過時了[9]。但是指派團隊成員來清理尚未優化之工程實施方法所造成的混亂仍然很常見。

我曾經看到過一個具有幾十位開發者的團隊，其中有兩位開發者全職負責合併 VCS 儲存庫中的程式碼分支。這應該是一個明顯的跡象，他們已經有太多人在一個「組織不良的基準程式碼」中工作。重構程式碼會讓這些人騰出時間來做更有價值的工作。

## 模式：每個元件一個主幹

將每個元件或服務保存在自己的 VCS 儲存庫專案中，可以說是採用微服務式架構（microservices-style architecture）的團隊最常用的方法。這使得人們可以在本地端簽出（check out）元件，並對其進行獨立於其他元件的工作。

當變更涉及修改多個元件的部分時，這種模式會面臨挑戰。檢查出所有受影響的元件並不困難，這樣你就可以在本地端對它們進行工作和測試。但是當你提交變更時，這些元件可能不會在流水線中均勻地進行。其中一個已變更的元件，可能會先於另一個元件到達下游階段，因為它正與另一個元件的較舊版本整合在一起，所以導致測試失敗。

這可以透過使元件具版本容錯性來管理（見第 249 頁的〈實施方法：使用版本容忍度〉），但卻會增加複雜性。

## 模式：單一主幹

為每個元件提供專屬之 VCS 專案的另一種方法，是將所有原始碼保存在單一專案中。這迫使整個基準程式碼（codebase）對於所給定的提交保持一致。這也簡化了保持不同元件一起運作的問題；開發人員在沒有確保他們變更的所有內容都能正常運作並通過測試的情況下，就不能提交變更。

這種方法所面臨的挑戰是，對於建構和 CI 需要不同的工具用法，尤其是在規模上。相較於被迫為所有元件執行完整的測試集，僅執行適用於已變更程式碼的測試應該很容易。同樣地，在變更提交之後，僅應該運行已變更元件的流水線階段。

9 儘管許多團隊仍然有類似的角色。但為了避免顯得不時髦，他們經常把 DevOps 這個術語誤用為維護自動建構和 CI 工具之員工的職稱。

這種方法，有時也被稱為規模化基於主幹的開發法（*http://paulhammant.com/2013/05/06/googles-scaled-trunk-based-development/*），Google 等公司皆有使用。很少有公開可用的工具被設計成支援這種工作方式。Google 已建出可用來管理其基準程式碼的自製工具。

# 工作流程的效率

每個團隊都希望工作得更有效率。對團隊來說，重要的是要意識到效率對他們意味著什麼。是能夠迅速回應業務上的需要嗎？是要確保高水準的可用性嗎？在著手決定衡量標準之前，團隊及其利益關係者應該商定團隊的高層次價值觀[10]。

## 加快變更

當一個營運環境上的問題需要迅速修正時，一個無效率的工作流程，或者一個超負荷的團隊，就成為了一個特殊的問題。許多團隊會考慮建立一個獨立的流程來加快緊急變更。

**緊急修正的最佳流程就是正常流程**

如果你的組織察覺到本身正在考慮有一個特殊的、獨立的流程，這表示正常流程存在問題。此時與其建立一個獨立的流程，組織應該考慮改進正常流程。

緊急變更流程（emergency change process）可以透過兩種不同的方法來加快速度。一種是省略不重要的步驟。另一種是省略重要的步驟。

如果你能夠判別出哪些步驟在緊急流程中可以被安全地移除，那麼它們也有可能從你的正常流程中安全去除。在精實流程理論（lean process theory）中，這些步驟被稱為浪費（waste）。

在緊急情況下是最不應該把步驟從流程中省略掉的時候，因為這些才是真正能夠增加價值的步驟——例如，它們是有助於發現錯誤的活動。這些都是高壓情況，此時人類最容易犯錯。而這些時候的錯誤往往會使原本的問題變得更加複雜，常常會把一個小小的中斷釀成一場災難。

與其從「適當」的流程著手設計緊急變更流程，去掉一些步驟，不如考慮從緊急流程中所需要的最基本步驟，開始設計正常流程。

10 第 15 章第 305 頁的〈衡量效率〉一節，觸及了一些衡量團隊工作流程效率的常見指標，以及衡量和改進團隊工作流程的技術。

大多數變更流程最龐大的部分，以及緊急情況下常被刪減的部分，是對所規劃之變更的前期審查。本書中所提到的實施方法應該可以減少這些需要。透過將「以測試和監控來應用變更的流程」自動化，可減少在營運環境中出現錯誤的機會。它們還能更快地偵測和修正漏掉的錯誤。

## 程式碼審查

仍然需要人工參與個別變更的品質量管制。有些開發團隊使用「結對程式設計」（pair programming）來確保兩個人參與任何變更時，就像是一個連續的程式碼審查（code review）。雖然這看似浪費，但它遠比讓人在程式碼撰寫完成後再去審查程式碼還更有效。當時程耽擱後，程式碼審查有可能會少做或直接跳過。即使做得很徹底，來自程式碼審查的回饋也需要有人回頭去重新實作變更。程式碼審查常常成為一種變浪費的活動，這並不能真正導致程式碼的改進。結對程式設計較嚴格，兩個人的輸入會導致更好的設計和即時的改進。這顯然是除了分享知識、學習和共享程式碼擁有權之外的附加好處。

透過原碼控制和自動化應用程式進行的變更，也可以在以後進行審查。這使得監控工作和系統設計的品質成為可能，而不必將變更置於流程的瓶頸中。許多團隊，尤其是分散式團隊，每次進行變更時，都會自動寄送電子郵件到郵遞論壇（mailing list）。同事們和領頭的負責人，可以審查變更並給予反饋意見，引發團隊討論，這有助於形成共同的風格和實施方法。

## 將治理融入工作流程

對於許多組織來說，尤其是規模較大的組織和受法律法規約束的組織，治理是一個主要的問題。「治理」（governance）指的是可確保工作依照相關政策開展工作的流程，以確保效率和法律合規性。

對於採用技術和方法論的組織來說，治理有時是癥結所在，這些技術和方法論可以在較短的周轉時間（turnaround times）內實現頻繁、快速的變更。經常有人擔心，變更太快會繞過適當的治理，造成作業問題、安全漏洞甚至犯罪的風險。而另一方面，人們可能會認為治理的流程是浪費且不必要的。

「基礎架構即程式碼」的目的是更有效地管理風險，並透過自動化來實現快速交付。團隊不是根據詳細的規格文件來手動實作系統，而是根據組態定義檔自動產生系統。與其透過「人工把關」對工作進行節流，而「人工把關」受到專家評審人員時間短缺的限制，不如透過自動化測試對工作進行快速、反覆的驗證[11]。

---

11 關於自動化作業之品管測試的進一步資訊，請參見第 11 章，尤其是第 206 頁的〈測試作業品質〉。

如圖 13-4 所示，人工把關（manual gates）會為變更過程增加大量的時間。通常實際審查變更所花費的時間，遠少於等待人員可用、撰寫文件、填寫需求表格以及流程本身的其他開銷所花費的時間。

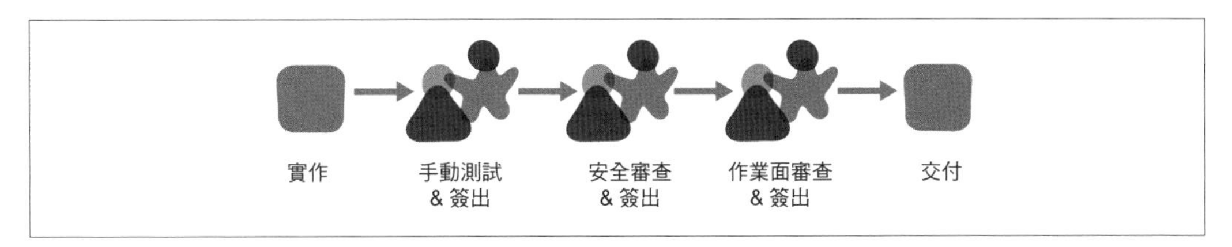


圖 13-4　工作流程與人工把關

有句諺語「廚師多壞一鍋湯」（too many cooks spoil the broth）在這裡也適用。將變更的責任分配給許多人，不僅使協調變得困難，而且也降低了人們對全局的認識。專家只專注自己負責之系統中狹小的部分，而缺乏「他們的工作對系統其他部分之影響」的認識。

自動化驗證可以大大減少延誤，並有助於擴展專家能夠管理之專案和變更的數量。這些專家，包括技術專家和負有治理職責的那些人，可以把時間和心力投入到確保自動驗證的良好運作中，而不是耗費他們自己的時間去審查每項變更。他們可以定期查核自動化和驗證命令稿，以及「變更歷程」（change history）和「結果系統」（resulting systems）的樣本，以確保變更得到正確的處理。圖 13-5 將手動工作從工作流程中移除了。

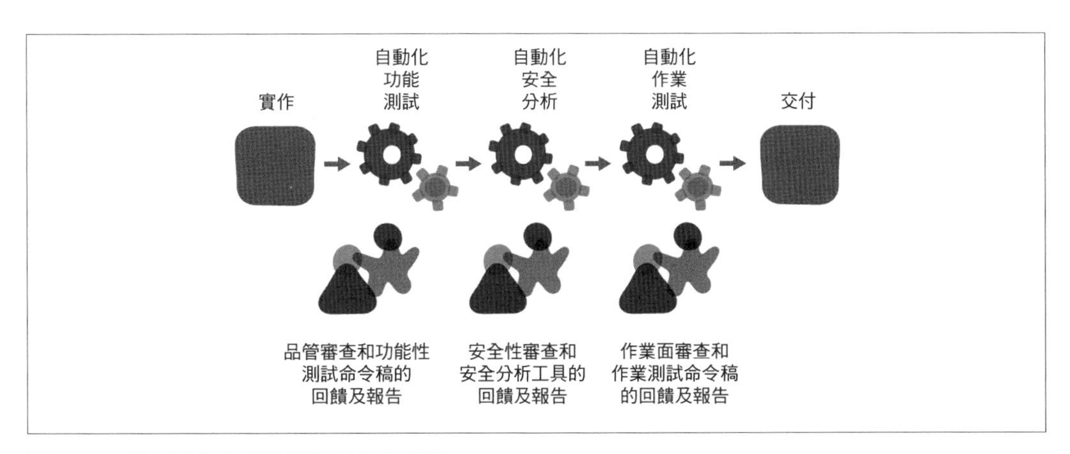


圖 13-5　具自動化合規性測試的工作流程

這種「變更管理」的治理方法有幾項好處：

- 變更始終如一地進行，而不倚靠個人去遵循他們可能會覺得繁瑣及不方便的流程。
- 變更會被記錄下來，從而提高了對做了什麼、由誰做、如何做和為什麼做的審核能力。
- 專家花在日常檢查和審查上的時間較少，這使得他們可以花更多的時間來提高治理工具的水準，以及在他們專業範疇內輔導其他團隊。
- 進行變更的團隊有責任保持變更的正確性，因此對安全等作業問題的理論和實踐會有更深入的瞭解。

在流程後期由人工治理把關（manual governance gate）所發現的問題很可能被忽略，或以粗製濫造的解決方法將其掩蓋掉。自動化、持續驗證可以更早地捕捉到問題，此時還有時間進行有意義的修正。這使得人們能夠採取更進步的迭代方式來設計基於驗證實作（proving implementations）的解決方案，而不是被迫遵守投機性的前期設計。結果不僅能更快地交付，而且品質標準更高。

# 結論

當一個團隊採用「基礎架構即程式碼」時，其成員應該會發現自己花在進行例行工作的時間較少，而花在改進系統本身的時間較多。進行變更的工作流程會更趨於間接，但一個設計良好的流程和工具集，應該能夠快速反饋，並能快速應用變更。最重要的是，進行變更的常規流程要足夠快速有效，以便能夠可靠、徹底地處理緊急修正程序，從而滿足品質及合規性的要求。

下一章將更深入探討作業品質的問題。到底要如何利用動態基礎架構和基礎架構即程式碼，以確保面對崩潰時的持續服務？

第十四章

# 動態基礎架構的持續性

本書這個部分的前幾章主要介紹了如何通過測試、使用自動變更流水線和有效的工作流程，使得變更基礎架構組態變得簡單，同時還能保持高水準的品質。而本章關注的是營運基礎架構（production infrastructure）的作業品質。

我使用「持續性」（continuity）做為作業品質（operational quality）的總稱。持續性的目標是為使用者提供持續不停機的服務。資料應該是可用且正確的。具惡意的人應該無法以任何方式來損害服務。如果出現任何問題，應該可以迅速偵測到並恢復它，對用戶幾乎沒有影響。

傳統的持續性做法是限制和控制變更。任何變更皆會產生出破壞某事物的風險[1]。因此，流程和系統的重點是盡量減少變更的次數，並在做出變更之前對其進行徹底的評估。

動態基礎架構在幾乎所有意義上都打破了這種方法。系統會不斷被改變。一整天下來，資源可能被添加、移除、調整大小和重新設定組態。清晨的維護時段（maintenance windows）不符合自動縮放（automatically scale）伺服器資源池（server pool）以適應每小時流量模式（hourly traffic patterns）的需要。持續變更（continuous change）感覺就像是對付持續停機（continuous outages）的良方。

現代的組織急切需要快速解決 IT 變更的問題，這只會增加混亂和無政府狀態的感覺。敏捷軟體專案、精益 MVP（最簡可行產品）模式和跨職能產品團隊（cross-functional product team）[2] 意味著有更多人在做更多的變更，且更頻繁，而花在分析其影響上的時間更少。

1　依　據《Visible Ops Handbook》（*http://www.amazon.com/Visible-Ops-Handbook-Implementing-Practical-ebook/dp/B002BWQBEE*），80% 的非計畫停機是由工作人員進行變更所引起的。

2　關於跨職能團隊，下一章再談。

「基礎架構即程式碼」的目標是顛覆速度與穩定性之間的動態關係。與其去對抗無處不在的變更浪潮，組織可以利用變更的便捷性。與其墮入末世的混亂，不如讓系統比以往更加可靠。

本章將說明如何使用動態平台和基礎架構即程式碼的原理，來實現高水準的作業品質。本章討論的持續性問題包括：

服務持續性
: 面對問題及變更時，維持終端用戶的服務可用性

資料持續性
: 在基礎架構上維持資料的可用性及一致性

災難復原
: 當最糟糕的情況發生時，能很好的應對

安全性
: 防範有惡意的人

# 服務持續性

系統元件失效。軟體崩潰。資源耗盡。即使沒有這些意外的問題，人們也會做出變更。他們會升級系統和軟體。他們會添加、刪除或重新分配資源。他們會部署新的應用程式，並將其與現有的應用程式整合。他們會部署更新。他們會優化組態。

服務持續性的目標是確保用戶不會注意到這些，除了愉快地發現新功能和更快的反應。

持續性通常從正常運行時間或可用性的角度來討論。然而有時它們的定義並未考慮到全部的情況。

## 真正的可用性

許多 IT 服務供應商都以可用性（availability）做為關鍵性能指標（key performance metric）或 SLA（服務水準協議）。這是一個百分比，通常用 9 這數字來表示：「五個 9 之可用性」（five nines availability）意味著系統在 99.999%的時間內皆可用。

但對供應商來說，通常的做法是為這個聽起來很難理解的 SLA，加上一個關於「計劃外」停機（“unplanned” outages）的限定詞。也就是說，如果他們故意讓系統離線（offline），以便進行計劃性的維護或升級，只要提早讓用戶知道，就不會計入他們的可用性。

以不包括「計劃內停機」（planned downtime）的可用性做為一個衡量標準（metric）是有價值的。它可以幫助團隊衡量他們在管理「意外失敗」（unexpected failures）方面的表現。但它並不能衡量團隊在「將計劃內變更（planned changes）的影響最小化」方面做得有多好。在某些情況下，這是可以接受的；可能是系統的用戶只在特定時間使用，像是在上班期間使用。

真正的可用性（true availability）是指系統可用時間和完全可用時間的百分比，沒有例外。透過追蹤這個數字，團隊可以提高其對計劃內變更的認識。他們可以努力改進自己的流程、工具和系統設計，以減少需要為用戶關閉系統的變更類型。

### 非工作時間維護的隱患

在我所工作過的一個組織當中，我們量測了一個系統的可用性。這個系統主要是在每天上班時間，上午 8 點至下午 6 點之間被人們使用。這對我們來說很方便，因為我們每個月都要進行一次批次作業，需要花上大半夜的時間才能完成。

然而，隨著我們的用戶群規模的擴大，進行批次作業的時間也在增加。當它變得時間太久而無法通宵完成時，我們被迫投入軟體的修改，以便該作業可以在多個晚上進行。這對我們的量測指標來說是很好的：我們能夠繼續達成我們的 SLA 目標，即便工作量成長到需要整整一週的每天晚上來完成。

但這有一個隱藏的成本。通宵的批次作業需要我們的操作人員在下班後花時間進行設置，然後在早上將其中斷並使系統重新上線。因此我們的員工每個月都要在下班後和清晨工作整整一週。

但這些解決方案需要軟體開發工作上的支出，在管理層看來沒有必要。現有的解決方案就能達成業務目標上的指標，而下班時間的工作是「免費的」。在四分之三的作業人員辭職後，實施零停機、自動化處理方案的資金才得到批准。

## 利用動態伺服器資源池來進行復原

許多動態基礎架構平台都具有動態管理「伺服器資源池」（pool of servers）的能力，Amazon 的 Auto Scaling 群組就是一個著名的例子。資源池的定義是透過「用於建立新實例的伺服器模板」和「指定何時為資源池自動添加和移除實例」來進行的。範例 14-1 中，資源池被宣告為 `MyPool`，而如何啟動一個新伺服器實例的細節則被宣告在 `MyPoolLaunch` 中。

範例 *14-1 Auto Scaling* 群組的 *AWS CloudFormation* 定義檔

```
"MyPool" :{
   "Type" : "AWS::AutoScaling::AutoScalingGroup",
   "Properties" : {
      "AvailabilityZones" : [ "eu-west-1a", "eu-west-1b", "eu-west-1c" ],
      "LaunchConfigurationName" : "MyPoolLaunch",
      "MaxSize" : "10",
      "MinSize" : "2"
   }
},

"MyPoolLaunch" : {
   "Type" : "AWS::AutoScaling::LaunchConfiguration",
   "Properties" : {
      "ImageId" : "ami-47a23a30",
      "InstanceType" : "m1.small"
   }
}
```

除了處理工作量的變化，動態資源池（dynamic pool）還可以自動替換失效的伺服器。該平台使用「運行狀況檢查」（health check）來偵測伺服器何時不再正常運作，此時它可以配置一個新的實例並銷毀舊的實例。即使伺服器運行的是不打算用於叢集的軟體，也可以利用這一點，藉由將資源池的最小值和最大值皆設定為「1」。然後，該平台將可確保始終有一個伺服器實例在運作。

欲有效地使用動態伺服器資源池，通常需要自行定義運行狀況檢查。預設的運行狀況檢查可能是基於 ping 伺服器後的回應。但這將無法偵測到運行在伺服器上的應用程式何時出現問題。因此，可能需要檢查伺服器上的特定網路端點，甚至檢查特定的結果字串（result string）或回應碼（response code）。

使用動態資源池去自動替換失效之伺服器的一個缺陷是，它可能會掩蓋掉問題。如果應用程式中有一個導致它頻繁崩潰的錯誤，人們可能需要一段時間才能注意到。因此，實施對資源池活動的度量和警告非常重要。當一個伺服器實例失效時，即使在不中斷服務的情況下更換了它，也應該讓支援團隊知道。當伺服器失效的頻率超過門檻值時，應該向團隊發送嚴重警告。

並非所有的應用程式都會被設計成可以在動態基礎架構上運行，因此可能無法簡潔俐落地處理伺服器的自動替換。下一節將更深入討地論這議題。

## 動態基礎架構之軟體設計

傳統上，在撰寫軟體時會假設用於執行它的基礎架構是靜態的。安裝一個新的軟體實例，即使是在叢集中，也不是一個例行性事件，可能需要一些手動工作。而且從叢集中移除一個軟體實例可能具破壞性。

在設計和實作軟體時，假設伺服器和其他基礎架構元素會經常被添加和刪除，這有時會被稱為「雲端原生」（cloud native）。雲端原生軟體能夠無縫地處理不斷變化和轉移的基礎架構。

### 12 要素應用程式

Heroku 的團隊發布了一份應用程式指導原則，讓應用程式得以在動態基礎架構的環境中運作良好，並稱之為 12 要素應用程式（*http://12factor.net/*）。

12 要素應用程式列表中的某些項目是實作特有的。例如，除了使用環境變數來設定組態外，還有其他選擇。然而，它們都指出了一個重要的考慮因素，一個應用程式必須考慮到這一點，以便在動態基礎架構中發揮良好的作用。

*I.* 基準程式碼（*Codebase*）
: 在修訂控制（revision control）中追蹤一個基準程式碼，並有許多部署（deploys）。

*II.* 依賴性（*Dependencies*）
: 明確宣告並隔離依賴關係。

*III.* 組態設定（*Config*）
: 在環境中儲存組態設定。

*IV.* 後端服務（*Backing services*）
: 將後端服務視為附加資源。

*V.* 建構、發行、運行（*Build, release, run*）
: 嚴格劃分建構和運行的各個階段。

*VI.* 行程（*Processes*）
: 將應用程式執行為一個或多個無狀態（stateless）的行程。

*VII.* 連接埠繫結（*Port binding*）
: 透過連接埠繫結來輸出服務。

*VIII.* 並行性（*Concurrency*）

經由行程模型（process model）進行水平擴展（scale out）。

*IX.* 易處理（*Disposability*）

以快速的啟動和優雅的關機，盡可能地提高穩固性。

*X.* 開發／營運等價（*Dev/prod parity*）

盡量維持開發（development）、準營運環境（staging）和營運環境（production）的相似性。

*XI.* 日誌（*Logs*）

將日誌視為事件串流。

*XII.* 管理行程（*Admin processes*）

將管理（admin/management）任務當作一次性行程（one-off processes）來運行。

「雲端平移」（lift and shift）這術語描述的是，把為靜態基礎架構撰寫的軟體（即大多數的軟體都是基於傳統的、雲運算之前（pre-cloud）的假設而設計的）安裝到動態基礎架構上。雖然軟體最終會運行在動態基礎架構平台上，但基礎架構必須用靜態的方式來管理，以避免損壞任何東西。這些應用程式不太可能利用先進的基礎架構功能，例如自動縮放和回復，或建立臨時的實例。

非雲端原生軟體（non-cloud-native software）的特點是，需要「雲端平移」的遷移：

- 有狀態的期程（Stateful sessions）
- 儲存資料在本地端檔案系統
- 緩慢運行的啟動例行程序（startup routines）
- 基礎架構參數的靜態組態

不幸的是，例如，應用程式通常需要組態檔來設定資料庫等基礎架構元素的 IP 位址。如果這些元素之一的數量或位置發生變化，更新組態檔可能涉及重新啟動應用程式，以便讓它取得變更結果。

當系統或服務的某些元件需要花費大量時間和金錢來替換雲端原生軟體（cloud-native software），通常需要「雲端平移」（lift and shift）。撰寫本文的時候，大多數成熟的企業軟體供應商，都會發布用於內部安裝的產品（即與 SaaS 產品相反），它們並未被設計成雲端原生產品。但這是既有包袱，因為這些產品是在動態基礎架構成為主流之前所開發完成的。這些供應商正在改變策略，提供託管的 SaaS 解決方案，重寫他們的軟體，使之成為雲端原生產品，或者就一直堅持下去，直到被採取此一行動的競爭對手所取代。

### 建立在不可靠的基礎架構上

在雲端級別（cloud-scale），硬體故障是不可避免的。就算是專為高可用性而設計的硬體也是如此。在成千上萬的伺服器規模中，即使是 99.999% 的可靠性，都意味著會出現故障的情況。所以你的系統設計一定得做到容許硬體故障。

這種規模的經濟性因素，已導致營運大規模基礎架構的公司，包括 Google、Facebook 和 Amazon，使用廉價的商用硬體來建構其基礎架構。當他們在任何情況下都需要為你的系統與軟體構築復原力（resilience），那麼為更可靠的硬體付出昂貴的價格就沒有意義。他們知道自己的系統將能夠處理不可避免的故障，因此發生故障時直接換掉故障的硬體，具有更高的成本效益。

Sam Johnston 在他的部落格文章（*https://samj.net/2012/03/08/simplifying-cloud-reliability/*）中描述了從運行在可靠硬體上的不可靠軟體（對其基礎架構的不穩定性容忍度低）到運行在不可靠硬體上的可靠軟體之轉變。

## 持續性分類

優先選擇小型、鬆散耦合元件的架構原則（architectural principle）有助於實現持續性。例如，現在的趨勢是將單體式（monolithic）監控伺服器行程拆開為多個服務[3]。以較小的服務來處理監控的各個方面，一個用於輪詢（polling）基礎架構元素以確定狀態，另一個儲存狀態資訊，而其他行程則處理警報的發送、提供狀態儀表板和圖形化儀表板。

這樣做的一個好處是，一個元件發生故障時，至少可以讓一些功能繼續服務。例如，儀表板故障並不會停止警報的發送。與大型單體式服務（monolithic service）相比，擴展較小的個別服務以實現冗餘（redundancy）往往更容易。當然，修正、更新和升級較小的服務也更容易，對整體服務的影響更小。

3 開源軟體 Prometheus（*http://prometheus.io/*）監控系統便是基於微服務架構（microservices architecture）。

通常最好也將某一類工具拆開為多個實例。舉例來說，有些組織希望擁有自己的組態管理伺服器、CI 系統等等之單一實例，組織中的所有團隊都將可共用這些實例。但這對持續性造成了不必要的挑戰。單一團隊可能會給使用相同實例的其他團隊帶來問題。

如果工具的實例可以自動配置，那麼給每個團隊一個自己的實例就很簡單了。這也有助於升級和維護，因為不需要找到一個所有用戶團隊都會接受的單一時段來停止服務（當然，假設零停機替換並不是一個選擇）

## 零停機變更

許多變更會需要基礎架構的元素離線（offline），或者完整替換它們。例如，升級作業系統核心（OS kernel）、網路組態重新設定，或部署新版本的應用軟體。然而，通常可以在不中斷服務的情況下進行這些變更。

讓服務全天候可用，避免員工非上班時間工作，是零停機變更（zero-downtime changes）明顯的好處。但一個經常被忽視的巨大好處是，這減少了持續改進的主要障礙。

非上班時間變更（out-of-hours changes）充滿了風險，並且往往會成為瓶頸。這樣做的結果在最好的情況下會拖延變更，在最糟的情況下會阻礙變更。但反過來說，這鼓勵了一種「剛好即可」（good enough）的文化，在這種文化中，小問題（minor problems）和「已知問題」（known issues）是可容忍的。但是，能夠隨時進行修正和改善才能做出高品質的程式。

本節中的許多模式（patterns）都是基於零停機的應用程式部署模式。但是，它們也適用於管理基礎架構元素（包括網路、負載平衡，甚至是儲存設備）的變更。

零停機部署（zero-downtime deployment）的基本理念，顯然是在不中斷服務的情況下，變更基礎架構元素。這裡提到的所有模式都涉及到，之前的版本仍在使用時，部署元素的新版本。在實際使用新元素之前，可以先對變更進行測試。一旦經過測試並認為準備就緒，就會將使用量切換到新元素。之前的元素仍可維持運行一段時間，以便新的元素出現問題時，快速返回之前的元素。

## 模式：blue-green 替換

blue-green（藍綠）替換，是在不停機的情況下，替換基礎架構元素的最直接模式。這就是應用於基礎架構之軟體[4]的 blue-green（藍綠）部署模式（deployment pattern）。它需要運行受影響之基礎架構的兩個實例，使其中一個在任何時間點皆維持存活狀態。對離線實例進行變更和升級，在切換到離線實例之前，可以對其進行徹底測試。一旦進行了切換，更新後的實例就可以被監控一段時間，第一個實例將隨時準備在變更出現問題時，進行故障恢復（fail back）。一旦變更被證明正確無誤，就可以使用舊的實例來準備下一次變更。整個順序如圖 14-1 所示。

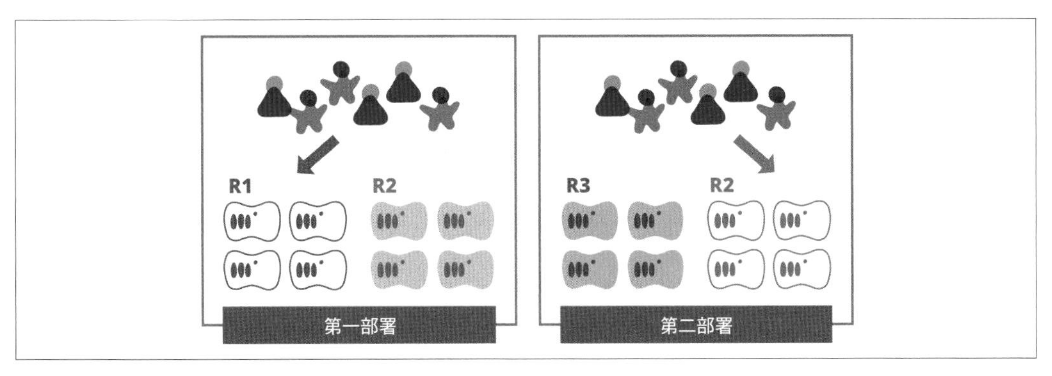


圖 14-1　blue-green（藍綠）替換

blue-green 部署有幾個挑戰。它們需要更具智能的路由（routing），如第 280 頁的〈為零停機替換繞送流量〉所述。在大型系統中，實例之間切換所需要的時間，可能會變得無法管理。而且零停機方法在資料的處理上可能相當複雜。本章後面將討論所有這些挑戰。

## 模式：phoenix 替換

phoenix （鳳凰）替換，是使用動態基礎架構的情況下，從 blue-green 替換自然演進而成。與在變更之間維持一個空閒的實例（idle instance）不同，每次需要變更時，都可以建立一個新的實例。如同 blue-green，在新的實例投入使用之前，會先對其進行測試。之前的實例可以先維持一段時間，直到新的實例被證明已在使用中。但隨後之前的實例就會被銷毀。圖 14-2 顯示了這過程。

4　軟體的 blue-green 部署模式在 Farley 和 Humble 的《Continuous Delivery》（持續交付）（*http://www.amazon.com/Continuous-Delivery-Deployment-Automation-Addison-Wesley/dp/0321601912*）一書中有所描述，在 Martin Fowler 之 bliki 上的文章中也有提到（*http://martinfowler.com/bliki/BlueGreenDeployment.html*）。

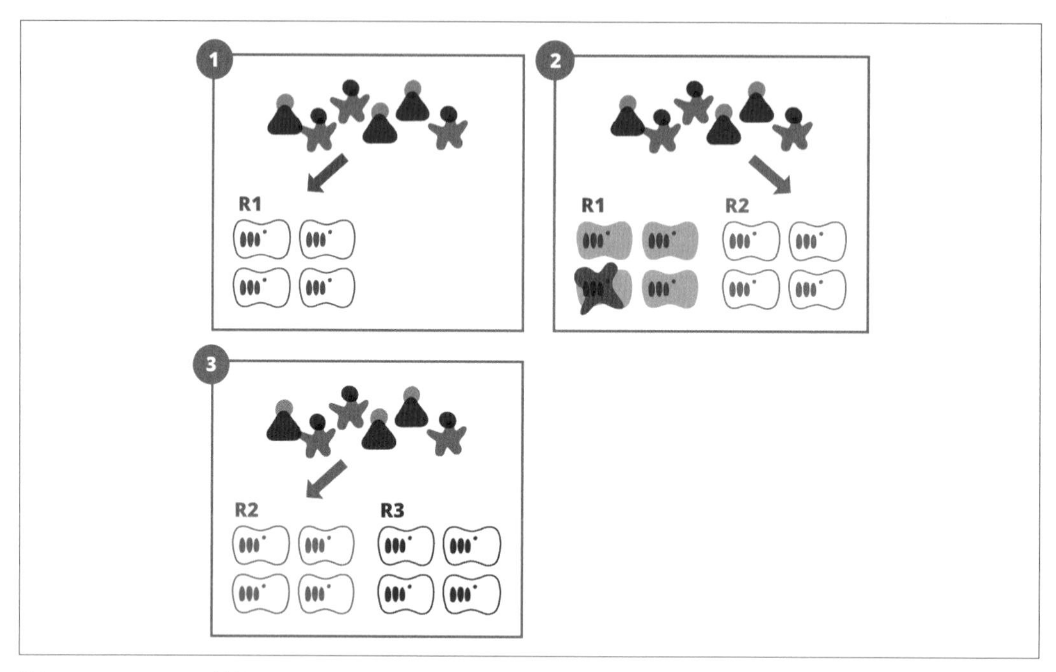


圖 14-2　phoenix 替換

phoenix 的方法可以更有效地利用基礎架構資源。它還會定期演練配置基礎架構的過程，這具有附帶的好處。可以在測試環境中快速發現配置過程中的問題。如果基礎架構會因為變更而被經常被配置和重新配置，則與不尋常的活動相比，在緊急情況下這樣做就不會那麼緊張。

phoenix 替換是持續災難恢復（continuous disaster recovery）的基礎，如本章稍後所述。它也是 phoenix 伺服器模式和不可變基礎架構的基礎[5]。這些擴展了 phoenix 替換模式，成為變更伺服器組態的唯一方法。

## 實施方法：縮小替換範圍

對於大型的基礎架構節點來說，應用 blue-green 和 phoenix 替換模式會變得不切實際。如果使用這些模式進行變更會變得很難實現，那樣應該改進系統設計，將其分解成更小的、可獨立部署的元件。這與貫穿本書之小型、鬆散耦合元件的架構主題相一致。圖 14-3 顯示了如何使用 blue-green 方法替換一組伺服器中的單一伺服器。

5　請見第 8 章第 135 頁的〈模式：Phoenix 伺服器〉和第 133 頁的〈不可變伺服器〉。

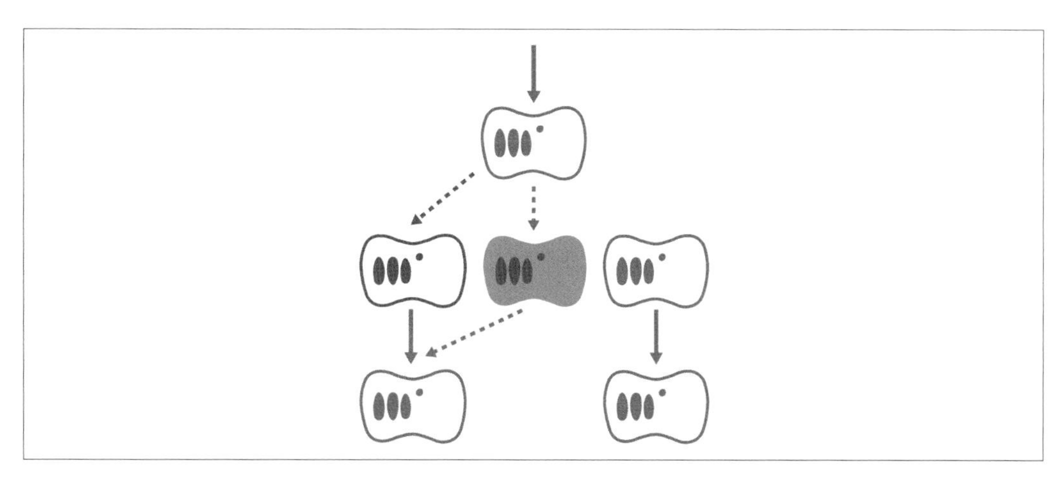

圖 14-3 使用 blue-green 部署來替換系統中的子節點

我合作過的一個組織，使用第二個資料中心實作了 blue-green 替換，該資料中心起初是為了 DR（災難復原）而配置的。他們的應用程式是一組相互關聯的服務，他們會把這些服務部署到當前未上線的任何一個資料中心。一旦新的版本經過全面測試，他們就會切換過去。這在一段時間內效果很好，如果他們願意的話，甚至可以每天發行新版本。

但隨著時間的推移，這變成了一個繁重的過程。新版本的資料需要在兩個資料中心之間同步，不久之後這需要一個小時或更長的時間。即使是每週發行一次也變得難以管理。對於較小的變更來說，這是一個特別惱人的限制。

因此團隊決定依照服務來拆分既有的發行流程。這需要一些工作來確保每個服務都可以單獨部署，不過這從根本上提高了他們迅速和更頻繁地進行變更的能力[6]。

## 模式：Canary 替換

對於具有大量相同元素的大規模系統，此處所提到的大多數替換模式會變得很難甚至不可能實施。當一個團隊擁有單一元素的數百個實例，維護足夠的資源來複製營運環境上的實例，可能太過昂貴。像 Google 和 Facebook 這樣的機構，通常會使用 canary（金絲雀）發行模式（*http://martinfowler.com/bliki/CanaryRelease.html*）就是這個原因。

6 這與第 12 章中關於擴展流水線的建議（第 233 頁的〈為更複雜的系統擴展流水線〉）息息相關。

canary 模式涉及到將新版本的元素部署至舊版本的元素旁邊，然後將一部分的使用流量繞送到新的元素上。例如，對於在 20 個伺服器上運行之應用程式的版本 A，版本 B 可以部署到兩個伺服器上。網路流量的一個子集（可能是透過 IP 位址或隨機設定一個 cookie 來標示）會被發送到版本 B 所在的伺服器上。可以監控新元素的行為、性能和資源的使用情況，以驗證它是否可以被廣泛使用。圖 14-4 所示為 canary 模式。

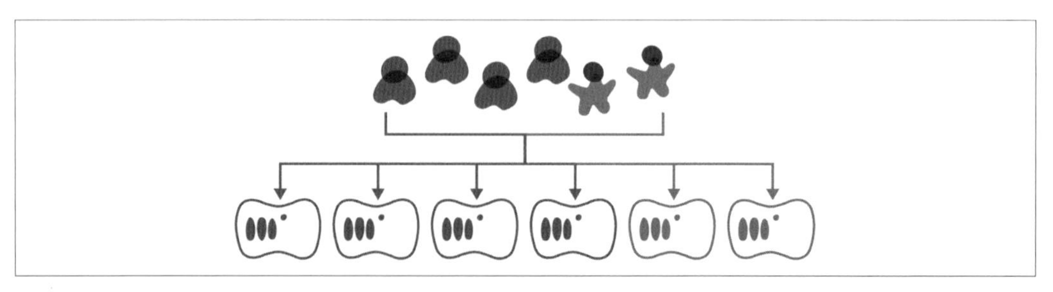

圖 14-4　canary 替換

其餘實例可以逐步替換，直到發現觸發回溯（rollback）的問題，或者直到發行完成為止。

> **暗地執行**
>
> 不同於本節所描述的其他模式，暗地執行（*http://agiletesting.blogspot.co.uk/2009/07/dark-launching-and-other-lessons-from.html*）不涉及同時部署一個元素的多個版本。取而代之的是，一個元素的新版本被部署並投入使用，但新功能對用戶來說是隱藏的。
>
> 這對於大規模測試新功能特別有用。在準備好讓用戶看到之前，測試命令稿可以在營運環境部署（production deployment）上先試驗新功能。團隊需要密切關注監控，如果它看起來似乎對用戶產生了負面影響，他們可以結束測試。
>
> 這通常是在衡量非常大規模之系統的性能和操作所造成影響的唯一方法。

## 為零停機替換繞送流量

對這些模式的描述，使得其聽起來很簡單，可以在不停機的情況下替換基礎架構元素。但實際上，除了最簡單的情況外，它們都增加了複雜性。為了在一個持續變化的環境中，讓服務不中斷地保持運行，這種複雜性往往是值得的，但重要的是了解如何實作它。

零停機變更模式涉及到細粒度（fine-grained）的控制，以切換系統元件之間的使用。這樣做的機制將取決於元件的類型。基於 Web 的應用程式和服務（即那些使用 HTTP 和／或 HTTPS 協議的應用程式和服務）是相當常見的案例。通常可以使用標準的 HTTP/S 負載平衡器來實現零停機部署。

一個簡單的實作方法是將新配置的元素從負載平衡器中排除，直到它們經過測試並做好準備，如圖 14-5 所示。它們可能不會被包括在負載平衡器資源池（load balancer pool）中，也可能被包含在內，但組態的設定方式會導致它們無法通過負載平衡器的運行狀況檢查（health check）。

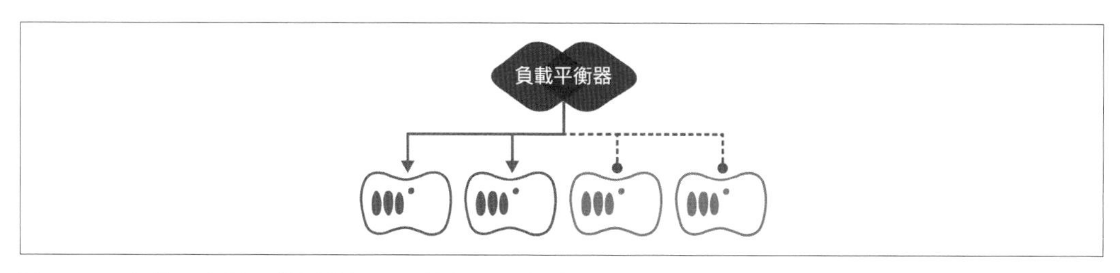


圖 14-5　負載平衡器可將新的伺服器從資源池中排除

一旦增加了新的伺服器，而且移除了舊的伺服器，這不太可能產生平順的過渡期。

另一個選項是擁有兩個負載平衡器資源池，一個用於新的一組伺服器，而一個用於舊的，如圖 14-6 所示。

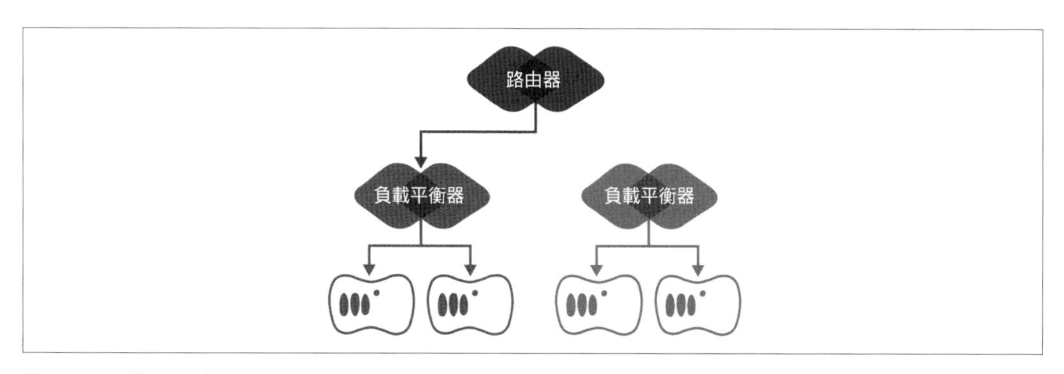


圖 14-6　將流量繞送到兩個負載平衡器資源池

前端的路由器會將流量引導至正確的負載平衡器資源池。這讓測試人員得以使用第二個資源池的 URL 去存取新的一組伺服器，然後再將其公開。一旦準備就緒，路由器就會將流量切換到新的資源池。

這可以透過路由器上的一些附加功能來擴展 canary 模式。如圖 14-7 所示，用戶可以有條件地被繞送到一個資源池或另一個資源池。

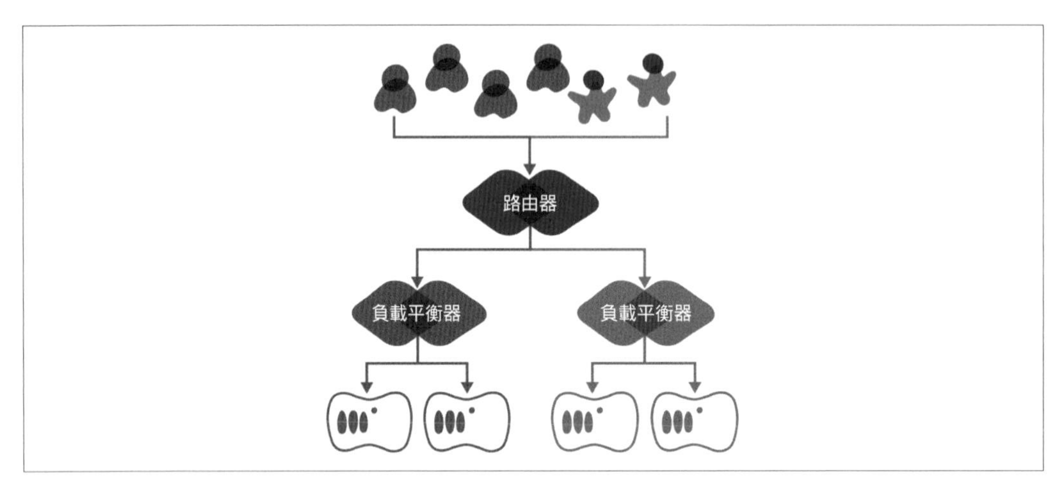


圖 14-7 canary 變更之路由方式

可以使用不同的方法來繞送流量。可以根據 IP 位址、地理區域或透過明確的選入（opting-in）來隨機選擇用戶（這通常是為了用戶介面變更）。可以設定 Cookies，以確保一旦選定，用戶將一致地被導向相同的伺服器資源池。

大多數實作這種方法的組織，最終都會撰寫客製化路由規則（customized routing）。這使得他們能夠控管用戶的選擇方式，並在發布過程（rollout progress）中調整資源池之間用戶數量的平衡。連線排空（connection draining）也是有幫助的，可以確保資源池從服務中完全移除之前，使用舊資源池的所有期程（sessions）都已經完成。

## 零停機變更的資料問題

資料給零停機變更策略帶來了特殊的挑戰。本書描述過的所有模式都涉及同時運行一個元件的多版本，如果新版本出現問題，可以選擇回溯（roll back）並維持元件的第一個版本。然而，如果元件採用讀 / 寫資料儲存裝置（read/write data storage），這可能會是一個大問題。

當元件的新版本涉及資料格式的變更時，問題就來了，這樣就不可能讓兩個版本共享同一個資料儲存裝置而不出現問題。

當資料是唯讀時，這並不是一個問題，因為它可以輕易被複製，這樣新版本的元件就會使用自身的資料副本。如果資料格式實際上不會受到元件版本的影響，那麼就更容易了，因為各版本的元件仍然可以共享相同的資料，這通常是託管靜態網頁內容之 web 伺服器的情況。

除了上述這些情況，元件和應用程式的撰寫方式，通常需要能夠在不考慮資料的情況下實現零停機部署（zero-downtime deployment）。例如，可以將元件撰寫成具有唯讀模式，並在升級期間啟用。或者，可以使用交易日誌（transaction log），以便在升級完成後，能夠在新的實例上重新進行（replay）將變更寫入資料儲存的操作。

為零停機部署處理資料的有效方法，是將資料格式變更（data format changes）與軟體版本（software releases）解耦。這需要撰寫軟體，使其能夠處理兩種不同的資料格式，原始版本以及新版本。它首先以原始格式的資料來進行部署和驗證。然後在軟體執行時，資料的遷移會成為一個背景任務（background task）。該軟體能夠處理既定記錄（given record）中的任何資料格式。一旦完成資料遷移，應該在軟體的下一版本中移除與舊資料格式的相容性，以保持程式碼乾淨（code clean）[7]。

# 資料持續性

資料持久性（data persistence）是動態基礎架構面臨的一個特殊挑戰。當你假設一切都是無狀態（stateless）時，零停機變更（zero-downtime changes）和雲端原生應用程式（cloud-native applications）聽起來似乎很簡單。但是現實世界的系統需要持續可用和具一致性的資料。在基礎架構的每個元素都是一次性的（disposable）環境中，如何支援這一點？

有許多技術可用於解決這樣的問題，其中包括：

- 冗餘地複製資料
- 重新產生資料
- 委派資料持久性
- 備份到持久化儲存裝置

7 關於這方面的進一步訊息可在《Refactoring Databases》（*http://databaserefactoring.com/*）（Addison-Wesley 出版）一書中找到。

這些並不是新的[8]也不是動態基礎架構所獨有。但值得一談的是，在這些情況下如何應用它們。

## 冗餘地複製資料

持久保存資料（persisting data）的常見方法是確保資料可在多個實例之間冗餘複製。例如，資料庫叢集（database cluster）可以跨多個節點複製資料，或使用奇偶校驗（parity scheme），以確保在某個節點丟失時可以恢復。這樣可以為資料的持續性（data continuity）提供一定程度的容忍度，但是如果一次丟失太多節點，則無法重建資料。所以此方法通常可做為第一道防線，但不是一個完整的解決方案。

**工具與自動化**

實際上，叢集在自動化環境中可能更加脆弱的，在該環境中，DevOops 錯誤（請參閱第 224 頁的〈DevOops〉）會迅速破壞叢集中所有伺服器。保護資料的分層策略可以緩解這種情況。

冗餘資料（redundant data）對於基礎架構的替換特別有用。可以循序升級或替換資料庫叢集中的伺服器，等待資料被複製到每個新節點，然後再移動到下一個節點。

多區域（multiregion）基礎架構平台提供了跨地理區域（geographical areas）輕鬆複製資料的可能性。對資料庫叢集（database clusters）進行分割並分別管理叢集的不同部分，也可能是有幫助的。升級可以應用到叢集的一個部分，並在將其發布（roll out）到其他部分之前進行測試。

## 重新產生資料

第 6 章曾介紹放置到伺服器的不同事物，包括軟體、組態和資料（見第 103 頁的〈伺服器上事物的類型〉）。軟體和組態是透過組態管理機制來管理的，以便在需要的時候，可以隨時建構和重建它們。然而，在某些情況下，人們認為是資料的事物，其實可以像組態一樣來對待。

許多系統使用的內容，是在一個單獨的系統中建立和策劃的，然後載入到一個運行時期系統（runtime system）中。產生資料並最終負責的系統是「記錄系統」（*https://en.wikipedia.org/wiki/System_of_record*）。如果你所管理的系統不是記錄系統，你可能不需要在保護資料方面投入太多資源。相反地，你可能要去擷取或重新產生資料。

---

8 在分散式環境中管理資料持續性方面有很多好的參考資料。Limoncelli、Chalup 和 Hogan 在《The Practice of Cloud System Administration》（*http://www.amazon.com/The-Practice-Cloud-System-Administration/dp/032194318X*）的第 2 章中便有討論這一點。

案例包括地理映射資料、出版品和文件、型錄、醫療指南和參考資料。在這樣的情況下，運行時期系統可能不需要像對待其他資料那樣地謹慎。

## 委派資料持久性

通常可以將資料的儲存委託給一個專門的服務，也許是由另一個群組來運行的服務。典型的例子是託管的資料庫服務（managed database service），比如 AWS 的關聯式資料庫服務（RDS）。你自己的系統可以把資料寫到另一個服務，所以不需要擔心持久性的問題，假設你確信管理另一個服務的人，能夠做好這個工作。

從某種意義上說，這是作弊取巧，把資料持續性的問題推給別人。但是從另一種意義上說，這是一種分攤顧慮的合理方式。即使你自己的團隊需要建構和運行資料持久化服務，將它分攤出去也可以簡化系統其他部分的設計。

其他變形是使用資料中心的儲存區域網路（SAN），或甚至是使用分散式檔案系統（例如 NFS 或 GlusterFS）。

## 備份到持久性儲存

前面所提到的大部方法都涉及到處理運行時期資料（runtime data）。這還不足以防止資料的損壞。任何在分散式儲存（distributed storage）中高效複製資料的機制，都會像複製正常的資料那樣，愉快地複製損壞的資料。資料可用性策略需要解決如何保存和恢復之前版本的資料。

這是另一個超越使用動態基礎架構或自動化的相關議題。然而，有一些建議是專門針對動態平台提出的。

請務必了解你的資料儲存在哪裡。雲端平台會讓人產生一種錯覺，以為所有東西都存儲在某個神奇的另一個維度上。但如果你的持久性儲存，實際上和你的運算服務放在同一個機架上，一個意外就會摧毀一切。請確保你的資料被歸檔在不同的物理位置。

考慮使用與基礎架構平台不同的供應商來存放資料。這通常可以輕鬆且安全地完成，透過加密過的連線，將資料備份到第三方服務。

### 實施方法：不斷驗證備份

確保你的備份是定期擷取和使用的，這樣如果備份沒有被正確和完整地保存，就自然會被顯現出來。舉例來說，你可以定期透過恢復備份資料來重建測試環境。大多數有經驗的系統管理員會分享這樣的故事：備份進行數年之後，在最糟糕的情況下，才發現他們實際上沒有正確備份資料。不斷驗證你的備份可有效防止這種不愉快的情況。

# 災難恢復

組織備有一個災難恢復（DR）計劃，以便在發生故障時恢復服務[9]。因為災難是一種例外事件（希望是！），大多數 IT 組織的 DR 計劃涉及到不尋常的流程和系統，只是很少會去施行。

額外的基礎架構可被配置並保持可用性。在不同的地理位置上，設置額外的伺服器、網路連線和設備，甚至額外的資料中心。如果發生問題，服務將被遷移至這額外的基礎架構中，路由將會改變，並祈求好運。

祈求好運是重要的，因為災難處理流程很少實施，所以其可靠性是無法確定的。可以進行測試和演練來提高信心。但不可能每次組態變更時，都去測試一個複雜的、基於例外（exception-based）的 DR 流程。所以，可以肯定的是，基礎架構之當前組態的恢復，幾乎從未經過準確的測試。

而且許多組織缺乏資源，特別是員工的時間，無法如願以償地投入這項工作執中。因此，實際上，大多數 IT 組織可接受一定程度的風險，即災難的處理不會完美無缺。人們預期災難是痛苦且混亂的。所以，IT 組織希望每個人都能放鬆一下，或者單純希望災難不會發生。

但一些 IT 組織似乎可以輕鬆地應付潛在的災難性情況。像 AWS 這樣被廣泛使用的託管服務供應商（hosting provider）發生重大運轉中斷後，會列出服務被中斷之備受矚目的公司，以及一些沒有引起用戶注意之倖存者的例子。

那些無須投資軍事級防彈系統，即可平穩處理運轉中斷之 IT 維運部門的關鍵特徵在於，其處理災難的機制與日常維運所使用的機制相同。他們的做法可以稱為持續性災難恢復（continuous disaster recovery）。

### 預防與恢復

鐵器時代的 IT 組織，通常會優化「平均故障間隔時間」（Mean Time Between Failures，簡稱 MTBF），而雲端時代的組織則會優化「平均恢復時間」（Mean Ttime To Recover，簡稱 MTTR）。這並不是說這兩種方法都會忽略另一個指標（metric）：努力避免故障的組織，仍然希望能夠快速恢復，而那些以快速恢復為目標的組織，仍然會採取措施來減少故障的發生。

9 見維基百科上對災難恢復（disaster recovery）的定義（*https://en.wikipedia.org/wiki/Disaster_recovery*）。

訣竅是不要忽略其中一個指標，而選擇另一個指標。可以說，傳統的方法犧牲了恢復時間，希望能消除所有錯誤。將變更變得過於困難，或許能防止一些故障問題，但代價是當錯誤發生時難以修復。

然而，透過使變更變得容易，從而使其異於從錯誤中快速恢復，並不需要以較高的失敗率為代價。

## 持續性災難恢復

動態基礎架構平台的一個有趣之處在於，它看起來像是一個不可靠的基礎架構。伺服器經常會消失並被替換。當資源被自動擴展和縮減時，就會發生這種情況，這甚至可能是進行例行性變更、部署軟體和執行測試之機制的副產物。

因此，管理動態基礎架構的技術，也可適用於確保故障發生時的持續性。

有效地處理持續性，似乎是日常維運的自然延伸。從伺服器故障中恢復是小事一樁：伺服器會自動重建，使用與擴展叢集（scale up a cluster）或發布新伺服器模板（roll out a new server template）相同的流程。更大規模的故障，像是資料中心失去網路連線，可以透過在不同的資料中心自動配置一個環境來處理。同樣地，這應該是用於建構測試環境的相同流程，這種事情即使不是一天發生幾次，也可能是一週發生幾次。

沒有經過努力，這是不會發生的。你應該確保你擁有為其他資料中心配置服務所需的一切。你需要監控，以便在出現問題時讓人們知道，並盡可能去觸發恢復任務。

確保你的基礎架構可以處理大規模問題（像是資料中心停止運作）的最佳方法是，實際從多個資料中心來運行服務。這簡直比讓一個額外的資料中心做好閒置備用（cold standby）的準備可靠得多，因為所有資料中心都已經被證明是最新的，並且完全可運行。

這種做法有一些注意事項。當基礎架構的另一個部分消失時，必須配置出足夠的基礎架構，或配置出可供使用的能力，以應付全部的負載。在三個資料中心之間傳播流量，可以持續提供三個資料中心的正常運作。但是，如果有一個資料中心發生故障，整個流量超過了其餘兩個資料中心的處理能力，那麼服務將會失敗。請記住，如果在一個受歡迎的託管服務供應商出現大規模故障時，你的團隊可能不會是唯一一個急於提高其他資料中心容量的團隊。所以要思考如何確保你在緊要關頭時，能夠獲得所需的容量。

此外，重要的是證明冗餘元素，在其對等元素下線（offline）時，實際上可以運作。基礎架構的元素之間的意外依賴性，往往會悄然出現，只有當它們失敗時才會顯露出來。定期的演練，包括讓系統的某些部分下線，有助於讓這些依賴性浮出水面。將這些演練自動化，是確保演練可以頻繁實施的最佳方法。

### Netflix 和 Simian Army（猴子軍團）

Netflix 著名地使用了一個稱為 Chaos Monkey（混世猴子）的自動化工具，來驗證其基礎架構對於個別伺服器故障的彈性。Chaos Monkey 會半隨機地自動銷毀伺服器實例。工作人員並不知道這種情況何時發生，因此任何被引入到其基礎架構的弱點，都會很快被發現。

這是例行性的。

Chaos Monkey 只 是 Netflix 之 Simian Army（*http://techblog.netflix.com/2011/07/netflix-simian-army.html*）中的一個元素。另一個是 Chaos Gorilla（混世大猩猩），它會將整個資料中心（Amazon Web Services 的可用區域）從遊戲中移除，以證明基礎架構的其他部分仍可不間斷地運行。Latency Monkey（延遲猴子）會在客戶端與伺服器的通信中引入人為的延遲，以便查看上游伺服器是否有正確處理服務降級（service degradation）的問題。

由於他們積極、持續地驗證其 DR 流程，Netflix 經常能夠在 Amazon 之雲基礎架構發生故障時，不間斷地存活下來。

## DR 計劃：災難規劃

如果你的整個基礎架構被毀了，你需要用什麼來重建它？對於每個供應商，想像他們的服務消失了，連同你保存在上面的一切。你的命令稿、工具程式、備份和其他系統，是否可用來重建它，並從空白狀態快速重新填充它？需要多少時間？會遺失多少資料？

如果該供應商完全消失了怎麼辦？你是否需要從其他供應商那裡重新開始？是否有提供相容服務的供應商，或者你需要重新撰寫一個新的 API ？在這段期間你能做什麼？

衡量你自己所管理的基礎架構和服務。你可以從無到有重建所有內容嗎？需要多長時間？需要哪些知識？理想情況下，你的命令稿和工具可以重新配置伺服器、網路等，而不需去記住和思考進行關鍵步驟的正確方法，並且沒有必要去參考那些可能已經過時或不完整的文件資料。

你的資料應該備份到與使用資料的地方分開的位置，備份的方式要方便可靠。

擁有可以從頭開始重建你的整個基礎架構和服務的組態定義檔和命令稿，是必不可少的。然而，你是否想過，這些東西要保存在哪裡，如果消失了會發生什麼事。如果你的 VCS 丟失了該怎麼辦？如果你使用供應商提供的 VCS，但他們倒閉了或被惡意駭入了會怎樣？你的 VCS 應該定期備份到完全不同的位置，這樣你就可以在緊急情況下，提取它並啟用一個新的 VCS。

## 實施方法：寧可重建也不要閒置備用

與其為主動 / 被動恢復策略保留額外的基礎結構並使其處於閒置備用（cold standby）狀態，不如能夠快速重建故障元素可能更加有效，甚至更加可靠。這有賴於快速重建的能力，並假設從偵測到故障至完成重建的時間，是相關服務可以接受的。

對於伺服器來說，常見的實作方法是使用自動擴展功能，如本章前面所述。有了自動擴展（auto-scaling）的伺服器資源池，當一個伺服器出現故障，平台應該偵測到缺少的伺服器，並自動建構出一個替代伺服器。

可以利用這一點，為不易成為叢集之獨立伺服器提供自動 DR（災難恢復）。範例 14-2 節錄了 GoCD 伺服器的 AWS CloudFormation 定義檔。它設定了一個自動擴展群組（autoscaling group），其最小和最大尺寸均為 1。如果伺服器未能透過運行狀況檢查（health checks），將會自動建立一個新的群組。它還會使用一個彈性負載平衡器（Elastic Load Balancer 或 ELB）來確保流量始終會被繞送到目前的伺服器實例。

範例 *14-2* 用於單一伺服器自動擴展群組的 *AWS CloudFormation* 片段

```
"GoCDServerPool" :{
   "Type" : "AWS::AutoScaling::AutoScalingGroup",
   "Properties" : {
      "LaunchConfigurationName" : "GoCDServerLaunch",
      "LoadBalancerNames" : [ "GoCDLoadBalancer" ],
      "MaxSize" : "1",
      "MinSize" : "1"
   }
}
```

當大部分的配置過程（provisioning process）是在伺服器模板（server template）[10] 中完成時，這種模式可運作良好，因為這意味著新的伺服器實例將被迅速建立。

10 請見第 7 章第 117 頁的〈模板中的配置〉。

## 透過流水線進行持續監控

監控（monitoring）[11] 顯然是持續性策略的關鍵。監控甚至可以被設置為觸發自動恢復例行程序（automated recovery routines），替換基礎架構上被發現問題或故障的元素。

與基礎架構的任何核心功能一樣，確保監控得到持續驗證（continuously validated）非常重要。有些組織只監控營運基礎架構，但是在開發和測試的所有環境中，進行相同的監控會帶來巨大的好處。

針對開發和測試環境進行監控，使你有機會驗證監控本身的正確性。對應用程式的程式碼或基礎架構進行變更，可能會改變特定監控檢查的相關設定。例如，用於檢查應用程式是否啟動的監控檢查（monitoring check），可能會因為網路的路由變更，或監控系統所測試之 UI 的一部分發生變更，而失敗。

因此，將監控系統本身之測試，納入變更管理流水線中是很有幫助的，或許可以自動將應用程式關閉，並輪詢監控系統，看看它是否會正確標記應用程式的狀態。

使用具有外部化組態（externalized configuration）的監控工具，可以在「將監控本身的變更發布（roll out）到營運環境監控系統」之前自動驗證變更。例如，當定義一個新的子網段（subnet）時，你可以添加一項監控檢查來證明子網段中的資源是可到達的。子網段和監控檢查的定義檔都應該提交到 VCS，同時還要進行一些自動化測試，像是 Serverspec 檢查。

VCS 的提交會觸發變更流水線。流水線中至少有一個自動化階段，將導致子網段在測試環境中被配置，並將監控檢查添加到該環境的監控伺服器實例中。Serverspec 的其中一項測試，將驗證監控檢查是否出現，並將子網段列為可使用。另一項測試會改變子網段的組態，使其不再正確運作，然後驗證子網段的監控檢查，是否偵測到問題。

全面監控開發及測試系統，也有助於開發和基礎架構團隊。當自動化測試在環境中失敗時，監控對問題的除錯，將會很有價值。這對於在應用系統和基礎架構之間的相互作用中發現問題（例如，資源使用（像是，記憶體、磁碟和 CPU）的問題）很有幫助。

### 監控及測試

監控和自動化測試有很多共同點。兩者皆會對基礎架構及其服務的狀態做出斷言（assertions），並且都會在斷言失敗時，提醒團隊有問題。合併或至少整合這些關注點，是非常有效的。考慮重新使用自動化測試，來驗證系統在營運環境中是否正常運作。然而，有些注意事項：

---

11 監控工具在第 5 章第 85 頁的〈警報：出問題時通知我〉中有討論。

- 許多自動化測試（automated tests）會有副作用，而且／或者需要特殊設置，這在營運環境中可能是具被破壞性的。
- 許多測試沒有相對應的營運環境監控。監控檢查的是，由於維運狀態的變化而可能發生的問題。測試可以驗證「變更程式碼」是否有害。變更程式碼並將其應用於營運環境後，再重新運行功能測試可能就毫無意義。
- 僅在使生活更輕鬆的情況下，於測試和監控之間重用程式碼才有用。在許多情況下，試圖去彎折和扭曲測試工具，以便將其用於營運環境監控，可能比單純使用兩種不同的工具要費更多的精力。

## 監控和抗脆弱性

如第 1 章所述，抗脆弱性基礎架構的關鍵是，確保對事件的預設回應是改進。當出現問題時，優先考慮的不是直接解決它，而是提高系統應付未來類似事件的能力。

團隊處理事件的方式，通常是首先進行快速修正，以便恢復服務。然後，他們會制定出所需要的變更，以修正根本原因，避免問題再次發生。調整監控以便在問題發生時發出警報，但往往只是事後補救，雖然很不錯，但很容易被人忽略。

一個致力於抗脆弱性的團隊，將把監控，甚至是自動化測試，當作第二步，在快速修正之後和實作長期修正之前。

這可能是有悖常理。一些系統管理員告訴我，對已經修正的問題實施自動檢查是在浪費時間，因為依據定義，它將不會再發生。但實際上，修正並不總是有效，可能並未解決相關問題，甚至可能被沒有參與之前事件的善意團隊成員撤消。

## 監控驅動開發

因此，修正營運環境問題的工作流程應該是：

1. 恢復對終端用戶的服務。
2. 建立一個偵測問題的監控檢查，以及一個自動化測試來複製問題，並證明檢查是可行的。
3. 建立問題的修正方法。
4. 將所有這些——修正、測試和監控檢查——提交給 VCS，並確保它們透過流水線進入營運環境。

這就是基礎架構的測試驅動開發（TDD）。

# 安全性

安全性必須納入任何 IT 系統的設計和實作之中。基礎架構即程式碼，透過建構和證明系統的重複性、可靠性和透明性，可以做為一個平台來確保系統得到良好的保護。然而，用於配置和管理系統的自動化過程，以及它所建構的可程式化基礎架構平台，本身就可以為攻擊者創造新的可利用機會。

## 自動覆蓋漏洞

第 8 章中討論的一些模式和實施方法，看起來似乎有助於自動對抗安全漏洞，但它們並非可靠的防禦措施。

持續同步（continuous synchronization）[12] 可能會反轉攻擊者所做的變更——假設他們沒有在組態工具不管理的區域進行變更 [13]。頻繁地銷毀和重建伺服器 [14] 更有可能反轉未經授權的變更。但是，如果有人能夠存取伺服器一次，則可以在伺服器重建後，再次存取。

因此，儘管這些方法可能給攻擊者造成不便，但不能靠它們去阻止攻擊者。更糟的是，它們實際上會幫助攻擊者透過消除證據來掩蓋自己的蹤跡。自動化組態設定並不能取代對「堅固防禦和入侵偵測」的需求。

## 可靠的更新即為防禦

任何規模或複雜度的現代軟體系統，都不可避免地存在安全漏洞。常見漏洞和披露系統（Common Vulnerabilities and Exposures system，簡稱 CVE）（*https://cve.mitre.org/*）是一個已知漏洞的目錄，漏洞資料庫和安全工具都會使用這個目錄。像這樣的資源應可以協助 IT 維運團隊保持其系統的安全性。

然而，即使是廣泛傳播的漏洞，例如 Heartbleed bug ，（*http://heartbleed.com/*）在被發現並公開後的幾年時間裡，仍然存在著未被修補過的營運系統 [15]。這是在系統難以更新、遭受組態飄移時的自然結果。

因此，有效的「基礎架構即程式碼」的最大好處之一，是能夠輕鬆發布修補程式，從而讓系統始終以最新的更新進行組態設定。

---

12 詳見第 136 頁的〈持續部署的模式與實施方法〉。

13 回去看第 139 頁的〈未設定組態之區域〉。

14 回頭參考第 135 頁的〈模式：Phoenix 伺服器〉。

15 *https://www.venafi.com/assets/pdf/wp/Hearts-Continue-to-Bleed-Research-Report.pdf*

## 套件的來源

另一個常見的風險是將外部軟體安裝到一個被攻擊者故意添加了漏洞的系統中。現代 IT 領域建立在一個充滿活力的共享程式碼的生態系統上，不論是開源軟體還是商用軟體。但是居心不良的人可以在此程式碼中暗藏後門和木馬程式。

> **該信任誰？**
>
> 雖然你可能不會盲目相信，從 GitHub 上一個隨機用戶下載而來的程式碼，但你可能會認為你可以信任來自「有信譽」供應商的程式碼和硬體。可悲的是，情況並非如此。當我撰寫此文時，部落格和 IT 新聞網站，正因為發現某大公司的硬體防火牆產品長期存在的「惡意後門」而鬧得沸沸揚揚[16]。
>
> 這還只是在 2015 年底最新的一次類似事件。其他供應商也有類似的爆料，而且肯定還有更多類似事件發生。真相是，閉門造車的程式碼審查、測試和安全分析是不能完全信任的。看過香腸工廠[17]內部的人都知道，投機取巧、權宜之計、商業壓力和懶惰是很常見的。

團隊應該要確保他們了解自己使用的所有軟體之來源（即它來自何處），並對他們可以信任的程度具備一個實際的看法。第 6 章第 104 頁的〈這些東西來自何處？〉列出了伺服器上軟體的典型來源，但基礎架構中所使用的軟體還有很多來源。例子包括來自社群的組態定義（如 cookbooks、playbooks、manifests 等等）、容器映像檔（如 Docker 映像檔）和網站上找到的命令稿片段。

團隊用於管理外部來源軟體的措施將根據需要而變化。有些團隊只使用來源經過嚴格審查的軟體，或者甚至堅持所有的原始程式碼都必須經過審查。但這限制了團隊使用第三方產品的能力。

## 信任第三方軟體的確立方式

供應商程式碼審查

商用軟體供應商應該有動力和資格來確保他們的程式碼是徹底經過漏洞檢查的。但是，經驗告訴我，事實並非總是如此。

16 *https://www.schneier.com/blog/archives/2015/12/back_door_in_ju.html*

17 John Godfrey Saxe（*https://en.wikiquote.org/wiki/John_Godfrey_Saxe*）說過，「法律和香腸一樣，隨著我們對其製作方法的了解，法律就不再令人尊敬。」。軟體和 IT 系統應該加入到此一清單中，特別是那些在大型商業組織中所建構和運行的系統。

公開程式碼審查

開源程式碼可供許多有經驗的人來審查。根據 Eric Raymond 所陳述之 Linus 定律（*https://en.wikipedia.org/wiki/Linus%27s_Law*）：「只要有足夠的眼球，就可讓所有問題浮現」。但是，經驗證明，這無法保證合格的人才會花時間來審查任何既定的開源程式碼。Heartbleed bug 在開源軟體中存在了兩年，而該軟體曾使用在許多安全工具的核心之中。

直接程式碼審查

可以這麼說，確保你所使用之程式碼是安全的，最有效的方法就是自己去檢查程式碼。實際上，這受限於你在程式碼安全分析方面的技能，以及你的可用時間。

契約程式碼審核

你可以跟合格的第三方簽訂契約，代表你來審查程式碼，這可協助確保正確的技能。有些供應商提供審查和證明開源軟體套件的服務。儘管這可能是一個合理的折衷方案，但是供應商在你需要的時間範圍內，審查你想要使用的軟體套件之能力是有限的。這是許多 Linux 發行版本供應商所提供的一部分服務，但是對團隊來說，安裝較新的軟體套件（尚未包括在發行版本中）而不等待新的發行版本，是很常見的。

滲透測試

不僅讓一個合格的第三方來審查你的程式碼，還包括你的實作、組態，以及軟體的使用方式，這都是很有價值的檢查。

法律和／或契約保護

組織可以採取的措施是，確保有一個供應商對所有軟體的使用承擔法律責任。這可能需要直接簽訂契約關係。這可以透過將漏洞轉嫁給供應商來至少減輕一些商業風險。但這並無法減輕聲譽風險，因為用戶和客戶希望你能對提供給他們的東西承擔最終責任。

這是基本的權衡。團隊要在「選擇有用第三方軟體的靈活度」與「對軟體安全性的信心度」之間進行權衡。然而，可以透過確保快速糾正的能力，來減少這樣的權衡。

換句話說，與持續性的其他方面一樣，團隊可以決定為恢復進行優化，而不是採取完美的預防措施。同樣，這並不意味著要忽視預防工作，但如果團隊可以在知道已知漏洞時，迅速推出修補和修正程式，這可以在選擇軟體時有更多餘地。

# 自動強化

利用「基礎架構即程式碼」來提高安全性的一個顯而易見的方法是自動進行伺服器和網路強化。「強化」（hardening）是指對系統進行組態設定，使其比開箱即用的系統更加安全。典型的活動包括：

- 設定安全政策（例如，防火牆的規則、SSH 金鑰的使用、密碼的策略、sudoers 檔案等等）。
- 除了最基本的用戶帳號、服務、軟體套件等外，全部刪除。
- 審核用戶帳號、系統設定，並檢查已安裝的軟體是否存在已知漏洞。

有許多參考文獻提供了關於伺服器強化的具體建議[18]。

團隊應該確保他們對伺服器、網路和其他基礎架構元素的組態定義，能夠充分地強化其系統。有一些框架和命令稿可以應用，例如在 *https://github.com/dev-sec* 上可以找到的。在將外部建立的強化命令稿應用於自己的基礎架構之前，團隊成員必須審查並理解這些命令稿所做的變更。外部資源可能是一個有用的起點，但是擁有既定系統的人，需要對其特性和需求具備更深入的認識。

強化規則（hardening rules）應該應用於伺服器模板，以確保新伺服器的基準線已經被適當地鎖定。但強化也應該在配置流程（provisioning process）結束時應用，以確保組態變更和過程中安裝的套件，並沒有不適當地削弱伺服器的安全性。持續同步（continuous synchronization）可以確保強化規則在伺服器的生命週期內維持不變。

# 在流水線中自動進行安全驗證

將變更應用於重要的系統之前，使用變更管理流水線對變更進行測試，可以為安全性的驗證提供機會。自動化測試可以檢查安全性策略是否已經正確應用，以及它們實際上是否運作良好。

有許多安全性掃描和滲透測試工具，可以做為「變更流水線」的一部分來執行[19]。與其他類型的工具一樣，選擇那些被設計為在無人看管的情況下運行的工具是有用的，這些工具可以透過 VCS 中管理的外部化檔案進行組態設定和命令稿撰寫。

---

18 有些安全性強化的參考文獻，包括刊登於 Tripwire 網站上的〈主動式強化系統對抗惡意入侵：組態強化〉（*http://www.tripwire.com/state-of-security/security-data-protection/automation-action-proactively-hardening-systems-intrusion/*）、〈Linux 伺服器的 25 項強化安全性訣竅〉（*http://www.tecmint.com/linux-server-hardening-security-tips/*）和〈40 項 Linux 伺服器強化安全性訣竅〉（*http://www.cyberciti.biz/tips/linux-security.html*）。

19 在第 11 章第 206 頁的〈測試作業品質〉中有列舉一些工具。

與可用性監控一樣，「為驗證流水線中的變更而運行的工具」與「為偵測入侵而在營運環境中運行的工具」之間存在（或應該存在）重疊。自動化測試可以證明其入侵偵測工具的組態是否已經正確設定。

## 變更流水線成為漏洞

自動化變更管理流水線是管理變更之驗證和授權的有力工具。但它也為攻擊創造了一個具吸引力的媒介。攻擊者如果破壞變更流水線的任何元件（包括 VCS、CI/CD 協作工具或產出物儲存庫）就可能利用它進行未經授權的變更。

考慮到這些工具在自動化基礎架構中的重要性，它們應該是資產中受到最嚴格控制的系統之一。確保系統安全的策略應該包括，為這些系統設置作用域（scope）的流水線。例如，如果系統的存取權限被隔離到組織內的子群組中，只有該子群組才有權存取相關檔案和變更流水線的組態。

截至 2016 年初期，許多常用於實現流水線的工具並未經過精心設計，無法保護和隔離共享流水線的群組之間的存取。VCS 和產出物儲存庫（artifact repositories）往往有合理的管控措施來鎖定跨專案和檔案夾的存取。

但是，當前世代的 CI 和 CD 協作工具（orchestration tools）往往可以輕而易舉地，獲得同一實例上託管之不同專案的存取權限。在一個知名的 CI 工具上，你可以設置一個任務來使用經加密的密鑰（encrypted secrets），例如資料庫存取憑證。然而，常用的插件允許其他用戶執行讀取和解密憑證的任務。

需要對團隊進行安全隔離的組織，最後能夠運行多個 CI/CD 工具的實例。每個團隊都有一個專用的實例，所以不需要期待該工具會保護團隊內部的秘密。

## 管理安全風險與雲端帳號

自動化基礎架構平台是攻擊者另一個關鍵媒介。如果有人能夠獲得用於管理基礎架構資源的憑證，他們就可以造成相當大的損害[20]。幸運的是，使用雲端服務時，有一些做法可以降低風險。當使用公有雲時，這些做法尤其重要，但即使在你自己的資料中心內，也不應該被忽視。

---

20 Code Spaces 是一家開源程式碼託管公司，它的結局對雲端託管來說是一個警示。攻擊者獲得了該公司的 AWS 憑證，勒索贖金，然後銷毀該公司的資料。Cloud Spaces 以常見的方式來使用 AWS，使得他們難以保護自己。具體來說，他們把所有東西都託管在單一帳號下，包括他們的備份。進一步的資訊，請參閱〈M urder in the Amazon Cloud〉（*http://bit.ly/25AR0pj*）和〈Catastrophe in the Cloud: What the AWS Hacks Mean for Cloud Providers〉（*http://bit.ly/1t1f0kj*）。

## 實施方法：使用獨立的雲端帳號

與其在單一帳號中運行整個基礎架構，用一組憑證即可存取，不如將基礎架構隔離到具有自己憑證的帳號中。目標是限制獲得一組憑證的攻擊者所能造成之損害。威脅模型分析（*http://bit.ly/1TQ0Qy3*）[21] 之類的演練可用於設計系統的隔離，以防禦不同類型的攻擊和危害。

## 登錄並發出警報

偵測入侵和其他問題，是防禦策略的一項要素，攻擊者將試圖透過抹除或複寫日誌，以及停用日誌和警報功能，來掩蓋自己的蹤跡。防禦性設計應該包括確保系統被破壞的證據是由一個單獨的系統處理，並有完全獨立的存取憑證。

例如，日誌應該被即時串流傳輸到單獨的日誌收集服務，該服務被設置為對可疑活動發送警報。應由一個單獨的系統來處理監控工作，當有證據表明客戶系統可能已經遭到危害時，再次發出警告。

因此攻擊者需要入侵多個系統，以掩蓋自己的蹤跡。雖然這是有可能的，但這應該是一個比較困難的障礙。然而，為了讓此方法有效運作，它應該是不可能利用監控或日誌收集服務，來獲得受保護系統的存取權。監控伺服器上可以在無人看守的情況下，對其監控的系統進行 SSH 存取（例如，執行命令稿以檢查狀態），這就給攻擊者提供了一個攻擊系統的弱點，同時也可以覆蓋他們的蹤跡。

## 強勢的認證方式和完善的憑證管理

雲端供應商和平台供應商，用來管理認證的選擇越來越多。團隊應該充分利用這些優勢。更為嚴格的認證機制，可能令人生畏，或似乎工作量太大，但隨著時間的推移，使用它們的習慣變得更加容易。

身分驗證和憑證方面的良好實施方法包括：

- 使用多重身分驗證方式（MFA）。
- 為每個人、每個應用程式、每個服務等等，設置委託角色和驗證方式。
- 不要共用憑證；每個團隊的成員都應該要有自己的憑證。

21 另請參閱 Adam Shostack 的〈Threat Modeling: Designing for Security〉（*http://www.amazon.com/dp/B00IG71FAS*）。

- 使用真正強勢、獨特的密碼[22]，使用好的密碼管理器，例如 1Password 或 Lastpass。
- 不要把憑證存放到 VCS、產出物儲存庫、檔案伺服器等等位置，即使它們已被混淆了。

自動化流程和應用程式，對憑證的使用特別棘手。無人看管的應用程式或命令稿可以使用的密碼，也可以讓攻擊者獲得對其運行之系統，足夠的存取權限。

憑證可以儲存在經加密的機密儲存庫（encrypted secrets repository）中，像是 HashiCorp Vault、Ansible-Vault、Chef encrypted databags 或類似的解決方案。然而，無人看守的應用程式或命令稿仍需要獲得授權，才能從儲存庫中檢索這些機密，這也會被攻擊者利用。

有一些技術可以減少由無人看守行程（unattended processes）之授權所造成的安全漏洞：

- 控制其運行之系統的存取權限。
- 確保授權只能在受控制的位置 / 實例中使用。
- 限制憑證的使用壽命。
- 限制既定憑證的使用次數。
- 登錄憑證的存取 / 使用，對異常的使用情況發出警報。
- 除非絕對必要，否則只提供憑證唯讀的存取權。

## 能夠重建

能夠豪不費力地重建基礎架構的任何部分，是一種強大的防禦能力。如果攻擊者獲得了基礎架構託管帳號的憑證，理想的狀況是能夠完全重建新帳號中所有內容，從備份載入資料，然後將網路流量重新導向該帳號，使原始帳號變成消耗品。

這是災難恢復（Disaster Recovery，簡稱 DR）的本質，正如本章前面所討論的那樣，理想情況下，這將利用做為維運（operations）之例行性部分（routine part）而行使的機制。

但是 DR 應該被設計來有效面對惡意行動者，已取得部分系統上未經授權的存取權限，還包括確認重建系統中的任何部分所需要的全部材料，並已隔離好將其放置到服務中。但是，面對未經授權而進入系統各部分的不良行為者，DR 的設計應該是有效的。這就需要確保重建系統的任何部分和投入所需的所有材料都是隔離的。

22 請見 xkcd 的〈assword Strength〉漫畫（*https://xkcd.com/936/*），其中說明了為什麼在密碼中混合大小寫、符號和數字並不會使密碼變得特別強。

讓源碼控制、定義檔、資料備份等都用一套憑證來存取是不安全的。理想的情況是，它們每一個都應該由個別的服務和帳號來管控。應該盡量減少這些帳號之間的存取。

舉例來說，一個配置基礎結構（provisions infrastructure）的系統，可能不需要對管理組態定義檔的 VCS 具備寫入的存取權。如果它具有寫入的存取權限，那麼入侵配置系統（provisioning system）的攻擊者，就可以摧毀或損害定義檔，使團隊無法輕鬆恢復和重建其基礎架構。

但如果配置系統（provisioning system）對 VCS 只有讀取的存取權限，那麼團隊就可以將其關閉，並使用定義檔來建構一個新的 VCS 並恢復作業。

# 結論

本章介紹的實施方法和技術著重於「在面對故障和攻擊時」保持系統的穩定。這就是「穩固性」（robustness）的本質。但更雄心壯志的目標是抗脆弱性（antifragility）。你不應該只是從問題中恢復，而應該致力於不斷加強並提高你系統的可靠性和有效性。

本書的下一章也是最後一章，為在組織中採用「基礎架構即程式碼」提供了指導方針。這為從「維持系統運行」到「持續提高服務效率」奠定了基礎。

第十五章

# 組建基礎架構即程式碼

本書主要側重於「基礎架構即程式碼」（infrastructure as code）和「動態基礎架構」（dynamic infrastructure）的技術實作。「基礎架構即程式碼」的前提是，雲端和動態基礎架構創造了「與基礎架構一起工作時」使用全新實施方法和技術的機會。利用以前的工作方式，例如人工設定伺服器的組態，完全浪費了新技術所帶來的好處。

同樣地，將雲端實施方法與「用於 IT 服務的舊營運模型」一起使用也浪費了新技術和新工作方法所具備的好處。

團隊可以利用雲端世代的技術和實施方法。更有效率地交付和運行基於軟體的服務。但是，只有當整個組織了解如何使其發揮作用，並確保其結構和流程是針對它設計的，他們才能做到這一點。

基礎架構即程式碼，結合了雲端服務，能協助組織以可靠、高品質的服務輕鬆應對不斷變化的需求。實現此一目標的組織原則包括：

- 設計、實作和改善服務的持續方法
- 賦予團隊持續交付和改善其服務的能力
- 確保高水準的品質及合規性，同時又能迅速且持續地交付

這並沒有保證會成功的公式，但在這一章中所建議的是基於在可預見的模式，為了使其特別有效用，因而使用的做法。共同的主題是擁有一個鼓勵彈性、分散決策和持續改進的文化、結構、策略和程序。

# 演進式架構

每個 IT 組織皆對其當前的系統架構不滿。它已經有機地發展成一個義大利麵條狀的混亂局面，成為技術負擔（Technical Burden）。當然，他們會有計劃地轉型到一個新的世界，一個美麗、簡潔的平台。它將基於最新的架構模式和原理，並使用最新的技術。

不幸的是，通往新世界的道路充滿了障礙。沒有足夠的時間，商業經營的壓力模糊了焦點，並且舊平台上運行的服務仍然需要支援。光鮮亮麗的新技術，結果卻有意想不到的侷限性，這也無濟於事。在轉換結束時，你將遇到一個新的義大利麵條狀的混亂局面及技術負擔，新的混亂無法避免地與上一代混亂的遺留部分交織在一起，只是在原有的加上一層新的。

組織通常會陷入混亂的最終狀態，因為他們對架構採取了靜態的觀點，而不是演進的觀點[1]。

傳統的軟體和系統設計方法，強調設計必須是完整和正確的。一旦開始實作，任何的變更皆點出了設計中存在缺陷。相對而言，演進和疊代的實作方法，要從理解方向開始，接著設計和實作可用來取得進度及學習的最小東西。變更是受到歡迎的，因為它們點出了團隊已經學到了一些東西。

演進式設計和實作的基礎是持續、輕鬆、安全和低成本進行變更的能力。擁護這種方法的團隊知道，他們不會達到完美的「最終」設計。總之，正確的設計是不斷變化的。所以，他們會對不斷的變化感到舒服，並熟練掌握。

### 通往雲端之路

一家電子商務公司決定從資料中心遷移到公有雲供應商，這可以幫他們管理需求的各種變化。他們的交易量在每日、每週和每年的模式上皆有相當大的變化，因此經濟放緩時期可以透過縮減規模來節省資金。

我們首先確定服務的一個部分可以從這個功能中獲益，這似乎是最適合在新的雲端平台上快速實作和測試的部分。我們花了幾個星期的時間，嘗試在新的雲端平台上運行它，並挑選了一些工具。然後，我們將服務的新部分投入使用，並將其與仍在資料中心運作之平台的其餘部分進行整合。

1 〈演進式架構與新興設計：探究基礎架構與設計〉（*http://www.ibm.com/developerworks/library/j-eaed1/*）可以看到更多關於演進式架構的資訊。

這有助我們學習如何與新的雲端供應商合作，以滿足我們的服務的需求。例如，根據我們的應用程式的報告，我們決定以交易率（transaction rates）做為觸發擴展和縮減（scaling up and down）的最佳指標（best metric）。但我們也發現，當流量突然飆升（例如，由電視廣告引起的流量）時，建立新實例的延遲太慢了。我們發現，運行容量緩衝區（capacity buffer）——兩個額外的實例——可使自動化縮放（automated scaling）有足夠的時間來做出反應。

我們還發現到一組讓我們團隊滿意的初始（initial）自動化工具和方法。我們把原來的基礎架構定義工具完全拆掉並替換掉。我們還取消了我們一開始使用的伺服器組態工具，改用不可變伺服器的方式，以加快自動化擴展流程。

我們絲毫不認為這些技術和實施方法會是「最終的」（final）。隨著團隊將更多服務遷移到到雲端上，我們發現有些需要不的同實施方法。在某些情況下，例如，當一個新服務需要比我們已安裝之簡單工具更好的監控時，我們就把在雲端上運行的服務也移到它的上面。在其他情況下，比如當一個新服務需要一個客製過的資料庫時，我們會把現有的服務保留在雲端供應商的 DBaaS（資料庫即服務）上。

該組織並沒有「最終狀態」（end state）平台。儘管他們的 80% 資產現在位於公有雲上，但是他們仍在舊的資料中心上運行了一些服務。他們未來可能最終會將剩餘的服務遷移到雲端上，但只有在證明有必要的情況下，才需要這麼做。

## 在戰火中學習

spike（*https://www.mountaingoatsoftware.com/blog/spikes*）是一項有時間限制的實驗，目的在回答某些特定問題，像是用於觸發自動化縮放（automated scaling）的指標（metric）。在實驗室的環境中進行 spike 實驗可能沒問題。但應該以非常有限的方式來使用峰值（spikes）。最好的學習環境是涉及真實用戶負載的環境。

使用零停機替換模式（如第 276 頁〈零停機變更〉所討論的那些）來進行真實營運環境流量的測試，同時保持控制以關閉出錯的實驗。要有監控（monitoring）和量測（measurement），這樣你就能看到你所做的事情的影響。這應該包括商業指標（commercial metrics），像是交易（transactions），因此如果你的實驗造成嚴重的危害，你很快就會注意到。

在某些情況下，A/B 測試（*https://en.wikipedia.org/wiki/A/B_testing*）對基礎架構測試很有用。這涉及了將兩種不同的實作投入使用，並量測其結果以查看哪一種較有效。

## 從 trailblazer 流水線入手

許多團隊進行自動化的時候，都是大刀闊斧的「煮海」（boil the ocean，比喻野心很大）工程。然而，這裡存在一些風險，可能會導致失敗。其中一個風險是，在任何人看到專案中任何有用的東西之前，龐大的規模可能需要太多的工作。另一個風險是，當某些東西真的出現時，它已經變得非常龐大和複雜，以至於隨著團隊從怒氣中使用它而獲得經驗時，很難對其進行重塑和調整。

第三個風險來自於「廣度優先」（breadth-first）變更方式。例如，工作可能分階段進行：首先對一切實作組態定義檔，然後實作自動化測試，接著建構一條變更流水線。這樣做的問題是，這限制了發生於各個階段之間可參與學習的機會。

trailblazer（開拓者）流水線[2]是實現基礎架構自動化的一種更為進化的實施方法。它採用「深度優先」（depth-first）實施方法，建構一條簡單的、端到端的變更管理流水線。團隊可以透過選擇一個簡單的變更來著手建構一條 trailblazer 流水線。例如，由一個團隊著手撰寫 Puppet manifest，以便在其 Linux 伺服器上設定 *motd*[3]。

該團隊的 trailblazer 流水線具有基本的、端到端的階段，他們使用 Atlassian Stash 設置了一個 Git 儲存庫，他們已經將 Atlassian Stash 用於命令稿和其他事物，以及 Jenkins CI 伺服器。他們的流水線的初始階段是：

1. CI 階段，在提交到 Stash 儲存庫時觸發，對 manifest 進行一些基本的驗證
2. 測試階段，將 manifest 應用到測試伺服器
3. 正式版（prod）階段，將 manifest 應用到基礎架構團隊所使用到的幾個伺服器，包括 DNS 伺服器和檔案伺服器

他們選擇了一些工具來進行測試，其中包括用於 CI 階段的 puppet-lint，和針對測試伺服器運行的 Servers-pec，以證明 *motd* 檔案已經到位。

這是一個非常粗略的開始，而且是故意的。所管理的變更是微不足道的。測試不夠徹底。團隊沒有投入他們最終需要的所有工具。他們使用了一些沒有想到會繼續使用的工具。但這都無關緊要，因為他們可以充滿信心地從這個基礎上發展。

2 開拓者流水線的又稱為 tracer bullet（曳光彈）（*http://kief.com/tracer-bullet.html*）流水線。

3 motd 是 message of the day（每日訊息），當使用者登入到 shell 時會看到此訊息。

團隊繼續進行更複雜的變更——例如，為了讓管理團隊成員登入 Linux 伺服器的系統帳號，他們撰寫了一個 Puppet manifest 來建立一個帳號，並將他們的公開 SSH 金鑰添加到授權金鑰檔中。然後，他們擴大了測試範圍，以證明 SSH 仍能存取該帳號。添加或刪除 SSH 金鑰時，如果有人提交怪異的變更，那麼在被應用到更重要的系統之前，就會在測試階段被捕捉到。

# 衡量效率

對於團隊來說，了解並就他們期望的結果達成共識是很重要的。然後，他們可以不斷地評估自己做得如何，進而決定下一步要做什麼改進。

## 首先就期望的結果達成共識

IT 服務（包括基礎架構）的目標應該是由用戶和其他利益關係人來驅動。很多時候，IT 團隊在啟動計畫時，幾乎沒有來自這些人的意見。

將利益關係人、用戶和 IT 人員聚集在一起討論當前的問題和需求，經常會引發令人驚訝的問題。在開始考慮雲端或自動化等計畫之前，就這些問題和需求達成共識是至關重要的第一步。

諸如未來展望（futurespectives）、電梯簡報（elevator pitch）和盒子裡的產品（product in a box）等研討會可以幫助各小組提出和討論問題。這些類型的會議應就組織需要解決的問題、解決這些問題的可能實施方法，以及衡量進展和長期的改進方法達成共識。

### 基礎架構的用戶體驗設計

建構客戶端軟體（customer-facing software）的專案，通常在開始時需要伴隨大量的活動來了解用戶需要什麼，以及如何滿足這些需求。如果基礎架構和其他的 IT 專案也採用同樣的做法，它們將可獲得更大的成功。

為一個私有的 PaaS 初步規劃，建立用戶角色似乎很奇怪。但是，如果沒有抽出時間來考慮誰是潛在的用戶，並跟他們討論他們的需求，你就只是在猜測。在猜測可能有用的基礎上，把你組織的錢堆在這樣的初步規劃上，根本不負責任。

有兩本書可供參考，包括：

- 《*Agile Experience Design*》（*https://www.amazon.com/Agile-Experience-Design-Designers-Continuous/dp/0321804813*），作者 Lindsay Ratcliffe 和 Marc McNeill（New Riders 出版）
- 《使用者故事對照》（*http://bit.ly/user-story-mapping*），作者 Jeff Patton（歐萊禮出版）（譯註：中文版（*http://books.gotop.com.tw/v_A444*）

## 選擇有助於團隊的指標

團隊應該根據他們的目標和狀況選擇對他們有幫助的指標（metric）。這些指標存在許多潛在的缺陷。人們很自然會傾向過度關注特定的指標，而忘記了它們只是性能（performance）的代名詞。當指標被用於激勵時，其危害性就會特別大[4]。指標最好是團隊用來幫助自己，並且應該持續地審查，以確定它們是否仍在提供價值。

基礎架構團隊常用的一些指標包括：

週期時間（*Cycle time*）

從確定需求到實現需求所花費的時間。這是在量測變更管理的效率和速度。本章後面會有更詳細地討論週期時間。

平均恢復時間（*MTTR*）

從可用性問題（包括嚴重降低性能或功能）被確定到解決所花費的時間，即使是在解決方法上也是如此。這是在量測解決問題的效率與速度。

平均故障間隔時間（*MTBF*）

關鍵的可用性問題（critical availability issues）之間的時間間隔。這是在量測系統穩定性和變更管理流程的品質。雖然這是一個有價值的指標（metric），但 MTBF 的過度優化是其他指標性能不佳的常見原因。

可用性（*Availability*）

系統可用時間之百分比，通常排除系統因為維護計畫而離線的時間。這是另一種量測系統穩定性的方法。它通常作為服務契約中的 SLA（服務層級協議）。

4 請見〈Why Incentive Plans Cannot Work〉（為什麼激勵計劃無法發揮作用）（*https://hbr.org/1993/09/why-incentive-plans-cannot-work*），刊登在《Harvard Business Review》（哈佛商業評論）。

**真實可用性**（*True availability*）

其系統在可用時間占全部時間之百分比，不排除已計畫之維護時間[5]。

## 追蹤和改善週期時間

週期時間量測的是進行變更所需的時間。時間的量測是從確定需求開始，到變更已投入使用並交付其價值（delivering value）後結束。其目的是了解組織的速度有多快。

價值流映射（Value Stream Mapping）是一種用於分析變更之週期時間的練習，將活動進行拆解，了解有多少的週期時間被用在不同的活動上，其中哪些活動可以優化、是浪費的，甚至可能可被移除[6]。

舉例來說，基礎架構團隊的成員可能需要 5 到 10 分鐘才能使用雲端或虛擬化平台來配置一個新的伺服器。但是，當分析過整個週期時，從用戶要求新伺服器開始，到她能夠使用新伺服器為止，其全部時間可能會從至少 6 天到 18 天不等。其中包括：填寫業務用途申請表；在變更諮詢委員會（CAB）會議上審查該申請；以及在伺服器配置後，但在移交之前，對伺服器進行測試…等活動。

圖 15-1 所示為基礎架構變更的價值流映射。該圖列出了每項任務的等待時間，像是下一次 CAB 會議要等待約 1 到 5 天的時間。

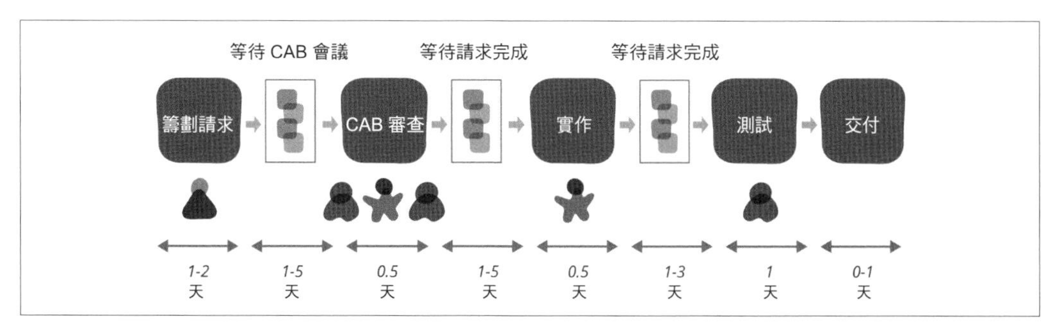


**圖 15-1　配置伺服器的價值流映射**

5　真實可用性已於第 14 章（在第 270 頁的〈真正的可用性〉）討論過。

6　進行價值流映射練習時，有一個不錯的參考資料：《Value Stream Mapping: How to Visualize Work and Align Leadership for Organizational Transformation》（*http://www.amazon.com/Value-Stream-Mapping-Organizational-Transformation-ebook/dp/B00EHIEJLM*），作者是 Karen Martin（McGraw-Hill 出版）。

這個例子的價值流（value stream）對於正常的變更來說效率不高。但這比許多大型組織所發生的過程要簡單得多。在真實世界中，一個新的伺服器可能需要不同團隊的多個獨立請求才能執行任務，例如添加用戶帳號、安裝中間層軟體和網路組態。這就是為何許多大型組織會花費大量資金去購買和安裝私有雲及自動化軟體，但仍舊發現它需要數週或數月的時間才能配置出一個伺服器。

有些團隊會定期審查週期時間，並討論如何改進週期時間。其他團隊則在週期時間成為問題時，停止進行這種分析，也許只當成事後總結或回顧的結果（本章後面將解釋這兩者）。

重要的是，不要把所有事情都包括在週期時間內，甚至是那些非技術性的活動以及那些不在「擁有流程的團隊」控制之下的活動。例如，你需要去了解延遲是由於難以從需要審查和批准變更的繁忙人員那裡抽出時間，還是由於缺乏測試人員而造成的。這是至關重要的訊息，即使組織認為可以忽略這樣的訊息，也需要被人們所看見。

如果一個變更需要耗費 8 到 36 個小時才能進入營運環境，而自動化活動只占其中的 35-45 分鐘，那麼花費時間和金錢來加快自動化的速度是沒有價值的。

分析價值流的另一個關鍵點是，它衡量的是單項變更的時間。週期時間（cycle time）並不是交付（deliver）一個專案所需的時間，而是單項變更所需要的時間，它可能做為專案的一部分來交付。常會看到某項變更的週期時間中，不到 5% 的時間被真正用於該項變更。提出、開發和測試特定的變更，可能只需要幾天的功夫。但在同一專案中的其他需求正在進行時，卻需要花費幾個星期甚至幾個月的時間來等待。

這樣的觀察（在專案中，當其他的變更完成時，一項變更所花費的等待時間）導致人們偏好流程而非批次作業。一旦完成工作中的一項活動，例如分析了一項需求，那麼理想情況下，它將被立即傳遞給工作的一個階段。這是思維方式的重大轉變，也是精益思維（lean thinking）的基礎。

### 精益

週期時間（cycle time）是精益理論（lean theory）的一項核心概念。精益是持續改善工作流程的一套原則和思想。它起源於製造工藝，尤其是豐田公司的「豐田生產系統」（Toyota Production System ，簡稱 TPS），並被廣泛應用於流程的改善。精益專注在藉由讓工作清晰可見，透過鼓勵從事工作的人對自己的工作方式負責，以及透過消除無謂的浪費行為，來獲得擺脫虛耗活動的辦法。

Tom 和 Mary Poppendieck 已經寫了幾本關於精益軟體開發的好書，如《*Implementing Lean Software Development: From Concept to Cash*》（*http://www.amazon.com/Implementing-Lean-Software-Development-Addison-Addison-Wesley-ebook/dp/B00HNB3VQE*）（Addison-Wesley 出版）。

而「精益」（lean）這個詞已經變得過度氾濫。Eric Ries 為產品開發添加了這個詞，在他的書中《*The Lean Startup*》（精實創業）（*http://www.amazon.com/Lean-Startup-Entrepreneurs-Continuous-Innovation-ebook/dp/B004J4XGN6*）（Crown Business 出版）有提到，為了量測客戶的興趣，以最簡單的方式來實作產品之理念。我（現在和以前）的同事 Joanne Molesky，Jez Humble 和 Barry O'Reilly，在他們的《*Lean Enterprise*》（精實企業）（*http://bit.ly/lean-enterprise-book*）（歐萊禮出版；中文版：*http://books.gotop.com.tw/v_A502*）書中有提到大型企業可以如何採用精益產品開發方法。

很多時候，週期時間長達數小時或數天，這都是由於在較大的團隊中協調和統籌不同系統元素之間的變更所造成的。最有可能大幅縮短這些時間的途徑是重組系統架構、團隊結構和流程，以便將系統各個部分的變更分離出來。

## 使用看板讓工作顯而易見

看板（kanban board）是一個強大的工具，可以讓價值流（value stream）變得清晰可見。這是敏捷故事牆（agile story wall）的一種變型，它的設置反映了工作的價值流圖（value stream map）。當一個人完成一個工作項目時，他們會把一個新的項目從看板的前一欄位（previous column）拉到他們自己的欄位（own column）中，以表明他們正在處理此項目。

隨著項目在特定的欄位中堆積，瓶頸很快就變得可見。在圖 15-2 的看板範例中，工作在「測試」欄位中堆積。這可能有幾個原因。在完成其他工作之前，測試人員可能參與了太多任務，在這種情況下，團隊應該深入了解發生這種情況的原因。測試活動是否由於某種原因（例如，缺乏測試環境）而被阻止了？在測試任務中出現需要重新處理的問題是否太常見了？或者任務是否在測試後堆積起來，等待佈署到啟用階段？

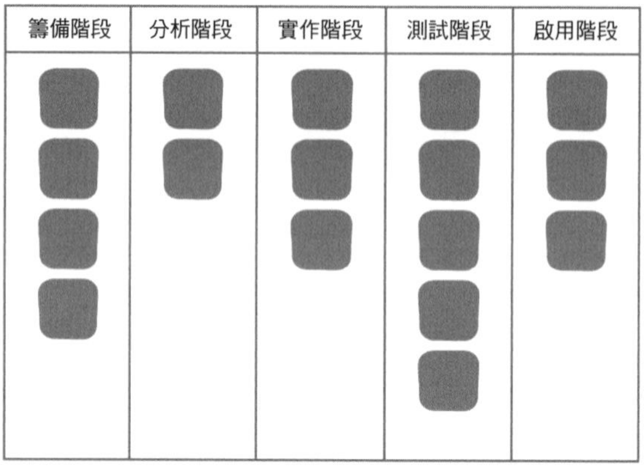

| 籌備階段 | 分析階段 | 實作階段 | 測試階段 | 啟用階段 |
| --- | --- | --- | --- | --- |

圖 15-2　使用看板

### 將看板應用於維運工作

有一些不錯的資源可以幫助你理解看板以及它如何應用於維運工作：

- 《*Kanban: Successful Evolutionary Change for Your Technology Business*》（*http://www.amazon.com/Kanban-David-J-Anderson-ebook/dp/B0057H2M70*），David J. Anderson 著（Blue Hole Pres 出版）
- 〈Kanban vs Scrum vs Agile〉（*http://www.agileweboperations.com/scrum-vs-kanban*），Matthias Marschall 著
- 〈Reflections on the use of Kanban in anITOperations team〉（*http://iancarroll.com/2013/02/06/reflections-on-the-use-of-kanban-in-an-it-operations-team/*），Ian Carroll 著

## 回顧和事後查驗

回顧和無糾責的事後查驗，是支持不斷改進的重要實施方法。

回顧（retrospective）是一個可以定期舉行的會議，也可以是在專案完成等重大事件之後舉行的會議。參與過程的每個人聚集在一起，討論哪些是有效的，哪些是不好的，然後決定可以對流程和系統進行哪些變更，以獲得更好的成果。經常這樣做，應該能夠簡化流程，消除浪費或有害的活動。

事後查驗（post-mortem）通常是在事故或重大問題發生之後進行的。其目標是去了解導致問題的根源，並決定採取何種行動來減少類似問題的發生。我們的目標不應該是決定問題是誰的錯，而是要確定應該對流程、系統和工作方式做出何種改變，以減少今後出現問題的可能性，並使其更容易被發現和解決。

**關於回顧和無糾責事後查驗的進一步資訊**

在回顧方面有兩本很好的參考書籍：《*Agile Retrospectives: Making GoodTeams Great*》（*http://www.amazon.com/Agile-Retrospectives-Making-Teams-Great/dp/0977616649*），Esther Derby 與 Diana Larsen 合著（Pragmatic 出版）以及《*The RetrospectiveHandbook: A Guide for Agile Teams*》（*https://leanpub.com/the-retrospective-handbook*）Patrick Kua 著（Leanpub 出版）。

John Allspaw 針對無糾責事後查驗，寫了一篇開創性的文章（*https://codeascraft.com/2012/05/22/blameless-postmortems/*）解釋專注於改善系統和流程而不是歸咎於個人的重要性。

# 組織賦予用戶權力

為多個用戶管理大型基礎架構的最有力方法，是將控制權和責任委託給這些用戶。精益流程理論（lean process theory）的一個關鍵原則是「把工作移交給做工作的人」。也就是說，最接近尖端的人，最了解他們需要解決的問題。所以，給予他們所需要的東西來塑造他們自己的工具和工作流程。

不幸的是，在大多數組織的規範是以削弱團隊力量的方式來組建團隊和工作流程。

## 劃分職能模型的陷阱

傳統的服務模型（service models）係把人員劃分為職能團隊（functional teams）。設計、實作和支援服務等工作將由這些團隊來分擔。

這裡有幾個理由說明，為什麼這似乎是一個好主意。由職能專家組成的團隊可以成為「卓越中心」（centers of excellence），他們非常擅長自己的專業領域。工作可以被劃分成整齊的、定義明確的小區塊，然後分配給那些不需要了解其工作背景的職能團隊。

然而，這種模式的結果，不可避免地會把服務的知識和責任劃分開來。它增加了大量的開銷在協調跨團隊的工作。而且擁有該服務的團隊對服務的工作原理缺乏深入的了解。

將服務的實作和支援劃分為多個職能，往往會造成許多問題。

## 陷阱：設計碎裂化

設計和規格必須集中建立，並分派給各個團隊來實作。通常，這些團隊中的人很少有能見度，並沒有足夠的時間來了解全局。一般情況下，各功能之間的整合並不像計劃的那樣好，需要測試、仲裁解決團隊之間的衝突，並在最後一刻進行計劃外的修改。

> **核心競爭力**
>
> 在過去的十年左右，許多組織已經決定外包「非核心」的技術工作，並裁掉他們的內部技術人員。隨著時間的推移，我所遇到的每個這樣的組織，其內部技術人員幾乎都被專案經理（project managers）、業務分析師（business analysts）、架構師（architects）和品管人員（QAs）所取代。這些人是需要的，這樣才有辦法管理由外包技術群體所完成的工作。
>
> 這些群體與他們的供應商經常發生爭執。他們似乎從不滿意他們能夠為自己的客戶提供的服務、不滿意改進和解決問題所需的時間，也不滿意所涉及的成本。
>
> 難以避免的結論是，技術對這些企業的重要性，超過了他們願意相信的程度。拋棄技術能力來換取專案管理能力，似乎弊大於利。

## 陷阱：排程僵化

當工作由多個團隊分擔，且每個團隊又都參與了多項專案時，那麼排程調度（scheduling）就變得至關重要。專案計劃和資源調度造成了僵化、不靈活的進度安排。對出錯的事情沒有容忍度，更不用說在團隊不斷學習的情況下改進原始設計。這會導致連鎖崩落的效應。

## 陷阱：過長的週期時間

透過減少參與某項工作的團隊數量，可以大大縮短週期時間。如圖 15-3 所示，團隊之間的每次移交（handover）都會增加開銷。團隊之間經常是以文件和會議的形式來進行溝通。在完成移交之前，接收團隊會有請教問題和需要修改的開銷。還有空閒時間（idle time）的開銷，等待忙碌的團隊有空來接工作。

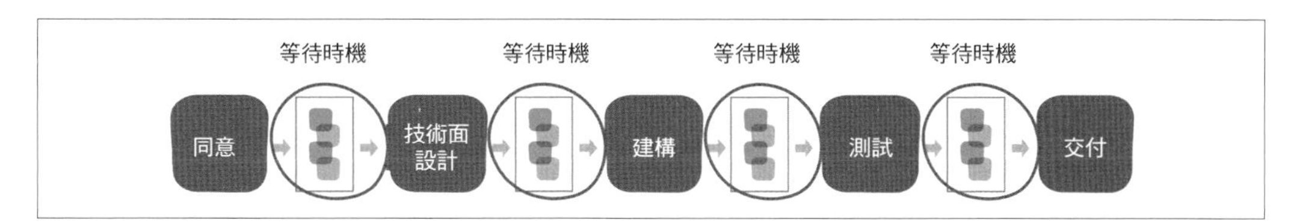


圖 15-3　團隊之間交接的價值流

## 採用自助服務模型

基礎架構用戶可以透過自助服務模型來獲得授權。用戶團隊（user team）可以自行完成此操作，而不必要求提供基礎架構的團隊為他們定義、配置和設定基礎架構。提供者團隊（provider team）可以確保用戶團隊具備有效完成這項工作所需的工具。他們還可以透過提供諮詢、援助和實作審查來支援用戶團隊。

例如，一個應用團隊（application team）可能可以撰寫自己的 Terraform 檔案，來定義其應用程式的環境，然後設定一條流水線來測試檔案，並用它來配置和管理測試和營運環境。應用團隊的環境定義可能會與共享的基礎架構資源（像是監控服務和網路結構）整合。

網路團隊（networking team）可以透過說明如何為這樣的整合設定組態來協助應用團隊（application team）。安全團隊（security team）可以確保團隊知道，有哪些安全測試在流水線中運行。他們可能會定期審查基礎架構、流水線和測試的組態，以及測試的結果，以確保變更有被負責任地處理。

最關鍵的一點是，應用團隊擁有控制權，也肩負責任。他們不用等待其他團隊來設定網路組態，或為每一項變更進行安全審查。他們可以用不同的選項來實驗，看看什麼最適合他們，並在他們遇到困難時尋求協助。

這種模式的結果是簡化價值流。一組人就可以完成設計、建構、測試和部署的工作。因為是同樣的人參與，所以幾乎沒有交接。在各階段之間，工作是不會等待人們是否有空來處理的。

擁有應用程式的團隊應該對應用程式了解最深，因此能夠對應用程式的變更做出最好的決定。如果他們犯了一項錯誤，他們會第一時間發現，並能夠迅速做出必要的調整。

## 承擔全部責任：誰建構，誰執行

傳統的 IT 模式將「實作」(implementation) 和「支援」(support) 劃分為不同的團隊，有時候稱為「建構」(build) 和「運行」(run)，或「開發」(development) 和「支援」(support)。圖 15-4 描繪了這樣的劃分，如你所見，應用程式被劃分為建構和運行團隊，基礎架構也被劃分為建構和運行團隊。

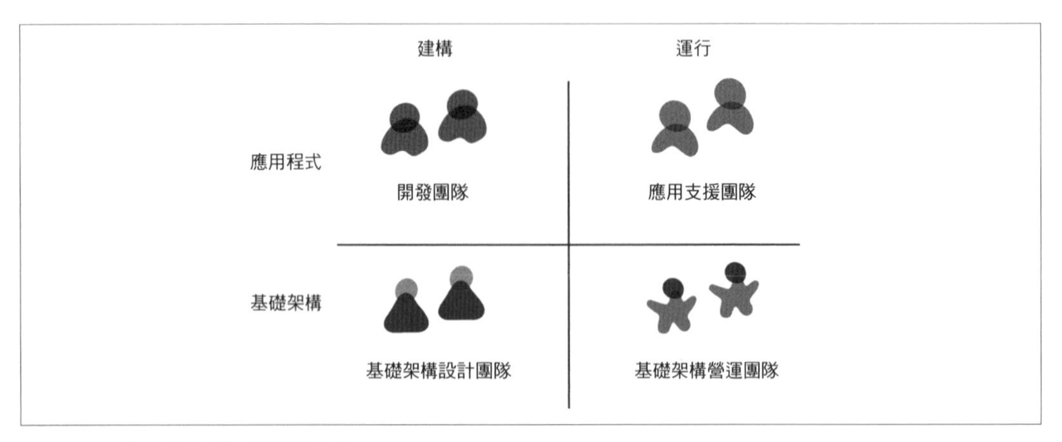


圖 15-4　典型的開發 / 營運劃分

在更大的組織中，責任的劃分甚至會比這裡所顯示的還要大。為作業系統、中間層軟體等等，增加更多的水平階層 (horizontal layers)。為設計 / 架構 (design/architecture)、發行管理 (release management) 或過渡階段 (transition) 增加垂直筒倉 (vertical silos)，甚至是為不同的團隊來部署和管理各種不同類型的測試。

這樣做的結果，是將建構系統的人員與他們所產生的任何問題隔離開來。這會使得運行系統的人員，在發現問題時，幾乎沒有能力進行有意義的改善。因為最有價值的學習機會，是來自在營運中使用系統的方式，而這樣的開發 / 營運 (dev/ops) 劃分，對持續的改善造成了限制。

對團隊的授權來說，一個有價值的策略，就是賦予他們端到端的責任 (end-to-end responsibility)。最有效的辦法是透過由 Amazon 和 Netflix 等所推廣的「你建構的，你來運行」(you build it, you run it) 原則來進行。應用團隊 (application team) 負責在營運環境中支援自身的應用程式，而不是僅僅將其移交給一個單獨的支援團隊。

這通常意味著，應用團隊承擔應用程式的值班任務（on-call duties）。當事故發生時，值班的應用團隊成員會進行調查，因為他擁有應用程式和基礎架構組態的所有權，所以能夠檢查和修復這些層級的問題。如果問題出在核心基礎架構或由其他團隊管理的平台元件，則應用團隊的人會將該事故發送給這些團隊的成員。

## 組建跨職能的團隊

跨職能團隊（cross-functional teams）就是把負責建構和運行系統之各方面的人員集合在一起。這可能包括測試人員、專案經理、分析師，和業務或產品的擁有者，以及各種不同類型的工程師。這樣的團隊應該是小規模的；Amazon 使用「兩個披薩的團隊」（two-pizza teams）來形容這樣的團隊，意思是團隊的規模小到兩個披薩就足以讓所有人飽餐一頓。

這種方法的優點是，人們只需要致力於單一、重點的服務或一組為數不多的服務，因而避免了在不同專案之間的多重任務。由固定的一群人組成團隊，會比那些成員每天都在變動的團隊更加有效率。

在一些規模較小的組織中，跨職能團隊可能會擁有整個堆疊（stack），從應用程式（application）到伺服器（server）再到裸機（metal）。在較大型的組織中，這可能會比較困難。讓不同的團隊擁有不同的、相互依賴的服務（包括基礎架構服務）可能是明智的，如圖 15-5 所示。確保有效價值流（efficient value streams）的關鍵原則是，保留端到端的所有權（end-to-end ownership）——你建構的，你來運行——並確保團隊可以全權（fully empowered）交付他們所需要的東西，無須在請求佇列中等待[7]。

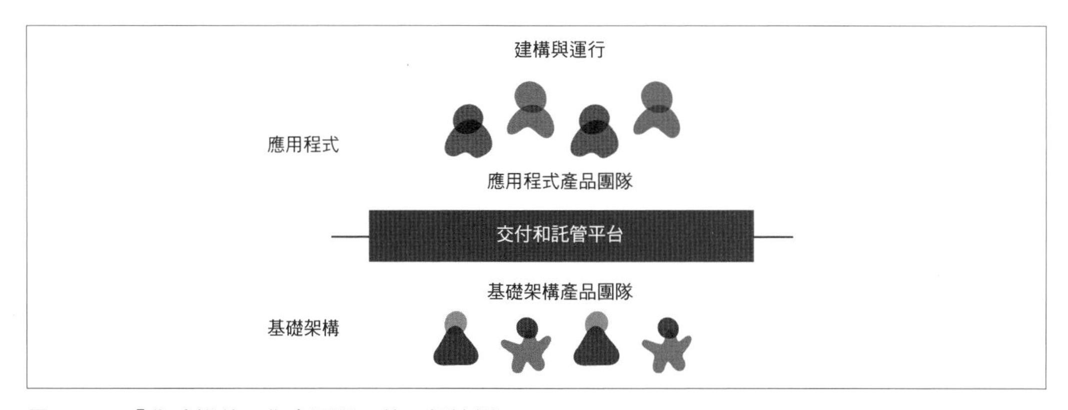


圖 15-5　「你建構的，你來運行」的一個範例

7　《哈佛商業評論》（Harvard Business Review）發表了一篇文章（*https://hbr.org/2015/06/75-of-cross-functional-teams-are-dysfunctional*），解釋為什麼許多跨職能團隊是功能失常的，這為如何使其運作良好提供了啓示。

### 族群：與跨職能團隊一起保持職能專業性

全面投入跨職能團隊的組織，可能會有失去職能專業性，並失去共享工具的好處。並不是每個團隊都能擁有在資料庫、Linux 和網路等等方面具有深厚技能的人員。而且不同的團隊可能會選擇完全不同的工具和實施方法來處理共同關心的問題。

一個常見的應對方法是，跨團隊的社群或族群，Spotify 在技術組織中推廣了「族群」（tribes）的概念，這要歸功於他們分享的一系列關於工程文化（engineering culture）的影片和部落格文章。該系列的第一部影片（*https://labs.spotify.com/2014/03/27/spotify-engineering-culture-part-1/*）將會是一個很好的起始點。

## 透過持續變更管理進行治理

賦予跨職能團隊建構和運行服務及應用程式的權力，可能會與傳統的治理方法發生衝突。傳統的鐵器時代哲理是，每當對營運系統（production systems）進行變更時，都要依靠人工批准和檢查。這無疑在鼓勵批次變更以及減少變更頻率。

然而，本書中所描述的技術，可以實現一種不同的、更加強大的變更管理方法。持續變更管理利用自動化流程的優勢，確保每項變更都能儘早得到驗證，並立即得到修正。這並不需要人工手動檢查每項變更，而是將合規性檢查（compliance checking）和審核（auditing）建構在流水線工具中。

實作完善的自動化，可以使得合規性和法律審核，完全無痛和無壓力。採取漸進的方法來實施變更管理流程，意味著顧問可以介入，並提供反饋，並將其跌代建構到流水線中。審核者（auditor）的意見可以輕鬆並迅速地納入流水線，有時甚至在審核員離開大樓之前。

使用「基礎架構即程式碼」的有效變更管理流程包含多個要素。其中包括為團隊提供構件（building blocks）、為流水線做好準備、共享著品質自主權（ownership of quality）、審查（reviewing）和審核（auditing）流水線，以及優化偵測和修正的時間。

### 提供堅固的構件

基礎架構服務團隊可以提供構件（building blocks）給其他團隊來使用，並確保這些構件是堅固且合規的（solid and compliant）。例如，他們可以提供使用「強固作業系統」（hardened OS）並預先安裝了安全和監控工具的伺服器模板。他們可以確保配置伺服器

（provisions servers）和為基礎架構設定組態（configures infrastructure）的工具能夠進行正確的事情，像是把新伺服器連接到監控及安全服務中。

重要的是，提供這些功能不會讓應用團隊綁手綁腳。通常情況下，其他團隊將需要對基礎架構團隊所提供的元件進行變更。理想情況下，應用團隊應該能夠透過編輯定義檔將其應用到測試環境中，自己嘗試這些不同的變化。一旦他們摸索出需要什麼，就可以透過自動化驗證或著技術審查（如果不是同時進行）來驗證其變化。

**基元，而非框架**

Amazon 首席技術長 Werner Vogels 分享了 Amazon 在建構 AWS 方面所學到的經驗和教訓（*http://www.allthingsdistributed.com/2016/03/10-lessons-from-10-years-of-aws.html*）。對於任何計畫或建構 IT 平台的人來說，這是一份非常好的建議。

Vogel 的第三點是「基元，而非框架」（primitives, not frameworks），意思是說，不要試圖去建構一個單一的、一體適用的平台，而是要建構多個、獨立的元件。用戶可以挑選適合自己需要的元件，避免那些不適合自己使用案例的限制。這與「只做一件事，並把它做好」的 Unix 哲學是一致的[8]，這種設計理念在 AWS 上已見成效。

## 在流水線中證明維運已準備就緒

即使應用團隊（application team）適當地使用預先準備的構件（building blocks）來建構他們的基礎架構，在將解決方案投入可能會對維運產生影響的環境之前，仍然需要檢查最終的解決方案是否合格。這就是變更管理流水線發揮作用的地方。

維運及基礎架構團隊（operational and infrastructure teams）應該和應用團隊（application teams）合作，以確保他們的流水線能有效驗證維運是否準備就緒。對應用程式或其基礎架構的每項變更，在推送到重要的環境之前，都應該自動進行合規性測試。例如，可以對應用團隊所建立之伺服器的測試實例，進行自動化滲透測試和安全掃描。這些可以證明沒有意外的網路連接埠被開啟、沒有未經授權的行程正在運行，並且只建立經授權的用戶帳號。

8 Unix 哲學在 c2 維基貼文的「UNIX 設計哲學」（*http://c2.com/cgi/wiki?UnixDesignPhilosophy*）中有描述。此外，在 Mike Gancarz 所著（Digital Press 出版）的《The UNIX Philosophy》（*https://www.amazon.com/UNIX-Philosophy-Mike-Gancarz/dp/1555581234*）一書中也有討論。

## 共享維運品質的所有權

維運人員應該設法擺脫「把關人」（gatekeepers）的角色，這樣他們就不會把所有時間都花在審查設計和實作上了。安全和法規遵循人員，可以將時間用於教育和指導用戶。整個組織的人員不應該認為這類議題只是專家的責任，相反的，每個人都需要了解安全、性能、合規性、穩定性等等議題。

專家應該花時間與其他團隊合作，協助他們掌握這些領域的所有權。教導他們此類議題的原則和實施方法。協助設置工具，使他們有能力檢查並提高維運品質。所有工程師應該都能夠為系統撰寫和運行「性能和滲透測試」（performance and penetration tests）。

## 審查和審核自動化流程

自動化作業和合規性測試並非萬無一失。錯誤和差距會給問題留下漏網之魚的空間。在沒有對測試進行相關修改的情況下，對組態和系統進行修改，可能會讓新的故障情境得不到檢查。在某些情況下，人們可能會故意逃避自動化測試[9]。

專家在審查操作測試的過程和結果方面可以發揮作用。他們應該不需要為每次的變更，扮演把關者的角色。但他們可以定期審查流水線和測試自動化，以尋找差距和問題。他們可以審查日誌和測試報告，以協助評估流程的運作情形。在多個團隊中做這件事的人，可以在這些團隊中分享知識和技術，協助提高整個組織或多個組織的流程水準。

## 優化偵測和解決問題的時間

正如第 1 章的結論所提到的，你的團隊應該以非常擅於發現問題並迅速做出修正為目標。太多的團隊認為，只要投入足夠的時間和精力，就可以防止錯誤的發生。雖然本書大力鼓吹品質文化和有效的持續測試流程，但正確獲得成本 / 收益的平衡也很重要。快速上市的好處可能遠超過成本極低所造成的風險，尤其是當風險可以很快被發現並被修正時。

9 在我撰寫這本書的時候，Volkswagen 公司因為故意將程式設計成，他們的汽車在接受排放標準測試時表現不凡，而成為新聞焦點。雖然令人失望的是，他們逍遙法外已好幾年了，但欺瞞的行為被實作在程式碼中，所以作弊的證據是明確且無法否認的，因為這已經被發現了。對於任何嘗試在軟體變更流水線（software change pipeline）中為自動化合規性測試撰寫程式的人來說，這是一個教訓。

# 結論：永遠不會結束

建構自動化的基礎架構並不是一項看得到盡頭的工作。有時，組織的領導者將自動化視為一種消除工作的方式，希望可以建立 IT 能力，然後以最少的持續投資，無限期地運行下去。但事實並非如此，至少目前的 IT 系統並非如此。

理想情況下，IT 系統就像是一輛消費型汽車。你購買了一輛裝配線所製造的新車，並定期為加油和維護付費，偶爾更換磨損或故障的零件。你不需要聘請設計和組裝汽車的工程師。

實際上，現代 IT 系統更像是一級方程式賽車。每一輛都是定製的，即使它們皆使用標準零件（standard parts）並遵循通用模式（common patterns）。要讓它順利運作、錯誤被修補和安全被加強，需要持續地工作。而且 IT 系統必須滿足的需求不斷在變化，因為客戶和企業使用技術的方式也不斷在變化。這又意味著，一個組織的 IT 系統必須不斷地改變。

因此，在使用 IT 方面最成功的組織不會犯這樣的錯誤，即把它看成是一次性成本，就只是付錢了事，然後視而不見。他們將其視為一種核心能力，協助他們適應不斷變化的需求。

本書旨在幫助人們找到使用新一代基礎架構技術的方法——雲端服務、虛擬化技術和自動化——從根本上改變工作的方式。採用這裡所描述的原則和實施方法，可以幫助維運團隊不再把時間花在處理例行性請求流（streams of routine requests）上，而是把時間花在持續改善系統，幫助其他人取得他們完成自己工作所需之基礎架構的擁有權。

本書所涉及的內容是不夠的。要討論每一個主題的每一個方面根本不可能，尤其是無法深入到特定工具的技術實作細節。這一切變化太快，以致於難以捕捉。

因此，隨時關心這個產業正在發生的事情，是很重要的。除了從書籍上，基礎架構從業人員還要關注，部落格文章（blogs）、演講、播客頻道（podcast）和其他各種資訊管道。

做為這個行業的一員，這是一個令人興奮的時代，希望這本書對你能有所幫助！

# 索引

※提醒你：由於翻譯書排版的關係，部分索引名詞的對應頁碼會和實際頁碼有一頁之差。

## Symbols（符號）



## A

## B



## C

## D

## E



## F



## G

## H

hardening(強化), 294

hardware, reliable vs. unreliable (硬體，可靠與不可靠), 275

HashiCorp (見Nomad; Packer; Terraform; Vagrant)

Heartbleed bug(OpenSSL史上最嚴重漏洞), 292

Heat(基礎架構定義工具), 41, 47, 49, 171

higher-level tests(更高階的測試), 204

hybrid/mixed clouds (混合雲), 32

## I

IaaS (Infrastructure as a Service)(基礎架構即服務)(另見 dynamic infrastructure platforms)
- community IaaS clouds(社群的「基礎架構即服務」雲端服務), 30
- defined (定義), 31
- private IaaS clouds(私有的「基礎架構即服務」雲端服務), 30
- public IaaS clouds(公有的「基礎架構即服務」雲端服務), 30

IDE (integrated development environments)( 整合式開發環境), 45

Idempotency(冪等)
- defined (定義), 44
- scripts supporting(命令稿支援), 43

immutability(不變性)
- configuration changes and(組態變更與), 68
- replacing vs. updating servers(替換對比更新伺服器), 101
- server change management and (伺服器變更管理與), 132, 141-144
- templates and (模板與), 117

information radiators (資訊發送器), 27, 85

infrastructure as code (基礎架構即程式碼)
- antifragility and(抗脆弱性與), 16
- benefits of (好處), 3, 4
- challenges with (挑戰), 5-10
- defined (定義), 4
- goals of (目標), 4
- hallmarks of effective application(有效之應用程式的特點), 19
- origin of phrase (名詞的起源), 4
- practices of(實施方法), 12-16
- principles of (原則), 10-12
- in static infrastructures(靜態基礎架構), 5
- tools for (工具), 19

infrastructure definition tools(基礎架構定義工具)(另見 CloudFormation; Heat; Terraform)
- benefits of(好處), 41
- choosing (選擇), 42-47
- configuration definition files (組態定義檔), 47
- configuration registries (組態註冊表), 54-53
- overview of (概述), 49-54
- using (使用), 53

infrastructure services (基礎架構服務)
- considerations for (注意事項), 79-82
- distributed process management(分散式行程管理), 88-90
- key services addressed(所涉及的關鍵服務), 79
- managing legacy products (管理原有產品), 79
- monitoring (監控), 84-87
- service discovery(服務探索), 87
- sharing services between teams(團隊之間共享服務), 82
- software deployment (軟體部署), 90-93

integration phase (整合階段), 182

interfaces, scriptable(命令稿化介面), 42

iron age of IT (IT的鐵器時代), 4

## J

Jenkins continuous integration server (Jenkins持續整合伺服器), 91, 113, 178, 184, 259-260, 303

JEOS (Just Enough Operating System) (精簡型作業系統), 122

## K



## L



## M

## N



## O



## P

## T

## U



## V



## W



## X



## Z

# 關於作者

**Kief Morris** 於 1990 年代初在佛羅里達開始了他的第一個電子佈告欄系統（BBS），後來在田納西大學就讀計算機科學（computer science）系碩士課程，因為這似乎是當時取得實際 Internet 連線最簡單的方式。加入 CS 系的系統管理團隊，讓他有機會管理上百台運行各種 Unix 版本的機器。當網路泡沫（dot-com bubble）開始膨脹時，Kief 搬到了倫敦，此後一直留在歐洲。他所服務的公司多半是在協助新創公司建構和擴展系統。他被賦予或自己賦予的頭銜包括：副技術總監、研發經理、託管服務經理、技術主管、技術架構師、顧問和訓練主管。在這些角色中，他會使用 shell 命令稿、Perl、CFEngine、Puppet、Chef 和 Ansible 來管理伺服器和其他基礎架構。他曾使用 FAI 和 Cobbler 來自動配置硬體設備，並管理 VMware、AWS、RackSpace Cloud 和 OpenStack 上的伺服器。Kief 在 2010 年成為 ThoughtWorks 公司的顧問，透過精益、敏捷和 DevOps 的工作方式，協助有雄心壯志的客戶利用雲端和基礎架構自動化。

# 出版記事

本書封面的動物是黑白兀鷲（學名 Gyps rueppellii），原產於非洲的薩赫勒地區（撒哈拉沙漠和大草原之間的過渡地帶）。以 Rueppellii 命名，是為了紀念 19 世紀的德國探險家和動物學家 Eduard Rüppell。

牠是一種大型鳥類（兩翼伸展長 7 ～ 8 英呎，體重 14 ～ 20 磅），具備棕色羽毛和一個黃白色的脖子與頭部，跟其他禿鷲一樣，以腐肉為主食，牠們使用尖頭喙啄食屍體來撕裂腐肉，其舌頭上有逆刺，可徹底將骨頭刮除乾淨。黑白兀鷲是群居動物，平常沉默，但爭食食物時，會發生宏亮刺耳的叫聲。

黑白兀鷲奉行一夫一妻制，且終生保持同一配偶，其壽命大約是 40 ～ 50 歲，在懸崖邊築巢配對生育，巢是由樹枝當支撐和用草和樹葉所鋪成（且經常使用許多年）。每年只會生下一顆蛋，在下一個繁殖季節開始時之前，雛鳥正逐漸長大獨立。這種兀鷲不會飛得很快（約 22 英哩 / 小時），不過牠是記錄中飛行高度最高的鳥類；有證據顯示能飛到海平面 37,000 英呎以上，到達民航機的飛行高度，牠們的血液中具有一種特殊的血紅素，使其能夠更有效率地吸收氧氣。由於數量不斷下降，目前已經被列為近危物種，棲息地的消失雖然是因素之一，但最嚴重的威脅是中毒，兀鷲並不是毒害的預定目標，但因為農民經常在牲畜屍體中下毒，來報復對抗獅子和鬣狗等獵食動物，誤食這些牲畜屍體的兀鷲，一次可能就高達數百隻。

歐萊禮書籍封面的許多動物都判定是瀕臨滅絕，所有生物對這世界都是很重要的，如欲了解如何提供協助的更多資訊，請到 *animals.oreilly.com* 網站。封面的圖片來自《*Cassell's Natural History*》。

# 基礎架構即程式碼｜管理雲端伺服器

作　　者：Kief Morris
譯　　者：蔣大偉
企劃編輯：莊吳行世
文字編輯：江雅鈴
設計裝幀：陶相騰
發 行 人：廖文良

發 行 所：碁峰資訊股份有限公司
地　　址：台北市南港區三重路 66 號 7 樓之 6
電　　話：(02)2788-2408
傳　　真：(02)8192-4433
網　　站：www.gotop.com.tw
書　　號：A505
版　　次：2020 年 11 月初版
建議售價：NT$780



國家圖書館出版品預行編目資料

基礎架構即程式碼：管理雲端伺服器 / Kief Morris 原著；蔣大偉譯. -- 初版. -- 臺北市：碁峰資訊, 2020.11
面；　公分
譯自：Infrastructure as code: managing servers in the cloud
ISBN 978-986-476-338-2(平裝)
1.雲端運算
312.136　　106002380

讀者服務

- 感謝您購買碁峰圖書，如果您對本書的內容或表達上有不清楚的地方或其他建議，請至碁峰網站：「聯絡我們」\「圖書問題」留下您所購買之書籍及問題。（請註明購買書籍之書號及書名，以及問題頁數，以便能儘快為您處理）
http://www.gotop.com.tw
- 售後服務僅限書籍本身內容，若是軟、硬體問題，請您直接與軟體廠商聯絡。
- 若於購買書籍後發現有破損、缺頁、裝訂錯誤之問題，請直接將書寄回更換，並註明您的姓名、連絡電話及地址，將有專人與您連絡補寄商品。